浙江省普通高校"十三五"新形态教材

蚕丝工程学

朱良均　主　编

杨明英　闵思佳　副主编

Silk Engineering

ZHEJIANG UNIVERSITY PRESS
浙江大学出版社

图书在版编目(CIP)数据

蚕丝工程学 / 朱良均主编. —杭州:浙江大学出版社,2020.7
ISBN 978-7-308-19468-6

Ⅰ.①蚕… Ⅱ.①朱… Ⅲ.①蚕桑生产 Ⅳ.①S88

中国版本图书馆 CIP 数据核字(2019)第 181854 号

蚕丝工程学

主编 朱良均

责任编辑	王 波
责任校对	王建英
封面设计	续设计
出版发行	浙江大学出版社
	(杭州市天目山路 148 号 邮政编码 310007)
	(网址:http://www.zjupress.com)
排 版	杭州星云光电图文制作有限公司
印 刷	杭州钱江彩色印务有限公司
开 本	787mm×1092mm 1/16
印 张	18
字 数	450 千
版 印 次	2020 年 7 月第 1 版 2020 年 7 月第 1 次印刷
书 号	ISBN 978-7-308-19468-6
定 价	49 元

前　言

　　蚕丝工程学是一门应用技术科学，是特种经济动物饲养专业——蚕学专业的必修课程。我们在长期的教学实践中，结合桑蚕茧丝绸行业的发展需要，对蚕丝学的教学研究进行了多次的变革，从丝茧学、茧丝学、蚕茧干燥学、茧丝加工与质量检验学，到如今的蚕丝工程学，期望本课程的学习能对读者在实际生产中有所作用。为了承接经典，面向未来，本教材在黄国瑞先生主编的《茧丝学》的基础上，参考陈文兴和傅雅琴主编的《蚕丝加工工程》、徐水和胡征宇主编的《茧丝学》等优秀教材，增加近年来的蚕丝加工相关科研成果、生产技术和国家标准等内容，注重养蚕生产、蚕茧加工、缫丝生产和生丝检验等环节的系统性，同时也保留了原有立缫操作的内容，便于读者认识蚕丝加工过程的技术进步。本书可以作为纺织专业学习蚕茧丝加工的参考书，也可以作为制丝专业的技术培训教材。

　　由于作者水平、参考资料和写作时间有限，书中错误和不妥之处在所难免，竭诚欢迎读者批评指正。

编者

2020 年 5 月

目　录

第一章　蚕丝概说

本章参考课件

第一节　我国蚕丝业发展简史

蚕丝发源于我国,栽桑、养蚕、缫丝、织绸等生产技术历史悠久。早在公元前 20 世纪以前的历史文物中就有各种记载。1926 年,我国考古工作者在发掘山西省夏县西阴村的新石器时代遗址时发现一个半截的蚕茧。1958 年,在发掘浙江省吴兴县钱山漾新石器时代遗址中发现有 4700 年前的绸片、丝线和丝带等丝织品(2015 年 6 月 25 日,湖州钱山漾遗址被国务院命名为"世界丝绸之源")。在殷商时代的甲骨文中,已有"蚕""桑""丝""帛"的象形文字。1971 年,在湖南省长沙马王堆西汉墓中出土的丝织品等更是织造精致,花样繁多。这些出土文物说明我国黄河流域、长江流域等地区早在四五千年前已种桑养蚕、生产丝绸,我国的蚕丝业已有五千年左右的悠久历史。

我国是丝绸古国。举世闻名的"丝绸之路",早在公元前 2 世纪就从陕西省西安市,西经甘肃、新疆越过帕米尔高原,再经中亚、西亚到地中海东岸,然后将我国丝绸远销欧洲诸国;还有分别始于江苏、浙江、广东的海上"丝绸之路"。"丝绸之路"促进了古代东西方的经济、文化和技术交流,加强了各国人民的友好往来,对人类社会发展做出了贡献。

我国最早的缫丝方法是浸茧于水中,以手抽丝再卷于丝框上。周代已有极简单的制丝工具。从汉到唐的千余年间,简单的缫丝车已在民间广泛使用。宋代开始使用络交装置,并有脚踏缫丝车。到元、明时期,出现煮、缫分业及烘丝等装置。至清代,手工制丝已很普遍。浙江省南浔镇(我国生丝生产最早集散地)的"辑里丝",品质优良,驰名中外。1866 年,广东商人陈启源在考察法国的缫丝设备后,在家乡广东南海区西樵简村创办了我国第一个用蒸汽煮茧与机械传动的机械缫丝厂——继昌隆缫丝厂。生丝产质量明显提高,广东及全国各地纷纷仿效,新式机械缫丝工厂逐渐增加。上海在 1861 年创设英商纺丝局(丝厂),1881 年湖州黄佐卿创办公和永丝厂,苏州及杭州(1896 年)、无锡(1904 年)、四川潼川(1908 年)等地先后办起了坐缫制丝工厂。1928 年,全国已有缫丝工厂 182 家,缫丝机 45780 台,为旧中国制丝工业的兴盛时期。1929 年,江、浙两省开始改造旧式大䌷直缫车为日本式小䌷复摇式坐缫车。1930年,开始建立比较先进的多绪立缫车。1955 年,引进了定粒式自动缫丝机。1962 年,江苏省在定粒式自动缫丝机基础上又开始研制定纤式自动缫丝机。1965 年,研制定型称 D101 型自动缫丝机。以后多绪缫丝机广泛使用,自动化程度逐渐增加,以适应生产力的增长。立缫机每台(20 绪)年产生丝量为 0.5~0.6 吨,而自动缫丝机年产量为 1~1.2 吨。现在,我国已全面实现自动化机械缫丝生产,缫丝技术和劳动生产力显著提高。

　　20世纪以来,旧中国的丝绸工业受世界经济危机的影响及帝国主义列强的侵略和国内封建主义、官僚资本主义的压迫束缚,到新中国成立前夕,蚕丝生产已极度萎缩。如桑蚕茧产量1931年曾高达22.25万吨,1949年下降至3.05万吨,仅及1931年的13.8%。

　　新中国成立后,党和政府采取积极恢复和大力发展蚕丝生产政策,统一规定和提高蚕茧收购价格,逐步把丝绸工业纳入国家计划。与此同时,原有的坐缫机逐渐改为立缫机,并新建一批丝绸厂。在大力发展蚕丝生产的方针、政策指导下,蚕丝生产迅速地得到恢复和发展,蚕茧生产连续获得高产丰收。1970年,我国桑园面积为30.01万公顷,发蚕种量为560.3万盒,蚕茧为12.3万吨,超过日本,跃居世界第一。2007年,桑园面积为89.53万公顷,发蚕种量达2154.4万盒,蚕茧为82.23万吨,达到历史最高水平。2017年,我国桑蚕茧产量为64.3万吨。

　　1977年,我国桑蚕丝产量为1.8031万吨,居世界第一。目前全国除青海、西藏外,其他各省区市都有栽桑、养蚕。其中广西、江苏、四川、浙江、云南、广东、山东、重庆、安徽等地为我国主要蚕茧产区。1990年,缫丝机已达200万绪,织绸机为18万台。精练、染色、印花生产能力均有很大的配套增长。蚕茧、生丝、绸缎的产质量均有明显提高。2010年,我国桑蚕丝产量为9.57万吨,柞蚕丝0.73万吨,绢纺丝11.39万吨,桑蚕丝及交织品产量77446万米。2017年,我国生丝产量达到14.2万吨,生丝质量平均达到4A级以上。1950年丝绸商品出口创汇2310万美元,1960年为1.02亿美元,1980年为7.4亿美元,1990年为19.5亿美元,2000年为43.52亿美元,2010年为100.06亿美元。2012年,丝绸商品出口总额为133.98亿美元,其中茧丝类出口6.49亿美元,占4.84%;绸类出口110.58亿美元,占82.54%;制成品出口16.91亿美元,占12.62%。2013年,真丝绸商品出口总额为35.05亿美元,其中茧丝类6.69亿美元,占19.10%;真丝绸缎9.64亿美元,占27.50%;丝绸制成品18.72亿美元,占53.40%。2017年,真丝绸商品出口总额为35.6亿美元。

　　自动缫丝机的推广应用,减轻了缫丝企业工人劳动强度,提高了生丝质量,经济效益明显。如D301A型自动缫丝机从1989年开始推广应用800多组(30余万绪),D301G型也有部分推广应用,SFD507型由于机身短便于立缫厂改造也推广应用200余组。D301B型自动缫丝机也在研制后的1年中投产86组(约3.44万绪)。D301A型和B型自动缫丝机在全国市场占有率曾达80%以上。2007年,飞宇2000系列自动缫丝机在国内推广应用了2000余组(80余万绪),D301A型和B型约1000组(40万绪),累计3000余组(120余万绪);还出口国外80余组(3.2余万绪)。飞宇2008型在2008年推广应用28组(1.12万绪)。

　　目前,常用的主要有第三代自动缫丝机,如浙江D301A、B型定纤式自动缫丝机,四川CZD301A、B型定纤式自动缫丝机,江苏SFD507型定纤式自动缫丝机等;第四代自动缫丝机,如杭州FY2000型、2000EX定纤式自动缫丝机,D301Y、TY型定纤式自动缫丝机等;还有第五代自动缫丝机,如智能化新型自动缫丝机(飞宇2008型)等。

　　丝绸出口的产品结构也有较大的改变,且渐趋合理。真丝针织及真丝服装等深加工迅速发展,真丝产品的范围也进一步扩大,产品档次不断提高。目前,丝类、绸缎和制成品为主要出口商品,其中生丝年出口占世界出口量的90%,绸缎出口占世界贸易量的50%以上。现在我国丝绸已销往世界100多个国家和地区,其中欧洲、日本、美国等是我国主要的丝绸市场。

　　丝绸是我国传统的出口商品,发展丝绸工业,扩大丝绸出口,增创外汇,为国家建设多做贡献,有着很大的潜力及有利条件,传统丝绸向现代丝绸的转型升级,符合"一带一路"倡议。

第二节　蚕丝在纺织纤维中的地位

一、纤维分类

纤维是一种细度很细,直径一般为几微米到几十微米,长度比直径大百倍、千倍以上的细长物质,如棉花、蚕丝、麻类、毛发等。纤维可以制造纺织品,称纺织纤维。纺织纤维必须具有一定的物理和化学性质,以满足加工和使用要求。纺织纤维必须有适当的长度和细度,具有一定的强度、变形能力、弹性、耐磨性、刚柔性、抱合力和摩擦力,还应具有一定的吸湿性、导电性、热学性质,以及一定的化学稳定性和良好的染色性能等。特种工业用的纺织纤维还有特殊要求。纺织纤维按来源分为天然纤维和化学纤维两大类,如图 1-1 所示。

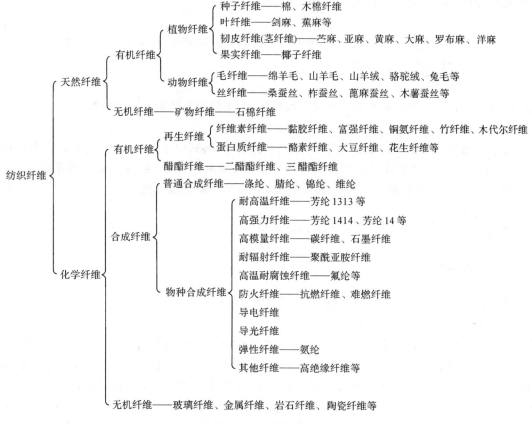

图 1-1　纺织纤维分类

[根据《丝绸材料学》(李栋高,蒋蕙钧,1994)整理补充]

(一)天然纤维

凡是从自然界原有的或经人工培植的植物、人工饲养的动物中获得的纺织纤维,称为天然纤维。天然纤维根据生物属性,又可分为植物纤维、动物纤维、矿物纤维。

1. 植物纤维

植物纤维分为种子纤维（如棉、木棉）、韧皮纤维（如各种麻类）、叶纤维（如剑麻、蕉麻）和果实纤维（如椰子）。

2. 动物纤维

动物纤维分为毛纤维（从动物身上取得的如羊毛、驼毛、兔毛等）和丝纤维（指由鳞翅目蚕蛾幼体丝腺分泌物形成的纺织纤维，如家蚕和各种野蚕，包括柞蚕、蓖麻蚕的蚕丝等）。

3. 矿物纤维

从纤维状结构的矿物获得的纤维（如石棉）。

（二）化学纤维

采用天然的或经高分子聚合物为原料或化学合成的纤维，经过化学方法加工制成的纺织纤维，称为化学纤维或人造纤维。按原料加工方法和组成成分的不同，化学纤维又可分为再生纤维、醋酯纤维、合成纤维和无机纤维四类。

1. 再生纤维

再生纤维可分为再生纤维素纤维（如黏胶丝、铜氨丝、硝基丝等）和再生蛋白质纤维（如大豆纤维、花生纤维和再生蚕丝、酪素纤维）。

2. 醋酯纤维

醋酯纤维是以天然纤维素为原料衍生而成的，衍生物成分纤维素为醋酸酯。

3. 合成纤维

合成纤维是以石油、煤、天然气等低分子物质作为原料制成单体后，经过化学聚合成高聚物，然后再纺制成的化学纤维。如聚酯纤维（涤纶）、聚酰胺纤维（锦纶）、聚丙烯腈纤维（腈纶）、聚丙烯纤维（丙纶）、聚氯乙烯纤维（氯纶）以及各种特种合成纤维。

4. 无机纤维

无机纤维包括玻璃纤维、金属纤维、碳纤维等。

二、蚕丝特性

蚕丝被誉为"纤维皇后"，具有独特的优良性能，为消费者所喜爱。

蚕丝和其他纤维特性的比较见表 1-1。

蚕丝的光泽如珍珠般柔和、美丽。蚕丝的吸湿性强、透气性好，纤维纤长，光滑、轻盈、柔软，强力大、弹性好。单位纤度的强度为 2.5～3.5gf/den，大于羊毛纤维且接近棉纤维。断裂强度约为 22～31gf。断裂伸长率为 15%～25%，小于羊毛纤维大于棉纤维。蚕丝的弹性恢复能力也小于羊毛而优于棉。蚕丝能织成轻凉透明的薄纱、温厚柔软的丝绒、精美的锦缎、素雅的绸绢。用丝绸制作的衣服，轻盈华丽而风格独特，穿着舒适。蚕丝导热性低、保温性强，故既可做轻盈凉爽的夏衣，又宜做冬天御寒保暖的冬装。特别如生丝、羊毛动物性蛋白质纤维回潮率高达 11%～16%；而合成纤维，如锦纶为 0.5%，涤纶为 0.4%，腈纶为 0.9%。生丝的含水率仅为 9.91%，回潮率为 11%，吸湿性较大。蚕丝具有吸湿放湿功能，能调节人们内衣穿着的微环境，其他合成纤维即使能合成蚕丝的类似物，也仅是仿真丝而已。

表 1-1　纤维特性比较

名称		光泽	直径(μm)	长度(mm)	比重	强度(gf/den)		伸长度(%)		弹性(%)	RH65%时回潮率(%)	导热系数(kcal·m·h/℃)	比热(cal/g·℃)
						干	湿	干	湿				
蚕丝		有	8～23	$8×10^5$～$15×10^5$	1.25(熟丝) 1.37(生丝)	3.34	2.97	20.1	29.3	87.5	10.5	0.04～0.05	0.331
棉花		无	19～28	25～45	1.5～1.6	2.67	2.72	6.9	7.2	70.6	7.8	0.05～0.06	0.319
麻类	亚麻	弱	15～25	500～750	1.5	6.30	6.60	1.8	2.2	51.8	13.0	0.04	0.321
	苎麻		17～49	800～1500									
羊毛	细	弱	18～30	50～150	1.32	1.41	1.20	34.0	38.0	100.0	15.5	0.03	0.325
	粗		30～42	—									
人造丝/黏胶丝		强	24～37	$3×10^6$～$15×10^7$	1.52	1.80	0.85	20.0	27.0	64.5	13.1	0.04～0.06	0.324

资料来源:黄国瑞,1994。

　　2013 年,世界主要纤维生产量(见表 1-2)达到 8449 万吨,同比增长 2.3%,创历史最高纪录,但棉花和羊毛已是 3 年连续减产。化学纤维生产量为 5762 万吨,同比增长 5.8%,创历史新高。其中,合成纤维(除聚烯烃纤维)为 5271 万吨,同比增加 5.2%,纤维素纤维(除醋酯纤维丝束)为 491 万吨,同比增长 13.4%。化学纤维的生产量,从 2009 年以来连续 5 年增长,占纤维总量的 68.2%,同比增长了 2%。天然纤维的生产,棉为 2564 万吨,同比减少 4.6%。这是受历史棉花价格高的影响,在 2011 年大幅增产后,供需缓和,生产量继续减少。羊毛,因为澳大利亚、中国、新西兰三大产毛国都出现了减产,同比减少 0.6%。2003—2013 年的年均增长率,合成纤维为 6.2%,纤维素纤维为 8.1%,棉为 2.2%,丝为 1.0%。

　　由表 1-2 可知,蚕丝的生产量虽然只占纤维量的 0.16%,但其天然特性功能是无法被其他纤维所替代的,在人类追求绿色环保生态的现代社会发展中,蚕丝纤维更具独特优势。

表 1-2　世界主要纤维生产量　　　　　　　　　　　　　(单位:千吨)

年份	总纤维	化学纤维			棉	羊毛	丝
		化学纤维	合成纤维	纤维素纤维			
2007	68589	41167	38055	3112	26030	1221	171
2008	64283	39571	36818	2753	23400	1191	121
2009	65375	42248	39250	2998	21896	1104	127
2010	73574	47435	44202	3233	24872	1127	140
2011	78834	50300	46659	3641	27284	1117	132
2012	82570	54446	50116	4330	26880	1111	134
2013	84494	57615	52710	4905	25640	1104	135
比例(%)	100.0	68.2	62.4	5.8	30.3	1.3	0.16

资料来源:王德城,2014。

第三节　蚕丝在社会主义建设中的作用

蚕丝具有独特的优良性能,用途广泛,逐渐被人们认识和开发利用。在衣着方面,纯天然的蚕丝做成各种丝绸针织品及丝绸服装。另外,蚕丝混合棉花、毛、麻、人造纤维交织、交编、混纺的丝制品等品种繁多,皆具有防皱、耐洗等特点,市场上很流行;人们还开发了双包复纱(Double Covered Yarn,DCY)和单包复纱(Single Covered Yarn,SCY)裤袜,等等。在食用方面,已开发出"食用蚕丝"及保健功能性产品。随着科技发展和社会进步,将蚕丝生产过程中产生的蚕茧丝废弃物等经物理化学处理成为溶液、粉末、凝胶等,作为进一步深加工的前体物,用于生物医用材料、吸水材料、化妆护肤品、涂层材料及高性能纤维等,具有不可估量的开发潜力和应用价值。

蚕丝已在国防工业和民用工业上广泛应用,如国防用途的降落伞、弹药包布和医学上外科手术的缝线等。电气及日用工业上如电气绝缘体、粉末筛绢、丝质软垫、睡袋、丝质车胎等更使蚕丝在住、行方面发挥作用。目前,蚕丝被更成为人们寝具的最爱。蚕丝资源的综合利用非常广泛,如利用废绢丝做成高级糊墙纸,既保温隔音又美观且耐燃,色泽柔和,经久耐用,可供高级宾馆住房的装饰用。蚕沙可提取叶绿素、蛋白干扰素,附加值很高,为国家创造了很大的经济效益。

蚕丝及丝绸是我国传统的出口商品,体积小、价值高、创汇率高、换汇率好,一直是我国对外贸易最理想的商品之一。现在全世界有 50 多个国家生产蚕茧。据统计分析,2011 年世界蚕茧产量为 869.45 千吨,其中我国为 667.24 千吨,占 76.74%,居首位;印度为 139.87 千吨,占 16.08%;独联体国家为 26.5 千吨,占 3.04%;巴西为 2.619 千吨,占 0.30%;其他地区为 33.22 千吨,占 3.82%。2011 年,世界生丝产量为 132.604 千吨,其中我国为 108.032 千吨,占 81.46%,居首位;印度为 18.272 千吨,占 13.78%;独联体国家为 2.448 千吨,占 1.85%;其他地区为 3.852 千吨,占 2.90%。目前,形成了世界性的"丝绸热",对生丝、丝绸织物需求增加,价格稳中有涨,仍呈现供不应求的局面。中国是世界上最大的蚕丝生产国,又是原料最多的出口国,在世界丝绸市场中具有举足轻重的地位。我国应摆脱单纯的蚕丝输出,突破传统生产,开发更加精致、附加值高、质量优的丝绸新产品,为国家建设创收更多外汇。

随着人民生活水平的改善和提高,人们对丝绸织物的需求也随之增多,蚕丝生产对满足人民生活需要和繁荣农村经济具有新的功能。栽桑、养蚕历来是我国农村重要副业之一。2010 年,我国有 27 个省区市的 593 个县(市)的 48327 个村共有蚕农 500.22 万户,从事桑蚕茧丝生产。主要蚕区农民养蚕收入,一般占农业总收入的 20% 左右,广西可达 40%,发展蚕丝生产在农村经济中占有相当重要的地位,对国家积累建设资金、增加个人收入都是有利的。

第四节　课程内容和学习要求

　　蚕丝工程学是研究如何生产优质蚕茧、加工优质干茧、缫制优质生丝，以及相关质量标准的一门专业课程，包括农、工、商、贸及管理等方面的内容。

　　本教材着重对蚕茧和茧丝质量进行详尽的介绍分析，如蚕茧和茧丝的结构、性状和理化性质等。在介绍这些基本性状的基础上，提出在蚕桑生产中如何提高蚕茧及茧丝质量的有效措施，以及选择和鉴别优质蚕茧的标准及方法。本教材对蚕茧干燥的原理、干燥设备及工艺、干燥程度的标准、鉴别及干茧贮运等作了比较详细的阐述，对生丝的制造及生丝检验与分级作了概述。

　　从事蚕丝业需具有桑、蚕、茧、丝、绸等专业知识，这是一个从种植业、养殖业到加工业的系统工程。本课程与养蚕、蚕体解剖及生理、蚕种和家蚕育种等专业课程密切联系并可相互参考，使学生掌握培育优良蚕品种、生产优质蚕茧、蚕茧加工及生丝制造等技能。

　　本课程要求能基本掌握蚕茧及茧丝质量、茧质检定、蚕茧干燥、缫丝及检验方面的理论知识和实际技能。除课堂教学外，本课程还应配合一定的实验内容、收烘茧实习及缫丝实习、现场参观等，做到理论联系实际，使学生加深对课程内容的理解，培养及提升学生对茧丝绸加工技术及管理的独立思考与实际工作能力。

本章参考课件

第二章　蚕茧质量

第一节　茧丝及蚕茧的形成

一、丝腺结构与功能

绢丝腺是分泌绢丝物质的外分泌腺,起源于外胚层的器官。发生在反转期前约 36h。其发生部位在第二下颚突起的基部,由此处内陷而开始分化,经过大约 100h 旺盛的细胞分裂,基本上形成丝腺。

细胞分裂中心在丝腺前方和后方两处。初期,前方分裂旺盛,形成前部丝腺和中部丝腺;发生后 12h,转为后方分裂旺盛,形成后部丝腺。丝腺发生后 12h,左右两丝腺的开口部吻合,48h 后形成吐丝部,60h 后中部丝腺呈"S"形。至此,丝腺可清楚区分为前部、中部和后部丝腺。此时,腺细胞开始肥大,大约 132h(孵化前 24h)后,腺腔内可以见到液态丝,即绢丝液。到幼虫五龄末期(即熟蚕时),绢丝腺成为蚕体内最大的器官,由吐丝管、前部丝腺、中部丝腺和后部丝腺组成,是一对半透明状弯曲的管状器官,在吐丝管汇合成一条,其结构如图 2-1 所示,其功能分述于后。

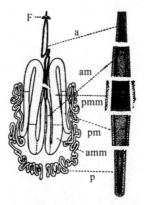

图 2-1　茧丝的形成和结构

F.菲氏腺　a.前部丝腺　am.中部丝腺前区　pmm.中部丝腺中区后段

pm.中部丝腺后区　amm.中部丝腺中区前段　p.后部丝腺

(北條舒正,1980)

（一）吐丝管

吐丝管是丝腺前端在头部内的一条细管，由吐丝区、榨丝区以及共通管三部分组成。榨丝区背面向上、侧、下共生出 6 条肌肉束，借肌肉的扩张、收缩、管壁的弹性，具有调整丝物质流量、调节茧丝粗细以及压丝整形的作用。

（二）前部丝腺

前部丝腺是左右对称的两条输丝管，连接吐丝管，仅有输送丝物质到吐丝管导管的作用。但丝素分子通过时可在管中进一步成熟脱水。前部丝腺是丝腺最细部分，管长约 35～40mm，直径为 0.05～0.3mm。

（三）中部丝腺

中部丝腺是丝腺中最粗大的部分，分泌及贮藏丝胶，也贮留由后部丝腺挤流过来的液状丝素，丝素分子在这段腺中成熟脱水。中部丝腺有两个弯曲，分为三段，称为前、中、后三区，分泌外、中、内三层丝胶。按分泌部位，中部丝腺则分为四个区域（后区、中区后片、中区前片及前区）。三层丝胶是指和后部丝腺相连的中部丝腺后区，分泌内层丝胶；中部丝腺中区后片分泌中层丝胶；中部丝腺中区前片分泌中层和外层丝胶（称为混合分泌带）；中部丝腺前区分泌外层丝胶。

（四）后部丝腺

后部丝腺是丝腺中最长、折曲最多的部分，具有合成和分泌丝素的作用，腺长 200～250mm，直径为 0.4～0.8mm。绢丝腺在胚胎期结束细胞分裂，幼虫期只是细胞体积增大，细胞数并不增多。绢丝腺细胞数一般为 900～1800。每头蚕的腺细胞数因蚕品种不同而有差异，一般欧洲品种中部丝腺和后部丝腺细胞数比中国种、日本种略多。腺细胞的多少与丝物质的分泌量有关，即多丝量品种蚕，其腺细胞数较多，产丝量高。

丝胶由中部丝腺分泌覆盖在自后部丝腺移挤来的液态丝素外面，随着液态绢丝液往前移行，直至吐丝前，其浓度提高至 30%。吐丝时，丝胶在丝素纤维化过程中起着润滑剂的作用。在构成茧层时，它使丝缕相互胶着而形成茧形。茧的最外层丝胶含量多达 45%～49%，愈近内层含量渐次减少。茧层丝胶含量也依蚕品种的不同而不同。茧层丝胶在煮茧过程中损失丝胶量的 2%～4%，在缫丝过程中约损失 2%。

二、吐丝结茧

（一）茧丝的形成

蚕到五龄末期丝腺内腔充满液状无规线团的丝物质。后部丝腺分泌的丝素是非结晶化的 α 型丝素溶胶，流经中部丝腺逐渐脱水，中部丝腺分泌的丝胶包覆在丝素溶胶的外面。当中部丝腺向前部丝腺移动时，分子排列还是非结晶化的；到前部丝腺后，进一步脱水使非结晶化的 α 型分子定向，丝素溶胶继续向前流动，在狭隘纤细的吐丝管内通过榨丝区的作用，使原来排列散乱不规则的分子经过脱水而逐渐变为有规则的排列而 β 化，使丝素分子间的侧链相互牵引而开始结晶化。这时,受到熟蚕吐丝行为的机械牵引与空气影响,丝素纤维化而成为茧丝。茧丝形成过程是液状丝素逐渐增加浓度和分子聚合度,大分子逐渐定向排列而纤维化的过程。由丝腺分泌的丝物质,是一种胶黏性强的液态丝,纤维蛋白质的丝素及球状蛋白质的丝胶是两种不同的丝蛋白。蚕在吐丝时,依靠其体壁肌肉和腺体本身的收缩作用,使后部丝腺合成分泌的丝素向前推进,经中部丝腺时被丝胶包覆,流进到前部丝腺时两种物质完全密着,成为一个柱状的丝物质。向前流进吐丝部左右两管腔的丝物质在共通管汇合,经榨丝区肌肉收缩挤出吐丝口,随着熟蚕的爬行及其头部左右摆动及固着蔟具,产生牵引作用,促使茧丝纤维化,在空气中凝固干燥而成一根茧丝。丝腺中绢丝物质的成熟过程,一方面是脱水,逐渐加大浓度;另一方面由于布朗运动使茧丝蛋白质的聚合度逐渐增大,形成 $0.1\mu m$ 左右的丝素小球和 $0.5\mu m$ 左右的丝胶小球,丝胶被覆于丝素表面,并逐步由球状结晶变成纤维状结晶,形成丝纤维。

(二)茧的形成

熟蚕上蔟后,选择营茧的适当位置后即先吐丝固定一点在蔟具上,然后头部左右摆动牵引,将丝联结起来,构成一个网架,待排空消化管内尿液及蚕粪,固定好位置后就连续不断地吐丝形成茧网。茧网上的丝很松乱,在最外面称茧衣(又称茧绵)。由于茧衣丝纤维细而脆,丝胶含量最多,易溶性大,排列不规则,故不能缫丝。茧衣结成后,蚕头部向背方仰起,左右摆动,开始有规则地以"S"形排列形式进行吐丝。经连续不断地吐丝,绢丝腺腺腔逐渐变小,丝圈逐渐由"S"形改为"8"形,并随时移动位置,而逐渐形成一个个丝片。由于丝胶的黏着性而将丝片黏附重叠成厚厚的茧层,构成蚕茧的主体。吐丝接近终了时,蚕体显著缩小,头部的摆动逐渐缓慢,振幅缩小,"8"形丝圈的排列也失去均匀性,且蚕体呈间歇移动。丝缕重叠成比较紊乱、松软、有明显间隔的薄层,这是茧的最内层,称为蛹衣。通常蛹衣和蛹体合称蛹衬。由于蛹衬丝纤维过细,排列失去匀整,缫丝时一般主动掐除。蚕吐丝到此时完成结茧行为。图 2-2 所示为熟蚕吐丝结茧(朱良均,1995)。图 2-3 所示为熟蚕吐丝轨迹(小松计一,1975)。

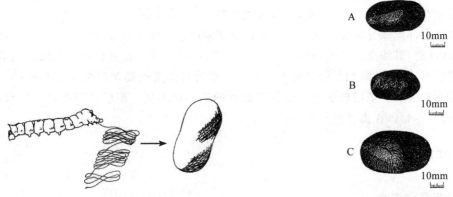

图 2-2　熟蚕吐丝结茧　　　　　　　图 2-3　熟蚕吐丝轨迹

一粒蚕茧由茧衣、茧层、蛹体及蜕皮四部分组成。能够缫丝的为茧层部分。茧衣、蛹衣可做绢纺原料,或者提取制备蚕丝蛋白(包括丝胶、丝素)。

三、茧丝排列形式

熟蚕吐丝时头部左右摆动,使吐出的丝缕形成"S"形或"8"形,借丝胶胶着而重叠排列起来,茧丝的排列形式因蚕品种、茧层部位及蔟中温湿度不同等而有差异。

据观察,中国品种的吐丝形状以"S"形排列占绝大多数,吐丝时头部左右摆动,并向前匍匐移动的吐丝状态比较多,茧层各部位排列较均匀,结成的茧形呈椭圆形或圆形。日本和欧洲品种则不同,茧层以"8"形排列占绝大多数,吐丝时蚕在茧的一端半球内吐成一系列丝片后,又顺次放开腹脚向相反的另一端移动,吐另半个球形,最后在两个半球接合点做成束腰的茧层。这样顺序做的茧,往往中央较厚,束腰明显较深。束腰形茧,如过分引长茧形,则中间接合处仅有过渡性丝缕连接,易造成最薄部分,结成薄腰茧。欧洲种束腰浅,日本种束腰深。中日杂交种营茧的排列形式,在外层时,蚕体移动速度快,头部左右摆动的幅度较狭,排列曲线(L)短而弯弧(L′)长,开角也大,呈"S"形。渐及内层,蚕体移动速度渐慢,头部左右摆动的幅度较宽,因此排列曲线(L)长而弯(L′)短,开角也小,成较狭长的"S"形,并逐渐过渡成狭长重叠的"8"形。图2-4、图2-5为茧丝排列形式示意(浙江农业大学,1961)。

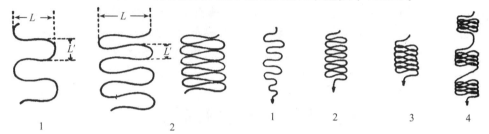

图2-4　内外层的茧丝排列　　　　　　　　图2-5　茧层各层间的茧丝排列

1.外层的茧丝排列　2.内层的茧丝排列　　　1.外层的茧丝排列　2.中1层的茧丝排列

　　　　　　　　　　　　　　　　　　　　3.中2层的茧丝排列　4.内层的茧丝排列

按茧的部位,茧丝的排列,在茧的两端较短小,束腰部次之,膨大部最长大。

茧丝排列与蔟中温湿度有一定关系,温度低,则吐丝慢,茧丝排列的"S"或"8"形较短小、茧形小、重叠多,缫丝时离解较难。反之,在合理温度范围内,偏高时,吐丝快,茧丝排列的"S"或"8"形较长,重叠较少,茧形也比较长大,缫丝时离解较易。当蔟中低温多湿或高温多湿时,茧丝排列失去均匀性,部分茧丝交叉点的面积大小不同,如图2-6所示。其中的3和6两处交叉点的胶着面积较大,如果在煮茧过程中不能使丝胶充分膨润软和,缫丝时就不易离解而形成小圈,带有小圈的丝条即成环颣,降低洁净程度。

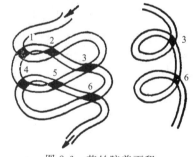

图2-6　茧丝胶着面积

(黄国瑞,1994)

不同的茧丝排列形式对煮茧缫丝有不同的影响。"S"形排列的丝缕交叉重叠点少,水分散发快、干燥容易,胶着程度轻,煮茧后茧层茧丝容易离解,有利于缫丝;"8"形排列的丝缕交叉重叠点多,水分散发慢、干燥缓慢,胶着程度重,煮熟难,离解也困难,缫丝过程中茧跳动激烈,容易增加颣吊和落绪及多小糙环颣等疵点。

四、上蔟环境对蚕吐丝速度的影响

上蔟温湿度与蚕吐丝移动的速度有关,一般高温时吐丝快,低温时吐丝慢。据调查,温度在 24℃时,每秒钟平均吐丝 11mm,最快 14mm,最慢 8mm。据日本水野氏测定,外层约吐丝 12cm 后移动位置再吐丝;中层约 22cm、内层约 33cm 后移动,说明外层吐丝时蚕体移动快而多,中内层移动减慢,丝的重叠增多。蔟中高温时丝物质的合成、分泌速度加快,丝腺腔的内部压力增加,丝物质量也增多,使单位时间内的吐丝量增加,茧丝随之增粗,但另一方面因为温度升高,增强肌肉的收缩,头部摆动的幅度增大,速度加快,丝的牵引迅速。如单位时间内吐出的丝物质量一定的情况下,则温度高比温度低的茧丝牵引快,丝长长而纤度略细,但在丝物质分泌旺盛时,温度的影响就被掩盖而不明显。总之,吐丝快,纤度细;吐丝慢,纤度粗。故调节蔟中温度是改变纤度粗细的一项措施。

湿度对吐丝速度的影响比温度小,大约每升降 1℃,与湿度增减 10% 相近。湿度大的比湿度合理的吐丝速度慢。在多湿环境下吐丝营茧,茧丝胶着面积大,胶着程度重,结成的蚕茧质量差。蚕在上蔟温度 24℃,相对湿度 72% 的情况下,约 3～4 昼夜可以完成吐丝,再经 2 昼夜开始蜕皮化蛹。刚化成蛹的蛹皮呈淡乳黄色,体皮薄而嫩,极易破裂出血,其浆液会污染茧层形成内印茧。再经 2 昼夜蛹皮增厚,蛹体色转为黄褐色,此时为采茧的适期。蚕在吐丝结茧过程除受上蔟环境的影响外,蔟具和上蔟条件的好坏均对茧质有影响。

第二节　蚕茧外观形质

一、蚕茧形状

茧形是分别蚕品种的主要标志之一。一般品种不同,茧形也有异。茧形外观有球形、椭圆形、尖头形,榧子形、浅束腰形、深束腰形。中国种多椭圆形、球形,日本种多深束腰形,欧洲种多椭圆形带浅束腰。以长短大小比较,中国种大而短,日本种细而长,欧洲种既长又大。至于交杂种的茧形,一般以中间型为多。目前我国饲育的中日交杂种,茧形多呈椭圆形带浅束腰(图 2-7)。

茧形大小常以一粒茧的纵幅和横幅表示,单位用"mm"。我国现行品种的春茧,纵幅为 28～37mm,横幅为 15～23mm;夏秋茧纵幅为 25～35mm,横幅为 13～20mm。

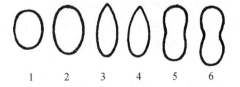

图 2-7　茧的形状
1.球形　2.椭圆形　3.榧子形　4.尖头形　5.浅束腰形　6.深束腰形

(浙江农业大学,1961)

缫丝工厂所测量的茧幅,指茧的横幅,抽取一定数量(100～150 粒)的样茧,逐粒量出茧幅大小,以相差 1mm 为 1 档,分成若干档,计算平均茧幅、茧幅整齐率和茧幅极差等,其公式如下:

$$平均茧幅(mm) = \frac{每粒茧幅的总和(mm)}{样茧总粒数}$$

$$茧幅整齐率(\%) = \frac{最多1档的茧幅粒数 + 该档前后各1档茧幅的粒数}{样茧总粒数} \times 100$$

$$茧幅极差(mm) = 最大1粒的茧幅 - 最小1粒的茧幅$$

$$茧幅标准差 = \sqrt{\frac{\sum\limits_{i=1}^{n}(X_i - \overline{X})^2}{n}}$$

式中:X_i 为每粒茧的茧幅(mm);$\overline{X}$ 为平均茧幅(mm);n 为样茧总粒数。

1990 年春期,原浙江农业大学丝英组调查 4 个杂交品种,其茧幅分布情况如表 2-1 所示。

表 2-1　蚕品种与茧幅分布示例

品种	茧幅(mm)														合计	平均茧幅(mm)	茧幅整齐率(%)	茧幅极差(mm)
	22.5	22.0	21.5	21.0	20.5	20.0	19.5	19.0	18.5	18.0	17.5	17.0	16.5	16.0				
菁松×皓月	0	0	0	1	1	1	11	11	37	24	6	5	2	1	100	18.4	72	5
浙蕾×春晓	1	2	5	8	9	16	23	16	15	4	1	0	0	0	100	19.7	55	5
苏5×苏6	0	1	1	6	11	13	18	23	17	7	2	1	0	0	100	19.4	58	5
浙农1号×苏12	0	0	0	2	4	7	9	17	19	17	12	10	2	1	100	18.5	53	5

资料来源:黄国瑞,1994。

根据表 2-1 所列的各杂交品种茧幅分布情况,可算出各杂交品种的平均茧幅、茧幅整齐率及茧幅极差(已列入表内)。平均茧幅说明该品种蚕茧的茧形大小。茧幅整齐率、茧幅极差说明该品种样茧茧粒之间大小开差的程度。茧幅的大小能反映茧丝纤度粗细,同一品种的蚕茧茧幅增大,茧丝纤度有变粗的趋向。茧幅整齐率与茧丝纤度偏差有关,茧幅整齐率高,表示茧形比较整齐。茧幅标准偏差小的,茧丝纤度粒间差异小,生丝纤度偏差也小。

原浙江农业大学丝茧组 1980 年春期对两个现行杂交品种在饲养、上蔟条件相同的情况下,调查了各档茧幅与纤度的相关情况,列于表 2-2。

表 2-2 说明,在同品种内茧幅大小虽与茧丝纤度有一定关系,但在不同品种,茧形大并非纤度即粗。如杭 7×杭 8 比华合×东肥品种的茧形大,但纤度较细。

表 2-2　茧幅与茧丝纤度的关系

品种	茧幅(mm)								
	22.0	21.0	20.0	19.0	18.0	17.0	16.0	15.0	14.0
杭7×杭8(den)	2.78	2.65	2.59	2.55	2.21	2.11	1.97	1.78	1.67
华合×东肥(den)	0	0	3.29	2.99	2.87	2.71	2.65	2.54	2.26

注:den 数×1.11=dtex 数。

资料来源:黄国瑞,1994。

表示茧形大小的方法除用茧幅测量外,也可用一定容积中的粒数,或一定重量内茧粒数多少来表示。粒数少表示茧形大,粒数多表示茧形小。此外,还可用茧幅率,即茧的狭隘度表示。

$$茧幅率 = \frac{L}{B} \times 100\%$$

式中:L 为茧长(mm);B 为茧幅(mm)。

通过茧长、茧幅还可求出茧的体积及表面积，见表 2-3。如茧形为圆筒形和球形的，则茧形的表示如图 2-8 所示。

茧幅为 $2r$，茧长为 $2r(1+m)$。

体积以 V 表示、面积以 S 表示，其计算如下：

$$V=\frac{4}{3}\pi r^3+2rm\pi r^2=\pi r^3\left(\frac{4}{3}+2m\right)$$

$$m=\frac{茧长}{茧幅}-1$$

现茧长为 L，茧幅为 B 代入上式，得

$$V(茧体积)=\pi r^3\left(\frac{4}{3}+2m\right)$$

$$=\pi\left(\frac{B}{2}\right)^3\left(\frac{4}{3}+2\frac{L-B}{B}\right)$$

$$=0.262B^2(3L-B)$$

$$S(茧表面积)=4\pi r^2+2\pi r\times 2mr$$

$$=4(\pi r^2+\pi r^2 m)$$

$$=4\pi r^2(1+m)$$

$$=\pi\cdot 2r\cdot 2r(1+m)$$

$$=\pi BL$$

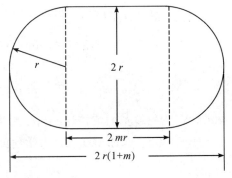

图 2-8　茧形示意

（平林潔，1980）

表 2-3　茧形与茧幅率、茧体积及表面积的关系

指标	茧形					
	Ⅰ			Ⅱ		
	大	中	小	大	中	小
茧长(mm)	36	34	32	35	33	31
茧幅(mm)	20	19	18	19.5	18.5	17.5
茧幅率(%)	180.0	178.9	177.8	179.5	178.4	177.1
体积(cm³)	9.22	7.85	6.62	8.52	7.22	6.06
表面积(cm²)	22.62	20.29	18.09	21.44	19.18	17.04

资料来源：平林潔，1980。

影响茧形大小的因素，主要是品种、雌雄、食桑量、上蔟环境等。同一品种内雌雄不同，茧形大小也有差异。一般雌的要比雄的茧形大（表 2-4、表 2-5）。

表 2-4　蚕的雌雄与茧形

上蔟环境	雌雄	茧幅(mm)	茧长(mm)
高温多湿(28℃,94%)	雌	20.91	38.42
	雄	20.45	37.44
低温多湿(20℃,98%)	雌	20.55	37.75
	雄	19.57	36.39
适温适湿(24℃,74%)	雌	21.05	38.12
	雄	21.01	37.16

资料来源：浙江农业大学，1961。

表 2-5 蚕的食桑量与茧形

食桑量指数	每千克茧粒数
120	66.5
100	67.5
70	73.0

注:表中数据为 4 个试验区的平均值。

资料来源:浙江农业大学,1961。

此外,在品种、饲育条件相同的情况下营茧时,高温干燥的茧形略大,低温多湿的茧形略小(表 2-6)。

表 2-6 上蔟温湿度与茧形

上蔟环境	雌雄	茧幅(mm)	茧长(mm)
高温干燥(29.5℃,79%)	混合	21.10	37.40
低温多湿(22.0℃,98%)	混合	20.94	36.20
高温多湿(27.5℃,90%)	混合	20.96	36.50

注:表中数据为雌雄混合值。

资料来源:浙江农业大学,1961。

综上所述,茧形大小主要取决于蚕品种,一般是欧洲种大、中国种次之、日本种狭长,纯种小、交杂种大。以化性说,一化性大、二化性中、多化性小。同品种内雌茧比雄茧大。食桑充足,五龄期食下率高的,茧形大,反之则小。上蔟在合理温度范围内,随着温度升高,茧形有大而长的倾向。

茧形与茧质的关系,以上各种茧形中以球形及椭圆形的茧层组成比较均匀,离解较容易,浅束腰次之,深束腰因束腰狭隘部分的茧丝排列紧密,煮茧时通水困难,煮熟不易均匀,所以缫丝时容易切断,落绪多(表 2-7)。尖头茧的尖端,茧丝排列欠规则,缫丝时跳动大,切断也较多。

表 2-7 蚕茧束腰深浅与落绪的关系

茧形	解舒丝长(m)	解舒率(%)	落绪率(%)
深束腰形	601.80	72.27	38.38
浅束腰形	648.80	75.75	32.00
无束腰形	765.30	85.47	17.00

资料来源:浙江农业大学,1961。

缫丝工业上要求茧形端正整齐、均匀一致,束腰程度浅或无束腰;如在缫丝时,混杂一颗不正形茧,它的转动就不能和其他茧相互协调一致,易切断。当茧形大小不一进行混合缫丝时,因茧丝纤度不匀率高易造成生丝纤度不匀整、纤度标准偏差大的现象。故在缫制高等级生丝时,茧形必须端正、齐一,茧丝综合纤度标准偏差要小。

二、蚕茧色泽

蚕茧色泽包括蚕茧颜色和光泽两方面。蚕茧颜色一般可分为白色与黄色两种。白色茧分为纯白色、白带乳黄、白带微绿等数种,黄色茧又分为金黄、褚黄、橙黄、绿黄等数种,而且同一粒茧的内外层颜色也有浓淡之分。有的外层淡而内层浓,或是外层浓而内层淡;也有的是外层淡,中层浓而内层又淡的。缫丝工业生产一般以白色茧为生丝的原料,也有的用黄色茧缫制黄色生丝,但因丝胶溶失而褪去天然丝色。

蚕茧的各种颜色,主要来源于桑叶。但由于蚕品种不同,蚕体内消化管和丝腺对色素的吸收、透过量或合成能力有差异,以致蚕食下同品种的桑叶,会结成不同颜色的茧。茧丝的着色与否,还与体液的氧化能力有关,如氧化色素物质的能力高,则体液和茧丝都不着色。但这些色素物质一般都是化学性不稳定的,容易氧化或受光褪色。

黄茧的色素是由胡萝卜素和叶黄素透过消化管、丝腺壁而形成的。但也有认为家蚕黄茧是由于堪非醇(4,5,7-三羟黄酮醇)即一种黄酮醇存在而产生的。这种色素通常只存在于丝胶中。如除去丝胶,色素也绝大多数被除去。淡绿色茧和糙米色茧的色素是由于桑叶的叶绿素或红色素进入蚕体后重新合成的。这两种色素不仅存在于丝胶中,且渗透到丝素中。所以,即使除去丝胶,丝素中还会残留较多的色素。但一般的有色茧色素多含在丝胶中,经生丝精练除去丝胶时,生丝的颜色大部分被褪去。

茧色的浓淡除与品种有关外,与饲养温度、上蔟环境等均有关系。如上蔟温度高,茧色较浓。因高温增加丝腺细胞对色素的透过量,使丝胶中色素的含量增多,茧色较浓。因此,现行品种中夏秋茧要比春茧易发生着色茧。如在多湿环境下吐丝,蚕体水分蒸发慢,体温升高,因而多湿对茧色会与高温有同样的影响。

蚕茧光泽除与它的颜色有关外,主要与茧层表面结构对光线透过程度和光线的反射能力有关。一般茧层厚,光线不易透过,反射比较紊乱,光泽较差,茧层薄的因光线容易透过,反射均匀,光泽较好。有色茧易吸收光线故反射光线弱,光泽较差,白色茧光线反射能力强,故光泽较好。

在不同温湿度条件下营茧,有的茧因在合理温湿度条件下光泽较好,有的茧较暗,是因在多湿环境下细菌繁殖所致。如枯草杆菌等能分泌酪氨酸酶,与丝胶中的酪氨酸起氧化作用生成黑色素而使茧衣及茧层变成暗灰色,光泽也差,评茧中会作为解舒差的因素之一。此外,茧处理中发生蒸热、烘茧中高温多湿,都会损害茧的光泽。

当蔟中积聚多量排泄物造成多湿时,茧色黄、解舒劣。从制丝工艺要求讲,混合色茧的价值是较低的。这种茧制成生丝后,色泽不匀,易成夹花丝,织成绸料,虽经精练仍不能消除这个缺点,染色后仍会带不匀性。

要求茧色达到一致,应注意以下几点:

(1)蚕种繁育中发现茧色较浓的淡绿色或其他色茧应选除。

(2)上蔟环境应保持合理的温湿度(22~24℃,RH65%~75%),防止高温多湿或低温多湿,并注意通风排湿。

(3)应掌握适熟蚕上蔟,过熟与过青的蚕上在一起更不妥。

(4)上蔟密度应适当。

三、蚕茧缩皱

茧层的表面具有很多微小凹凸不平的皱纹,称为茧的缩皱。蚕吐丝营茧时,顺次由外层渐及内层。茧丝在自然干燥过程中,也是先干外层、后干内层。由于茧丝在干燥时起收缩作用,当内层茧丝渐次干燥收缩时,外层较干燥的茧丝就被牵引而成缩皱。对于内层,因外层和中层的茧层已达相当厚度,不易受牵引而起缩皱,因此茧层表面缩皱明显,内层逐渐减少,到最内层则近似平面而无缩皱。

缩皱的粗细,以一定面积内缩皱突出的个数表示。在同一面积内个数少,表示缩皱粗,反之则细。从解舒讲,缩皱匀齐、手触茧层富有弹性的为好;反之,缩皱不规则,疏密不匀、手触茧层过于紧硬(胶着面积大)的蚕茧,解舒不良。茧层组织松浮的蚕茧在缫丝时不能顺序离解,洁净差。

蚕吐丝时振幅大的,则丝缕收缩作用大,形成缩皱较粗,反之缩皱较细。丝胶含量多的丝缕,收缩作用大,缩皱粗;反之则细。蚕体健壮的茧丝排列成"S"形或"8"形均大,收缩作用也大,缩皱带粗。病蚕由于体弱乏力,吐丝时排列紊乱,振幅小,丝胶含量又少,茧层呈松浮状态,形成绵茧,不利于缫丝。

从品种讲,中国种茧丝排列"S"形多,干燥快,缩皱较粗疏;日本种"8"形的交叉点多,缩皱较细密;欧洲种介于两者之间。凡大形茧的茧丝排列较小形茧宽,干燥时收缩力大,缩皱较粗。

同一蚕品种中,缩皱细、匀、浅的比缩皱粗、乱、深的解舒为好。据原浙江农业大学蚕种组1985年春调查,同一品种内的细缩皱(指 1cm² 内有 30.8 个突起)比粗缩皱(指 1cm² 内有 17.9 个突起)的解舒率提高 24.18%。

一般缩皱匀浅,茧层弹性好,丝缕离解容易,颣节少,有利于煮茧缫丝;缩皱粗、乱、深的,茧层紧硬,丝缕离解不易,易产生颣节。

上蔟环境与缩皱有一定关系。同一品种,在合理温湿度范围内营茧,一般干燥较快,收缩程度大,缩皱带粗疏;在低温环境下营茧,茧层干燥慢、收缩程度小,缩皱带细而紧密。而在高温多湿环境中营的茧,缩皱粗乱。

茧层的胶着程度与缩皱粗细也有关系,如丝胶黏着面积大,缩皱粗疏,丝胶黏着少而不充分,则缩皱细密。杭州缫丝厂1977年调查缩皱粗细与茧质的关系,见表2-8。

表 2-8 缩皱粗细与茧质的关系

缩皱	茧丝长(m)	解舒丝长(m)	解舒率(%)
粗	1151.6	745.4	64.73
中	1126.2	795.9	70.67
细	1045.0	822.8	78.74

资料来源:黄国瑞,1994。

四、茧层厚薄与松紧

(一)茧层的厚薄

茧层厚薄程度除间接用单位面积的茧层重量表示外,也可用厚度计或测微器直接测定。茧层一般是两端较薄,腰部较厚,膨大部其次。其厚度一般在 0.36~0.80mm。上海纺织科学研究院用测微器直接测定茧层部位的厚薄情况,见表2-9。

表 2-9 蚕茧部位与茧层厚薄

蚕茧部位	相对湿度(%)			
	65		75	
	测定次数	平均厚度(mm)	测定次数	平均厚度(mm)
束腰部	220	0.669	135	0.670
膨大部	220	0.604	135	0.617
两端	220	0.452	/	/

资料来源:黄国瑞,1994。

茧层各部位的厚薄均匀程度,主要因蚕品种、蔟中环境不同而异。中国种吐丝时蚕体移动快,故各部分排列较均匀,日本种和欧洲种厚薄差较大,见表2-10。

表 2-10　蚕品种与茧层厚薄　　　　　　　　　　　　　　　（单位:mm）

蚕品种	头部	腰部	尾部	平均	头尾差	端腰差
日×中	0.304	0.586	0.374	0.421	0.070	0.247
欧×中	0.331	0.643	0.393	0.456	0.062	0.281
中×欧	0.398	0.623	0.447	0.489	0.049	0.200

资料来源:荻原清治,1951。

从表2-9、表2-10可知,由于茧层部位不同,厚薄差相差较大,束腰愈深,差异愈大。差异度的大小,因品种而有不同,另外蔟室光线明暗不一,茧层明面较暗面为厚,特别是营茧位置不同,厚薄差也较明显。

原浙江农业大学丝组使用自行设计的多孔蔟,采用单位面积的茧层重量来测定其厚薄程度。结果是直营茧厚薄差大,斜营茧次之,横营茧最小。其次,不论营茧位置如何,凡是朝向上方的一面最薄(表2-11)。

表 2-11　营茧位置与厚薄差

营茧	头部		中部		中部上方		中部下方		尾部	
	重量(mg)	指数	重量(mg)	指数	重量(mg)	指数	重量(mg)	指数	重量(mg)	指数
横营	8.02	100.00	/	/	11.54	143.89	13.96	174.06	8.48	105.74
斜营	7.11	100.00	12.90	181.44	/	/	/	/	9.40	132.01
直营	7.71	100.00	14.75	191.31	/	/	/	/	10.61	137.61

注:重量是指30粒蚕茧各部位单位面积的平均重量。

表2-11说明茧层各部位厚薄差是存在的,但可以通过人为控制使蚕吐丝均匀。将直营茧和横营茧上蔟至一定时间后上下翻身,调换位置,可以减少直营茧的上下端的厚薄差(或横营茧上下方的厚薄差)。表2-12、表2-13说明直营茧翻身前后的厚薄差(黄国瑞,1994)。

表 2-12　直营茧与茧层厚薄

重量	上端	左侧	右侧	下端
平均重量(mg)	7.95	13.66	13.88	10.89
指数	100	172	174	137

注:20粒蚕茧层平均重量。

表 2-13　直营茧翻身与茧层厚薄

重量	上端	左侧	右侧	下端
平均重量(mg)	9.38	13.78	13.46	9.35
指数	100	147	143	99.6

注:20粒蚕茧层平均重量。

根据解舒调查,横营茧的解舒丝长比直营茧长211.4m。因此,在生产上如采用方格蔟,能多营横营茧,茧层部位厚薄均匀,缫丝时煮熟程度较一致,解舒优良。

直营的薄头茧多,在缫丝中表现出清洁和洁净较差。原浙江菱湖丝厂调查,薄头茧的清洁为59.2分,洁净为84.3分。这是因为薄头处的煮茧抵抗力弱,煮茧时高温汤进入茧腔和吐出茧外的机会较多,使这部分茧丝过熟,而茧层厚处,因通水机会少,形成偏生。因此,薄头茧易成穿头及蓬头茧不能缫丝,作为下茧。因此,改进蔟具和上蔟方法,缩小茧层厚薄差,是提高茧质的一个关键点。

(二)茧层松紧

茧层松紧是指手揿捏茧层时所感觉的软硬和弹性程度。凡茧层感觉紧硬且富有弹性的为"紧",感觉松软而无弹性的为"松"。松紧程度与蚕品种、茧层厚薄、丝缕粗细、丝胶含量、胶着程度、茧层含水量等均有密切关系,也关系到茧层量的多少和茧质的优劣。一般日本种吐丝时,茧丝交叉点多,手触比中国种稍紧,中国种、欧洲种松紧适度。

上蔟期间在多湿环境下结的茧,手触紧硬而无弹性。这种茧胶着重,解舒差,颣节多,缫丝困难。而在高温干燥环境下结的茧,手触过软,缺乏弹性。这种茧适煮困难,易煮得过熟,绵条颣多,停罢和切断增加。如上蔟环境过于高温干燥,则易发生绵茧。蔟中温度高低变动大或蔟具受震动,易产生多层茧,均对缫丝有影响。一般来说,茧层厚薄均匀,软硬适当而富有弹性的触感为最好。

五、茧层通气性与通水性

(一)通气性

茧层是由丝缕交叉重叠而成的,里面有许多细小的孔隙,孔隙的大小决定了茧层通气的难易。通气性的大小,与烘茧、煮茧和缫丝都有密切关系。一般茧层薄、茧形大、茧丝粗、缩皱粗疏的通气性较好;反之,通气性则较差。

随着我国蚕茧质量的不断提高,茧层也逐渐增厚。因此,更要注意蔟中保护,防止多湿,否则会使茧丝间黏着面积增大,微细的孔隙缩小,在此环境下造成多湿,气流流速很小或静止等情况,导致解舒差。如茧层增厚或茧丝间胶着面积增大的茧,在烘茧中热能进入茧腔和蛹体蒸发水汽,都将增加一定阻力。故烘茧工艺设计中对铺茧量(厚度)、温度、气流等应进行合理调配,以保全茧质。

上海纺织科学研究院采用织物透气仪测定蚕茧各部位的通气性,其结果如表 2-14 所示。

表 2-14　蚕茧各部位的透气时间

蚕茧部位	相对湿度(%)			
	75		85	
	测定次数	平均透气时间(s)	测定次数	平均透气时间(s)
束腰部	134	36.0	132	38.2
膨大部	134	32.7	132	35.6
平均	134	34.8	132	36.9

资料来源:黄国瑞,1994。

由表 2-14 可知,同一粒茧中,由于蚕茧部位不同、茧层厚薄差异、通气性产生不同,一般膨大部茧层比较薄,其平均透气时间比茧层较厚的束腰部为短,说明膨大部通气性好。束腰部的茧丝排列紧密,故通气性差。总之,茧层薄的透气时间短,通气好;而茧层厚的透气时间长,通气差。

另外,茧层的干燥程度与通气性有很大关系,随着茧层干燥程度的增加,其通气性也随之增加。相对湿度在 65%～85%变化不大;如湿度在 85%以上,茧层湿润面上附有水膜时,增加空气进出的阻力,通气性则大为降低,不易干燥。

(二)通水性

茧丝是多孔性的纤维,具有毛细管现象,使水分子能自然渗润茧层进入茧腔。湿润的茧层由于间隙中水分子代替空气,减少对水的阻力,故在茧层同等厚的条件下,比干茧层通水性好。通水性与通气性一般为正相关关系。湿润茧层的通水性在很大程度上受到丝胶及丝素在水中膨润程度的影响。经热水处理的蚕茧,使缩皱伸展,随着茧层膨胀增厚而空隙缩小,茧层的通水性也随着减小。经测定,在茧层湿润、丝胶充分软化后,茧层厚度增加30%～50%。

茧层通气性好的,烘茧时,热空气易通过茧层将热量传到蛹体;蛹体扩散的水分也较易通过茧层蒸发逸散茧外,促使蚕茧干燥。

茧层的通气性和通水性还直接影响煮茧好坏和缫丝的难易。煮茧的目的就是为了适当膨润软和溶解丝胶。通气性和通水性好的,蒸汽容易通过湿润茧层进入茧腔,使空气受热膨胀而排出茧腔进行置换。因此,有利于茧层渗润和茧腔吸水,使茧的渗透良好,煮熟均匀,茧层茧丝离解容易,减少切断,有利于缫丝。

六、蚕茧匀净度

茧的匀净度指在上车茧中选出茧形特小、茧层薄、薄头、薄腰及轻黄斑、轻柴印、轻畸形、硬绵茧等次茧外,其余正常上茧占全部上车茧(包括次茧)的重量百分率。对一批茧的外观性状而言,常常存在不同程度的疵点,使得煮茧时生熟不匀、缫丝时容易落绪等。故茧的匀净度也是目前评定茧质、判断解舒好坏的项目之一。为了提高茧的匀净度,必须加强饲育及蔟中管理。凡茧的匀净度在 85%以上者为好,70%以下者为不好,70%～85%者为一般。

在现行鲜茧收购评茧标准中,匀净度与色泽是评定等级升降的重要依据。

第三节　蚕茧工艺性质

一、茧丝量

茧丝量指一粒茧所能缫得的丝量。茧丝量与全茧量、茧层率、茧层缫丝率有关,缫丝生产中一般采用出丝率、缫折等表示。

(一)茧层率

茧层率就是茧层量与全茧量的比例,以百分率表示。茧层量系指茧层的绝对量。一般来说,茧层量大,茧的丝量多,在同样蛹体重的条件下,茧层量愈重,茧层率愈高。茧层量的轻重是表示茧丝量的重要因素。

一般鲜茧茧层量占全茧量的 18%~24%,干茧茧层率在 48%~52%(表 2-15)。

在饲育中,蚕良桑饱食是增加茧层量的基本条件。据调查,给桑量 70%区,其茧层量比标准给桑量区有明显的减轻,降低 5%~10%。

表 2-15　鲜茧的全茧量、茧层量和茧层率

蚕品种	全茧量(g)	茧层量(g)	茧层率(%)
杭 7×杭 8	2.38	0.579	24.33
菁松×皓月	2.33	0.589	25.28
浙蕾×春晓	2.54	0.626	24.65
浙农 1 号×苏 12	2.12	0.434	20.47
薪科×科明	2.31	0.522	22.60
蓝天×白云	2.26	0.533	23.58

注:表中数据为正反交平均值。

资料来源:冯家新等,1989。

在正常的情况下,凡茧层率高,则丝量多,但必须注意蛹体雌雄、毛脚茧、茧层含水量及解舒情况,这些因素均会影响丝量的多少。

1. 蛹体雌雄、毛脚茧、僵蚕茧与茧层率的关系

茧层量相同或接近,蛹体因雌、雄而有轻重时,则蛹体重的茧层率低,蛹体轻的茧层率高(表 2-16)。毛脚茧的全茧量高,茧层率低(表 2-17)。僵蚕茧的茧层率高(表 2-18)。在分析时应注意这些因素。

表 2-16　蛹体雌雄与茧层率的关系

雌雄	全茧量(g)	指数	茧层量(g)	指数	茧层率(%)	指数
雌	2.440	116	0.510	109	20.90	93
雄	1.775	84	0.425	91	23.94	107
平均	2.107	100	0.468	100	22.42	100

注:华合东肥,雌雄各 20 粒平均值。

资料来源:浙江农业大学,1980(黄国瑞,1994)。

表 2-17　化蛹程度对茧层率的影响

上蔟日数	气候	温度(℃)	相对湿度(%)	全茧量(g)	茧层量(g)	毛脚或蛹体重(g)	茧层率(%)	化蛹程度
5	晴	23.8	79	1.965	0.347	1.618	17.66	全部毛脚
6	晴	26.7	67	1.841	0.344	1.497	18.69	21 粒毛脚
7	晴	25.6	75	1.776	0.344	1.432	19.37	全部化蛹
8	阴雨	26.7	84	1.759	0.347	1.412	19.73	蛹体淡黄
9	晴	25.0	58	1.729	0.344	1.385	19.90	蛹体淡黄,部分黄色
10	晴	25.0	66	1.682	0.344	1.338	20.45	蛹体黄色,复眼淡褐
11	晴	25.0	66	1.665	0.341	1.324	20.48	复眼褐色
12	晴	26.1	66	1.641	0.341	1.300	20.78	复眼褐色
13	晴	25.0	74	1.632	0.344	1.288	21.08	蛹体褐色
14	晴	26.7	75	1.597	0.347	1.250	21.73	复眼黑褐色
15	晴	27.2	80	1.558	0.347	1.211	22.27	复眼黑褐色
16	晴	27.2	80	/	/	/	/	化蛾

注:每天调查 3 次,时间为 7h、14h、19h;表中数据为 34 粒蚕茧的平均数.

资料来源:浙江农业大学,1980(黄国瑞,1994)。

表 2-18 僵蚕茧对茧层率的影响

僵蛹(%)	好茧粒数	僵茧粒数	全茧量(g)	茧层量(g)	茧层率(%)
0	40	0	63.80	9.10	14.27
5	38	2	62.80	9.10	14.48
10	36	4	60.02	9.00	14.94
15	34	6	57.50	8.90	15.49
20	32	8	55.50	8.80	15.87
25	30	10	52.80	8.65	16.38
30	28	12	51.50	8.63	16.78
35	26	14	49.80	8.50	17.06
40	24	16	48.00	8.40	17.50
100	0	40	22.00	7.10	31.38

资料来源:浙江省丰镇茧站,1970(黄国瑞,1994)。

蛹体重量随着化蛹程度增进而逐渐减轻,故全茧量及茧层率均有影响,如表 2-17 说明毛脚茧到化蛾前夕,蛹体重减轻 25.15%,茧层率由 17.66%上升为 22.27%,增加 4.61 个百分点,如以 17.66%为指数 100,则化蛾前夕提高到 126。

表 2-16、表 2-17 和表 2-18 说明,凡蛹体重的雌茧或毛脚茧的茧层率低,蛹体轻的僵蚕茧茧层率高,全部僵蚕茧的茧层率可比正常茧的茧层率高一倍以上。故在评定茧质时,对僵蚕(蛹)茧、毛脚茧均按评茧补正规定处理。此外,茧层含水率多少也影响茧层率高低。含湿多,茧层率高;含湿少的茧层率低。空气湿润,蛹体水分不易发散,茧层又易吸收空气中的水分,重量变化很大,全茧量和茧层量均增加,特别是茧层量增加比例大,茧层率也随之提高,一般有 2%~3%的误差。故在调查茧层率时,最好要求在标准温湿度状态下进行(温度 20℃±2℃,湿度 60%~65%),如以公量计算,更为正确。现在用的干壳量计算茧等级定价,比以前更合理。

2.解舒与茧丝量的关系

解舒恶劣的蚕茧,落绪多、索绪、理绪次数增加,长吐及滞头率增加,生丝量减少。这种茧的茧层率虽高,也不能正确代表丝量多。因此,要增加丝量,在饲育中必须做到良桑饱食,叶丝转化率提高。同时做好上蔟管理及收烘茧工作,是提高蚕茧解舒、增加茧丝量的关键。

通常茧层量愈大,茧层率愈高,茧丝量也愈多,但由于原料茧解舒的优劣,茧丝量也会有差别。一般一粒茧的茧丝量多在 0.35~0.4g,春茧高,夏秋茧较低。原料茧在缫丝中除缫得生丝外,还有绪丝、蛹衬及汤茧等屑物。茧层丝胶等成分在煮茧及缫丝汤中也因溶解而减耗重量。一般,这些因素的减耗率在 14%~20%。

(二)茧层缫丝率

茧层缫得的丝量百分率称为茧层缫丝率,计算公式如下:

$$茧层缫丝率(\%)=\frac{缫得丝量(g)}{茧层量(g)}\times100=\frac{生丝重量(g)}{总重量(g)\times茧层率}\times100$$

从理论上讲,茧层量应等于茧的丝量,但在缫丝时不可避免地有以下几方面损失:

1.煮茧缫丝

在煮茧、缫丝时,要溶失一部分丝胶,据浙江缫丝试样厂(原杭州缫丝厂)调查,在煮茧和缫丝中丝胶的溶失量为 5%～7%。

2. 索绪理绪

在索绪、理绪、寻绪及接结、弃丝等过程中,要损失一部分好的茧丝。据调查,长吐率一般为 4%～7%。

3. 蛹衬

蚕茧的蛹衬部分,因为纤度细、排列乱、颣节多、易切断,故在缫丝操作中规定,要采取主动添新茧,掐蛹衬。据调查,蛹衬率为 5%～8%。

茧层缫丝率与解舒率、茧丝长、丝胶溶失率有关,这三项既属茧质内在因素(养蚕生产),也有缫丝工艺因素(缫丝生产),很难确切分开,暂且略去偏重于缫丝方面的因素的丝胶溶失率,把解舒率换算成落绪率和茧丝长对茧层缫丝率的线性关系,进行二元回归分析。公式如下:

$$\hat{y} = 0.67693 + 0.000172x_1 - 0.083067x_2$$

注:$\hat{y}$ 为茧层缫丝率(用小数数据表示);

x_1 为茧丝长(m)(统计范围在 710～1349m);

x_2 为落绪数(次/粒)(统计范围为 0.2445～1.9763 次/粒)。

举例:某庄口茧丝长 1239m,解舒率为 66.98%,试用回归方程求茧层缫丝率。

解:

$$解舒率(\%) = \frac{1}{添绪次数} = \frac{1}{1 + 落绪茧数}$$

$$落绪数 x_2 = \frac{1}{解舒率} - 1$$

$$= \frac{1}{0.6698} - 1 = 1.49298 - 1 = 0.493(次/粒)$$

$x_1 = 1239m$

则 $\hat{y} = 0.67693 + 0.000172 \times 1239 - 0.083067 \times 0.493$

$= 0.8491$

即茧层缫丝率为 84.91%。

茧层缫丝率在 20 世纪 50 年代仅 66%～69%,现在已达到 80%～88%。

我国浙江省和日本的茧层缫丝率对比情况如表 2-19 所示。

表 2-19　浙江省与日本的茧层缫丝率比较

项目	春茧					秋茧				
	日本		中国浙江			日本		中国浙江		
	1960—1963	1970—1972	1962	1972	1980	1960—1963	1970—1972	1962	1972	1980
基层缫丝率(%)	85.3	87.62	78.69	83.49	84.72	84.41	87.21	75.22	81.24	78.28
屑物率(%)	9.08	/	14.96	11.31	9.78	9.88	/	16.15	13.03	14.05
溶失率(%)	5.62	/	6.35	5.20	5.50	5.71	/	7.41	5.68	7.67

资料来源:张贤璋,1981(黄国瑞,1994)。

(三)出丝率和缫折

出丝率是一定量的蚕茧缫成丝后所得丝量的百分率。通常以 100kg 原料茧能缫得的生丝量来表示。其计算公式为：

$$出丝率(\%) = \frac{丝量}{茧量} \times 100$$

$$干茧出丝率(光茧) = 干茧茧层率 \times 茧层缫丝率$$

$$鲜茧出丝率(光茧) = [鲜茧茧层率 \times 烘至适干干燥率(95\%)] \times 茧层缫丝率$$

说明：如是毛茧则再乘以上车茧率。鲜茧茧层率也可以(干壳量×2×1.11)算式表示。

因蚕的品种、饲育条件不同，茧层率有高低，解舒率有好坏，因此出丝率也有大小。凡茧层率高(茧层厚)而解舒良好的茧，茧层缫丝率也高，出丝率也大。据调查，现行品种的出丝率如表 2-20 所示(冯家新等，1989)。

表 2-20　现行蚕品种的出丝率

蚕品种	杭7×杭8	菁松×皓月	浙蕾×春晓	浙农1号×苏12	薪科×科明	蓝天×白云
干茧出丝率(%)	43.05	43.62	42.33	40.09	41.92	43.35

注：表中数据为各蚕品种正反交平均值。

目前，一般的鲜茧出丝率为 15%～19%，干茧的出丝率为 38%～45%，由于品种、饲育条件、产地不同尚存在差异。

缫折是指缫 100kg 生丝所消耗的原料茧量，计算上用百分率表示，也称消耗率。计算公式如下：

$$缫折(\%) = \frac{茧量}{丝量} \times 100$$

习惯上缫折的单位用千克(kg)表示。如缫制 100kg 生丝，所消耗蚕茧的千克数。如原料茧少，说明茧质好；反之，如消耗茧量多，则原料茧质劣、解舒差，茧层率、茧层缫丝率低。

由于使用的茧有光茧与毛茧之分，故缫折分光折和毛折两种。光折是指缫制 100kg 生丝所需要的光茧量(选除下茧、剥去茧衣的茧)；毛折是指缫制 100kg 生丝所需要的全部毛茧量(未经选茧，包括下茧在内的茧)。其计算公式如下：

$$光折(\%) = \frac{光茧量}{丝量} \times 100$$

$$毛折(\%) = \frac{毛茧量}{丝量} \times 100$$

毛茧经过剥选，能够上车缫丝的光茧，称为"上车茧"。上车光茧量与毛茧量的百分比称为"上车茧率"或称为"上车成数"。

$$上车茧率(上车成数) = \frac{上车光茧量}{毛茧量} \times 100$$

$$毛折(\%) = \frac{光折}{上车成数} \times 100$$

$$光折(\%) = 毛折 \times 上车成数$$

出丝率与缫折同是表示丝量的多少，但是其定义却相反，丝量多少与出丝率大小成正比例，与缫折大小成反比例。两者换算公式如下：

$$出丝率(\%) = \frac{100}{缫折} \times 100$$

$$缫折(kg)=\frac{1}{出丝率}\times100$$

$$毛茧出丝率(\%)=\frac{100}{毛折}\times100$$

新中国成立前,一般干茧毛折为420kg。新中国成立后,蚕茧品质逐步提高,毛折逐年降低为280kg,茧质优良的甚至减少到250～270kg,光折比毛折还可减少10%～12%。所以,在茧质方面除茧层厚、茧层率高外,还要求茧的解舒好,茧层缫丝率和上车茧率高,出丝率也随之提高。

二、茧丝长

茧丝长是指一粒茧所能缫得的丝长。普通用检尺器测定,单位可以用检尺器卷取的"回"或"m"表示。一回的长度为1.125m。用一粒缫调查的茧丝长,比实际缫丝测得的茧丝长稍长一些。缫丝工厂测定茧丝长是根据八粒茧定粒缫丝试验,先测定生丝长度,然后再算出茧丝长度。其公式为:

$$茧丝长(m)=\frac{生丝总长(m)\times定粒数}{实际供试茧粒数}$$

茧丝长因蚕品种、饲育条件及饲育时期等不同而有长短。目前,我国春期茧丝长一般为1000～1400m,夏秋品种因龄期较短,茧的丝长要短些,在1000m左右。原浙江农业大学蚕种室部分蚕品种的茧丝长调查结果见表2-21(冯家新等,1989)。

表 2-21　部分蚕品种茧丝长

蚕品种	杭7×杭8	菁松×皓月	浙蕾×春晓	浙农1号×苏12	薪科×科明	蓝天×白云
茧丝长(m)	1387.2	1447.3	1418.3	1093.1	1191.4	1316.7

注:表中数据为各蚕品种正反交平均值。

一般来说,茧丝长愈长,则茧丝量愈多,缫折愈小。但此项关系并不明显,因为丝长长的纤度细。丝长与纤度的关系,则是明显的负相关。一般来说,茧丝量与纤度、丝长的关系为:

$$W=K\cdot S\cdot L$$

式中:S 为纤度;L 为丝长;K 为常数;W 为茧丝量。

由此可知,丝长愈长,纤度愈粗,则丝量愈多;但丝量一定时,丝长与纤度是反比例的关系。

(一)茧丝长与茧形大小的关系

如同样的茧丝粗细,则大形茧的丝长长,小形茧的丝长短。同样厚薄的茧,小形茧因纤度细,所以丝长要长,大形茧纤度粗的丝长短。

(二)茧丝长与茧重量的关系

在茧同样大小时,鲜茧愈重,丝长愈长。在不同大小的同品种茧,厚薄同等时,则茧量愈重,丝长愈短。

(三)茧丝长与茧层厚薄的关系

在同一茧形大小时,茧层愈厚,丝长愈长;不同大小时,大形茧茧层厚的比小形茧茧层薄的丝长长;小形茧茧层厚的比大形茧茧层薄的丝长长。

总之,从缫丝工业上要求,茧丝长愈长愈好,从理论上讲同一解舒的情况下,则茧丝长的缫丝时可以减少添绪次数及蛹衣量,即在单位时间内自然落绪少,因而对提高产量、质量和出丝率均有利。

三、蚕茧解舒

(一)解舒的意义及计算

解舒是指蚕茧在缫丝时茧层丝缕离解难易及剥离抵抗的程度。缫丝时,茧丝离解容易,落绪茧少,添绪一次,卷取丝长长的,单位时间内丝量多,称为解舒好;反之,则为解舒差。解舒良好的茧,不但缫丝台时产丝量高,而且单位时间内添绪次数少,丝条变化也少,故生丝品位高,缫折小。所以解舒好坏,对于产量、质量和缫折都有很大关系,是蚕茧质量的重要指标之一。

解舒优劣,生产上一般用解舒丝长或解舒率表示,也有用解舒丝量表示的。通过解舒调查,可以得到解舒的有关数据。现将主要的几项解舒指标的计算方法介绍于下(解舒的调查方法及大部分计算公式,详见第十二章工艺设计):

1.解舒丝长

指平均添绪一次缫得的茧丝长度,实际缫丝中是用多次测得的平均值。

计算公式如下:

$$解舒丝长(m)=\frac{茧丝长(m)}{添绪次数}=\frac{茧丝长(m)}{1+落绪次数}$$

或

$$解舒丝长(m)=\frac{茧丝总长(m)}{供试茧粒数+落绪茧粒数}$$

或

$$解舒丝长(m)=茧丝长×解舒率$$

2.解舒率

指解舒丝长对茧丝长的百分比,其公式如下:

$$解舒率(\%)=\frac{解舒丝长(m)}{茧丝长(m)}×100$$

或

$$=\frac{1}{添绪次数}×100=\frac{1}{1+落绪次数}×100$$

或

$$=\frac{供试茧粒数}{供试茧粒数+落绪茧粒数}×100$$

3.解舒丝量

指添绪一次所缫得的丝量,其公式如下:

$$解舒丝量(g)=\frac{丝量(g)}{供试茧粒数+落绪茧粒数}$$

解舒丝长的长短,不仅可以决定解舒的优劣,而且还可以决定生丝的理论品位。解舒丝长长的,缫丝中落绪茧少,丝条的添绪变化因而减少,匀度成绩可以提高。

一般来说,解舒丝长愈长,解舒率愈高,表示解舒愈好。但在同一解舒丝长情况下,解舒率因茧丝长数值变小,而加大。在解舒率相同情况下,解舒丝长因茧丝长变大而增加。故在茧丝长短、解舒丝长未变时,解舒率虽大,茧质也并不好。部分蚕品种的解舒情况见表 2-22(冯家新等,1989)。

表 2-22　部分蚕品种的解舒情况

指标	蚕品种					
	杭 7×杭 8	菁松×皓月	浙蕾×春晓	浙农 1 号×苏 12	薪科×科明	蓝天×白云
茧丝长(m)	1387.2	1447.3	1418.3	1093.1	1191.4	1316.7
解舒丝长(m)	796.5	958.7	868.4	807.3	938.9	888.4
解舒率(%)	57.42	66.24	61.23	73.85	78.81	67.47

注:表中数据为各蚕品种正反交平均值。

(二)影响解舒的因素

1. 蔟中温湿度对解舒的影响

影响解舒的因素,主要是蔟中温度与湿度,特别是上蔟 24h 后到营茧结束之间的温度、湿度,影响最为显著。原浙江农业大学茧丝组(1983)就上蔟温湿度对解舒的影响进行试验,将蔟室分标准区、高温干燥、高温多湿、低温多湿、屋内变温、屋外变温等试验区,其结果如表 2-23 所示。

表 2-23　上蔟温度湿度对蚕茧解舒的影响

试验区	试验茧粒数	茧丝长(m)	解舒丝长(m)	解舒率(%)	落绪次数				洁净(分)	清洁(分)	每 100m 中异状颣(个)
					外层	中层	内层	合计			
标准	599	1095.8	988.5	90.21	3.3	3.3	16.0	22.6	95.72	98.78	183.2
高温干燥	598	1086.7	980.6	90.24	3.0	2.3	16.3	21.6	94.25	95.5	205.4
高温多湿	599	827.0	351.8	42.54	20.3	29.3	204.3	253.9	90.97	97.89	367.0
低温多湿	599	1099.0	781.7	71.13	9.7	10.7	64.0	84.4	96.50	97.56	252.9
屋内变温	599	1070.8	665.17	62.12	4.7	28.0	89.0	121.7	96.20	97.72	504.0
屋外变温	596	877.5	314.53	35.84	45.0	112.0	209.0	366.0	93.08	94.70	538.1

注:(1)试验区①标准区:平均温度 24.25℃,相对湿度 73.0%;②高温干燥区:平均温度 28.87℃,相对湿度 55.56%;③高温多湿区:平均温度 29.18℃,相对湿度 89.55%;④低温多湿区:平均温度 12.36℃,相对湿度 92.74%;⑤屋内变温区:日间平均温度 17.89℃,相对湿度 73.92%;⑥屋内变温:夜间平均温度 16.71℃,相对湿度 78.56%;⑦屋外变温区:日间平均温度 17.32℃,相对湿度 68.68%;⑧屋外变温区:夜间平均温度 11.80℃,相对湿度 80.68%。

(2)本试验的解舒调查均是用 200 粒一区、三区重复的平均成绩。

资料来源:黄国瑞,1994。

从表 2-23 可知,处在高温多湿情况下,不能迅速散发蚕尿中水分,引起丝胶蛋白质变性,降低丝胶的溶解性,增加茧丝间的胶着力,因而煮茧时膨润溶解困难,解舒很差。如蔟中比较干燥,茧丝间胶着面积小,丝胶变性小的解舒较好。如过于高温干燥,由于茧层组织疏松,胶着面积过小,会形成绵茧。蔟中温度发生激变或过低时会使吐丝速度缓慢,甚至停止吐丝,容易造成异状颣,增多落绪。对中层落绪次数影响最大,几乎为标准区中层落绪数的 3.3 倍。屋外变温区解舒差即此原因。如果蚕营茧时处于多湿环境,则丝缕间液状固化过程慢,造成丝胶胶着严重,在缫丝时就会增多落绪,解舒不好。据调查,蔟中相对湿度 96%～99% 与85%～90% 相比,解舒率平均降低 10%,如果以相对湿度 99% 与 85% 相比,解舒率指数降低23%(见表 2-24)。

表 2-24　蔟中相对湿度与鲜茧解舒率的关系

相对湿度分组	上蔟湿度(%)	鲜茧解舒率(%)	指数
85%～90%	85.31	85.63	100.00
	89.05	79.25	92.55
	87.18	82.44	96.27
90%～95%	92.43	81.40	95.06
	95.03	73.94	86.35
	93.73	77.67	90.70
96%～99%	96.05	78.86	92.09
	99.10	65.69	76.71
	97.52	72.27	84.40

资料来源:浙江农业大学等,1970(黄国瑞,1994)。

蔟中湿度除受大气影响外,也来自蚕体本身。在一般情况下,熟蚕到结完茧,蚕体排出的水分及粪尿等约为原熟蚕重量的一半,根据调查,一盒蚕种(20000头蚕),熟蚕排出的水分约为43.9升,其排泄水分量见表2-25。

表 2-25　熟蚕排泄水分量

项目	吐丝水分	呼吸水分	蚕尿	蚕粪
排泄水分量(L)	21.0	9.8	9.0	4.1
排泄水分率(%)	47.8	22.3	20.5	9.3

资料来源:上田悟,1976。

2. 蔟中气流对解舒的影响

加强通风换气、减轻多湿危害,可以改善解舒,提高茧质。如上蔟温度为31℃、RH90%和上蔟温度为31℃、RH85%的条件下,分别增加气流后,对改善解舒率的效果较显著(表2-26)。

试验说明,在31℃的高温、92%的多湿情况下,由于无风,解舒率只有30.3%。经每秒0.1m的微风吹入后,解舒率就可提高为47.1%,而每秒0.3m或0.5m气流通入后,解舒率均有提高,这说明上蔟采取增加气流速度、增大排湿量,可以显著提高茧质。但气流速度过大、湿度过低,温度降低也很显著,则又会损伤茧质。如每秒1.5m以上则易生成隔层茧,变上茧为次下茧,茧质受到损坏。

表 2-26　高温多湿环境下蔟中风速与解舒率

温度31℃,相对湿度85%		温度31℃,相对湿度92%	
气流(m/s)	解舒率(%)	气流(m/s)	解舒率(%)
0	54.1	0	30.3
0.2	79.8	0.1	47.1
0.7	87.6	0.3	61.9
1.1	92.5	0.5	78.3

资料来源:上田悟,1976。

原浙江农业大学黄国瑞于1980年春、夏两蚕期,在蔟中使用高温多湿密闭区及自然温湿区进行上蔟。试验区用0.5m/s风速的气流,吹入蔟室后,解舒有明显提高(表2-27)。

表 2-27　蔟中给予气流对解舒的影响

养蚕期	试验区	茧丝长(m)	解舒丝长(m)	解舒率(%)	干茧出丝率(%)
春	高温多湿密闭	1187.0	700.3	59.00	36.61
春	高温多湿+气流	1202.2	837.7	69.68	37.49
夏	自然温度湿度	963.0	565.1	58.68	34.74
夏	自然温度湿度+气流	980.7	719.9	73.41	35.31

注:(1)春期为杭7×杭8,夏期为东34×苏12,饲养条件相同。

(2)春期①高温多湿密闭区,平均温度为28.9℃,RH90.9%,气流0.07m/s,②高温多湿密闭+气流区,平均温度为28.2℃,RH86.6%,气流0.5m/s。

(3)夏期①自然温湿度区,平均温度为27.35℃,RH92.0%,气流0.07m/s,②自然温湿度+气流区,平均温度为27.4℃,RH87.4%,气流0.54m/s。

(4)资料来源:黄国瑞,1994。

表 2-27 说明,无论春期或夏期,蔟中高温多湿条件下,合理增加气流流速,适当降低湿度,可缓和多湿环境对解舒的危害,对提高茧质有明显效果。

3.蔟中温度、湿度、气流三者对解舒的影响

上蔟环境中影响解舒的三大因素是温度、湿度和气流,其中主要的是湿度。根据日本上田悟的研究,温度、湿度和气流与解舒率的相互关系,见表 2-28。

表 2-28　上蔟环境与蚕茧解舒率

试验区	温度(℃)	湿度(%)	气流(m/s)	
			0	0.5
1	23	65	92.3	96.2
2	23	90	53.5	90.6
3	30	65	85.2	93.9
4	30	90	28.4	83.0

资料来源:上田悟,1976。

表 2-28 说明,在合理的温湿度条件下,解舒率最高。即使气流为 0 时,解舒率也较高。如给予 0.5m/s 气流,解舒率仅提高 3.9%。但在温度合理、湿度大的情况下,无气流时解舒率低;如气流增加到 0.5m/s,则解舒率可提高 37.1%。相反,温度虽高、湿度合理时,气流即使为 0 时,解舒率也有 85.2%。如再增加气流,解舒率也有提高。当温度高达 30℃、湿度 90%,而气流为 0 时,对解舒影响最大,解舒率仅为 28.4%,为四区中最低的一区。

如气流增大至 0.5m/s 时,解舒率可提高到 83%,增加了 54.6 个百分点,其提高幅度极为明显,说明蔟中湿度对解舒的影响最大,而解决这一问题最好的办法是合理增强气流速度,为提高蚕茧质量,为缫丝厂多产优质生丝创造条件。

据日本调查,蔟中环境各因素对解舒的影响程度中,蔟中湿度和气流对解舒的影响最大,约占 85%,温度和其他因素占 15%。湿度对解舒影响最大,主要影响时间是在上蔟后第 36±12h 的时间内。上蔟 24h 前及 48h 后影响较小,72h 后几乎无影响。多湿造成解舒恶化,主要表现在茧丝胶着面积增大,胶着力增强,丝胶变性较大,缫丝时茧丝湿强度减弱。综合各种试验证实,蔟中环境以 22~24℃ 温度、65%~75% 的相对湿度和 0.2~0.5m/s 的气流为最合适。特别要注意上蔟后的 36±12h 的时间内进行升温、排湿及通风更为重要。据日本长野蚕

试(1983)调查,多湿环境时间和解舒的关系见表 2-29。

表 2-29 上蔟多湿环境经过时间与蚕茧解舒率

养蚕期	多湿经过时间 (h)	解舒率 (%)	茧粒数(%) 新	厚	中	薄
春	0	79	0	0.2	0	0.4
	0~120	27	0	0.5	8.8	4.3
	0~24	65	0	0	0	0.5
	0~36	58	0	0	0	0
	24~48	46	0	0	0.4	4.5
	36~72	46	0	0	6.3	5.4
	48~72	69	0	0	0	0.7
	72~120	77	0	0	6.2	1.1
早秋	0	53	0	0.5	0	0
	0~120	26	0.2	1.1	8.6	8.2
	0~24	48	0.2	0.4	2.0	1.8
	0~36	40	0	0.4	1.6	1.1
	24~48	35	0.2	0.5	7.6	5.2
	36~72	37	0.2	0.5	7.0	5.2
	48~72	56	0	0.4	0.7	1.1
	72~120	50	0	0.2	0.7	0.5

注:上蔟温度湿度:春期 0 对照试验区为温度 25.5℃,相对湿度 76%;多湿各区为温度 25.5℃,相对湿度 95%。

资料来源:黄国瑞,1994。

又据日本清水等研究,综合上蔟环境,对茧丝离解的剥离抵抗、解舒率等有关解舒指标的试验,有表 2-30 所示的关系。

表 2-30 上蔟环境与蚕茧解舒指标

指标	品种 A		B		C		D		E	
温度(℃)	23	28	23	28	23	28	23	28	23	28
相对湿度(%)	56	90	56	90	56	90	56	90	56	90
剥离抵抗(g/d)	0.0737	0.1210	0.1161	0.1559	0.1175	0.1460	0.1184	0.1457	0.1021	0.1256
湿强度(g/d)	3.50	3.14	3.74	3.53	3.48	3.19	3.37	3.29	3.60	3.10
湿伸长度(%)	25.4	21.9	22.4	21.7	23.7	22.5	23.6	23.0	24.9	21.9
湿强度/剥离抵抗	47.5	26.0	32.2	22.6	29.6	21.8	28.5	22.6	35.3	24.7
丝素间接分解量(ml/g)	9.95	15.31	9.69	13.68	10.43	17.77	13.94	21.87	10.39	17.20
解舒率(%)	87	65	86	36	75	33	54	/	87	/

注:丝素分子间接分解采用灰霉链菌分泌的酶分解丝素后,先用甲醛滴定,使失去碱性,再用氢氧化钠进行滴定,使呈中性,每克丝素所用去的氢氧化钠毫升数(ml/g),称为间接分解量。/表示不能缫丝。

资料来源:小松計一,1975。

由表 2-30 可见,优良和不良的上蔟环境,解舒指标差距甚大。同一蚕品种,蔟中高温多湿,则茧丝离解张力大,湿强度、湿伸长度小,丝素分子的 β 化和结晶定向不完善,分子聚集结构松弛,纤维容易膨润切断。丝胶分子却具有较多的 β 结构和结晶成分,致使茧丝的胶着力强和胶着面大,茧层紧密,剥离不易。在合理的温湿度下上蔟,则各项茧解舒指标均较好。

4.茧层丝胶的性质及含量

影响茧层胶着程度最大的因素是丝胶的溶解性与含有量。按照丝胶在水中可溶性的大小,可分为难溶性及易溶性两种丝胶。在其他条件相同时,茧层丝胶对水溶解性能的大小,对茧丝的剥离抵抗起着决定作用。凡丝胶溶解性好,对水易膨润溶解的易溶性丝胶含量多,茧丝容易离解,缫丝中切断少,解舒好;反之,解舒差。对1粒茧而言,茧的外层比内层解舒好(表 2-31)。

表 2-31　丝胶溶解性能与解舒

解舒优劣	易溶性丝胶(%)	难溶性丝胶(%)
优	60.95	39.05
中	55.23	44.77
劣	43.32	56.68

资料来源:苏州丝绸工学院,浙江丝绸工学院,1993。

5.茧层丝缕的形成

丝缕呈"S"形积叠的解舒好,呈"8"形的解舒差。因为"S"形茧丝的重叠胶着点少、胶着面小、离解张力小、缫丝时切断少,解舒好。"8"形茧丝的重叠胶着点多、胶着面大、离解张力大,缫丝时切断多,解舒差。

6.茧丝纤度粗细和茧丝组织的紧密程度

茧丝纤度愈粗,则单根茧丝的强度愈大,缫丝中不易切断,即茧丝强度大于缫丝张力,因此解舒好;反之,茧丝纤度细,则单根茧丝的强度小,缫丝中易切断,解舒恶劣。又同样粗细的茧丝,凡微细结构组织紧密的,则拉力大而坚牢,不易切断落绪,则解舒好;反之,结构疏松的拉力小,多切断,影响解舒。

茧丝纤度粗的丝条虽胶着面大些,但它与空气的接触面也大,丝胶易干燥,所以剥离抵抗随之减小,解舒好。相反,纤度细的丝条与空气的接触面小,丝胶不易干燥,剥离抵抗增大,解舒差。

7.茧丝强度

茧丝强度大的,缫丝时不易切断,解舒好;茧丝强度小的,相对来说解舒差些。

8.茧层厚薄差大小

茧层厚薄差大则煮茧时不易均匀煮熟,增强茧丝离解时的剥离抵抗,故解舒差;相反,厚薄差小解舒好。同样,茧层空隙过小、过少也会影响茧腔内外的空气、蒸汽、水的流通,从而影响热量的传递,使煮茧中煮熟困难而不均匀,影响茧的解舒。

9.茧的缩皱

缩皱匀、齐、浅的解舒好,粗而乱深的解舒差。

总之,蚕茧解舒的优劣,除与蚕品种有关外,与蔟中管理、茧处理、烘茧、干茧贮藏、煮茧等都有关系。其中蔟中管理与解舒的关系最为密切。解舒的优劣影响工人的劳动强度、台时产丝量、缫折和生丝品位等。解舒好的茧,落绪少,索绪、理绪、添绪等操作也减少,工人劳动强度可降低。台时产丝量也相应提高,缫折也降低,生丝品位提高。反之,解舒差的落绪多,索绪、理绪、添绪操作繁忙,工人劳动强度大,台时产丝量低,原料损耗多,缫折增大。由于缫丝时落绪多,添绪次数随之增加,丝条变化多,影响生丝品位。据缫丝工厂调查,解舒丝长和生丝品级有关(技术条件除外),大约解舒丝长每相差 50m 左右,生丝品位相差一个等级。因此,缫丝工艺设计中,把解舒丝长作为生丝等级设计的依据。总之,确定茧级与生丝的台时产量、匀度(二度变化的条数)、缫折等皆与解舒丝长有关,是我国目前评定蚕茧质量的重要项目。

(三)加强蔟中管理,提高蚕茧解舒及出丝率的措施

在蔟中管理中要做好通风、排湿工作,以便在合理温湿度及适当气流速度条件下,结茧吐丝以提高蚕茧解舒及出丝率,主要的有以下几项措施:

1. 加强蔟中保护

掌握合理的上蔟温湿度及气流,防止温度激变及多湿,注意通风换气,尽可能使用排湿机具以提高解舒,长野蚕试、饭田(1993)调查见表 2-32。蔟室光线保持明暗均匀,避免日光直射及震动蔟具。

表 2-32　使用排湿机具与茧丝质量

养蚕期	试验区	全茧量 (g)	茧层量 (g)	茧层率 (%)	茧丝长 (m)	茧丝量 (g)	茧丝纤度 (d)	解舒率 (%)	生丝量 (%)
春	对照	2.06	0.493	23.9	1323	0.483	3.03	72	20.95
	使用排湿机具	2.07	0.505	24.4	1296	0.427	3.01	87	20.73
早秋	对照	1.76	0.390	22.2	1220	0.346	2.58	76	19.84
	使用排湿机具	1.83	0.408	22.3	1175	0.325	2.52	85	19.79
晚秋	对照	1.71	0.380	22.2	1100	0.324	2.66	83	19.44
	使用排湿机具	1.65	0.363	22.0	1125	0.323	2.62	85	19.22

资料来源:黄国瑞,1994。

2. 选择优良蔟具,改进上蔟方法

尽量使用方格蔟,目标是减少次下茧数量,增加上茧率,提高出丝率。上高山蔟,不上实地蔟。上蔟密度均应按标准密度进行,不可太密,以免影响上茧率。

3. 采茧日期应适当

待蛹体呈黄褐色时采摘较好,具体因蚕品种或蔟中保护温度不同而异。一般蔟中保护在合理温湿度情况下,春及晚秋期约 7 昼夜可采茧,夏秋期由于自然气温高(30℃以上),5 昼夜即可采茧。据调查,早采茧后的毛脚茧、嫩蛹茧多,既会导致油茧及出血蛹茧骤增影响解舒,健蛹率低,内印茧多,影响生丝品质及丝量损耗大,又因干壳量随 50g 中鲜茧粒数减少而降低,影响正确评定茧级。如以适时采茧的解舒率指数为 100,则第 5 天采茧的解舒率只有适时采茧的 83%。采茧时还须做到轻采轻放,不可掷丢,如在 1m 高度处将鲜茧掷落 5 次,解舒率会比原来的下降 10%。

4. 采茧时需选除不良茧

既能提高上车茧率,也能提高解舒率。据试验,未经选茧时,该批茧的解舒率为 68%,选除不良茧后的茧解舒率可提高到 73%。

以上仅说明从加强蔟中管理所采取的措施后可以提高和改善解舒,提高蚕茧质量。

在解舒改善的同时,由于茧层缫丝率的提高而出丝率也有提高。日本水出通男(1975)调查解舒改善后的出丝率情况,见表 2-33。

表 2-33　解舒改善前后的出丝率变化(%)

改善前的解舒率(%)	改善后的解舒率(%)					
	100	90	80	70	60	50
40	2.11	1.95	1.76	1.50	1.17	0.70
50	1.41	1.25	1.15	0.80	0.47	/
60	0.94	0.78	0.58	0.34	/	/
70	0.60	0.45	0.25	/	/	/
80	0.35	0.20	/	/	/	/
90	0.15	/	/	/	/	/

资料来源:黄国瑞,1994。

5. 蔟中震动的影响

在上蔟后 24h 前或 60h 后几乎无影响。吐丝旺盛时是第 48h(高温时提前在第 36h)震动的解舒差,在这个时间段内必须十分注意蔟具处理,防止震动。

第四节　蚕茧解舒机理

蚕茧品质除了丝纤维自身的因素外,主要受丝胶结构和性质的影响。在温度高、湿度大、通风差的环境中形成的蚕茧,其茧丝表面的丝胶胶着力强,热水溶解性差,茧丝的解离难,蚕茧的解舒劣。丝胶的溶解性与结构有关,当分子结构由无规卷曲转化为 β 折叠后,其热水溶解性就变劣。丝胶的胶着性在茧丝的形成、生丝的制造及绢、织物等的加工生产中的作用是无可替代的。因此,研究和揭示茧丝丝胶的胶着性质、分子结构的转化与蚕茧解舒的关系,可以用工业生产的工艺技术来解决农业生产中难于控制的自然环境影响问题,又可以用实验室的分析手段来解决制丝工艺中的关键措施问题。

在这里,通过测定和分析丝胶的胶着性与蚕茧解舒、茧丝剥离抵抗的关系,探讨了丝胶的胶黏性与分子结构的依存关系,初步揭示了家蚕茧解舒的机理(朱良均,1995,1998)。

一、蚕茧解舒率、茧丝剥离抵抗与丝胶分子结构的变化

茧丝因丝胶的作用相互胶黏构成茧层,茧丝相互间形成了胶着点和胶着面。而茧丝从茧层上解离时,茧丝之间因丝胶胶着力的影响而产生抵抗力。与抵抗力相当的外力用剥离抵抗表示。因此,剥离抵抗的大小就反映了丝胶胶着力的强弱。适温适湿营茧的解舒率高,茧丝剥离抵抗小;高温多湿营茧的茧丝解离难,剥离抵抗大,蚕茧的解舒率低(表 2-34)。

表 2-34　不同上蔟环境的蚕茧解舒率和茧丝剥离抵抗

环境条件	解舒率(%)	茧丝剥离抵抗(N/mm²)
高温多湿(30℃,90%)	38.02	8.62~10.88
适温适湿(23℃,65%)	87.72	2.65~3.82

把剥离的茧丝和茧丝胶着点设为直线,茧丝剥离抵抗为作用于直线的力。当茧丝弹性很

小、剥离曲率为零时,茧丝剥离可用直线图表示。

如图 2-9 所示,a 为茧丝胶着点延伸直线上的矢量,b 为剥离茧丝离开剥离点直线上的矢量。设单位茧丝剥离长度的胶着能量为 $W_a(x, b, v:$ 剥离速度$)$,并且,a 与 X 轴方向一致时,茧丝剥离抵抗所需能量和无张力时的能量值分别为:

$$\int_A^{A'} W_a \cdot \mathrm{d}x,\ \int_B^{B'} \boldsymbol{W} \cdot \mathrm{d}s_。$$

式中:$\boldsymbol{W} \cdot \mathrm{d}s$ 表示 $\boldsymbol{W}$ 的 $\mathrm{d}s$ 数量积。

如图 2-10 所示,张力的大小为 $\boldsymbol{W} = W(x, b, v)$,$A \rightarrow A'$ 的距离很小,为 Δx 时,得到:
$\boldsymbol{W} \cdot \mathrm{d}s = W(\Delta x' - \Delta x \boldsymbol{a} \cdot \boldsymbol{b})$。

因为 $W(\Delta x' - \Delta x)$ 是茧丝剥离长度变化所需要的能量,当忽略其他影响因素时,即为
$\boldsymbol{W} \cdot \Delta x = W \cdot \mathrm{d}s - W(\Delta x' - \Delta x) = W(1 - \boldsymbol{a} \cdot \boldsymbol{b})\Delta x$,$W = W_a/(1 - \boldsymbol{a} \cdot \boldsymbol{b})$。

剥离的茧丝 b 与胶着点 a 的夹角为 θ,那么,$W = W_a/(1 - \cos\theta)$。

W:剥离抵抗;W_a:单位茧丝剥离长度的胶着能量;θ:剥离角。

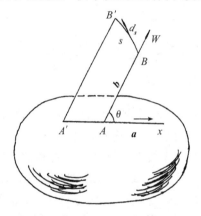

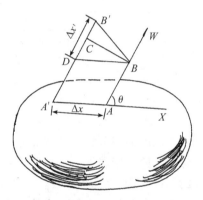

图 2-9　茧丝剥离及受力示意图 A　　　　图 2-10　茧丝剥离及受力示意图 B

在一般情况下,茧丝在剥离时的重力、热(温度)的变化等因素的影响可忽略不计,根据丝胶的胶着能量的计算式 $W = W_a/(1 - \cos\theta)$ 可知,当茧丝从茧层上解离时,使 $\cos\theta = 0$,那么其剥离角度为 $90°$,其胶着能量就和剥离抵抗相当。也就是说,茧丝剥离抵抗可评价茧丝上丝胶的胶着能量。

丝胶的胶着性可用丝胶强度和胶着强度的经时变化(图 2-11)进行评价,随着时间的延长,其强度不断增强,主要是由于丝胶结构的变化所致。

从丝胶的圆二色光谱(图 2-12)可知,低的蚕茧解舒率、高的剥离抵抗值的丝胶在波长 198nm 和 218nm 附近出现负的吸收。而高的蚕茧解舒率、低的剥离抵抗值的丝胶在波长 200nm(198nm)附近出现负的吸收。根据有关研究可知,无规卷曲结构是 198nm,β 构象是 218nm 附近分别在圆二色光谱上呈现负吸收。因此,低的蚕茧解舒率、高的剥离抵抗值的丝胶分子含有无规卷曲和 β 折叠;而高的蚕茧解舒率、低的剥离抵抗值的丝胶仅含有无规卷曲。也就是说,蚕茧解舒的优劣、剥离抵抗强弱依存于丝胶分子高级结构的变化。这与丝胶凝胶和溶液的圆二色光谱非常一致。即高温多湿条件下茧丝丝胶的水分发散困难,长时间处于多湿环境中,这样就具备了丝胶发生胶凝所需要的条件,因而丝胶发生胶凝作用。这也和热水中抽出丝胶的胶凝举动是完全一致的。

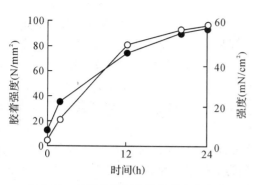

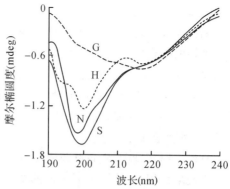

图 2-11 丝胶的强度和胶着强度的变化

● 丝胶的强度

○ 丝胶在绢布和茧丝间的胶着强度

图 2-12 不同上蔟环境蚕茧的丝胶和

不同状态丝胶的圆二色光谱

H:30℃,RH:90%;N:23℃,RH:65%;

S:丝胶的溶液;G:丝胶的凝胶

丝胶立刻进行干燥和在湿润状态中 3h 后再进行干燥处理,其结构的变化用红外光谱(图 2-13)进行比较。立刻进行干燥处理的丝胶在酰胺-Ⅰ(1655cm⁻¹)和酰胺-Ⅱ(1535cm⁻¹)处出现较强吸收,分子结构为无规卷曲;而放置 3h 后再进行干燥处理的丝胶则是在酰胺-Ⅰ(1630cm⁻¹)和酰胺-Ⅱ(1530cm⁻¹)处出现较强的吸收,为 β 折叠结构。又从显微镜观察可知,立刻进行干燥处理的丝胶呈颗粒状的分散结构;而放置 3h 后进行干燥处理的丝胶则呈树枝状的结晶结构。丝胶从茧层抽出后,立刻进行干燥处理,那么丝胶中的水分就快速发散,丝胶就不能发生胶凝作用,丝胶分子为无规卷曲结构,呈颗粒状的固体,丝胶分子的胶着表面小而胶着强度弱。但是,经过一段时间的放置后再进行干燥处理,较长时间处于湿润状态中的丝胶就会发生胶凝作用,丝胶分子呈树枝状结晶,并形成网络结构,使丝胶的胶着表面增大,胶着力增强。

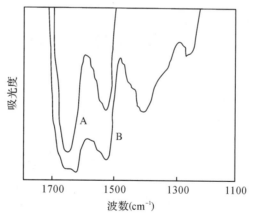

图 2-13 丝胶经不同处理后的红外吸收光谱

A:立刻干燥处理 B:放置 3h 后进行干燥处理

二、丝胶的胶黏性与蚕茧解舒机理

丝胶的胶凝作用是由于丝胶分子间的氢键结合而引起分子无规卷曲转化为 β 构象。丝胶含有大量具亲水性的极性基团($-OH$,$-COOH$,$-NH_2$,$=NH$ 等)的氨基酸残基,极易形成分子间的氢键结合。因此,在一定的条件下(例如高温、多湿等),这些含有极性基团的丝胶分子借氢键的结合而使分子发生凝集作用,随着时间的推移,分子进一步会合而形成束状的网络结构,这样分子的运动受到妨碍,失去流动性而发生胶凝作用。随着胶凝作用的进行,胶着力增加并固定化。分子间发生会合的丝胶凝胶经干涸后,在一定的温度、湿度等条件下呈难溶性,而发挥胶着功能。由于丝胶发生胶凝作用,丝胶分子间氢键的形成使分子的结合能增加,胶着强度增强。

在高温多湿环境中,熟蚕吐丝营茧时,由于水分发散难,较长时间处于多湿环境中,丝胶极易发生胶凝作用,丝胶分子因氢键的结合而转化为 β 折叠。结果,丝胶的强度、胶着力相对增加,茧丝剥离抵抗强,茧丝难于离解,蚕茧解舒就变劣。相反,熟蚕在适温适湿的上蔟环境中,丝胶中的水分发散快,丝胶不发生胶凝作用,保持无规卷曲的分子结构,干燥固化而被覆于茧丝表面,因此,丝胶的胶着力弱,茧丝剥离抵抗弱,蚕茧解舒就好。

由此可知,要使茧丝剥离抵抗弱,蚕茧解舒率高,其关键就是控制丝胶不发生胶凝作用,也就是说,造成相对优良的营茧环境是丝胶分子不发生由无规卷曲向 β 折叠转化的有效途径。此外,也可从丝胶凝胶的热可逆性质来减弱胶着力而提高蚕茧解舒率。

第三章　茧丝质量

本章参考课件

第一节　茧丝组成及结构

一、纤维的组成

纤维是由多重原纤组成,从大分子开始结合成为纤维,其中有许多结构层次,不同种类纤维的结构层次并非都相同,其具有的多重原纤的层次大致如下:

(一)基原纤

基原纤是原纤中最小的结构单元,它是由几根以至十几根直链状分子相互平行地按一定距离、一定相位比较稳定地结合在一起组成的大分子束,直径为 $10\sim30\text{Å}$。

(二)微原纤

微原纤是由若干根基原纤平行排列组合成一束的大分子束。微原纤的形成依赖于基原纤间的分子间力的作用,以及贯穿 2 个以上基原纤的大分子链的纵向连接,其直径大约为 $100\sim500\text{Å}$。

(三)原纤

原纤是由若干根微原纤基本上趋于平行组合成一团更为粗大的一些大分子束。原纤也是依赖于分子间力和大分子链的纵向连接而将多个微原纤组合排列在一起。原纤直径为 $0.1\sim0.4\mu m$。

(四)大原纤

大原纤是由多个原纤维堆砌在一起组成的大分子束,由它组成该纤维的一个细胞。大原纤的横向尺寸一般可达 15000Å(即 $1.5\mu m$),借助于普通光学显微镜即可观察到。

(五)由大原纤堆砌在一起组成纤维

在每根纤维中存在着多重的微丝状的结构单元,它们不仅尺寸大小不同,排列状态也不尽相同,此外还包含许多从数个 Å、数十个 Å 以至数百或数千 Å 的缝隙和孔洞。纤维的组成如下:

大分子→基原纤→微原纤→原纤→大原纤→纤维

　　　　　　10～30Å　　100～500Å　　1000～5000Å　　15000Å

　　蚕丝的基原纤是由线状带曲折的丝蛋白大分子构成,两条平行的丝素大原纤组成的单丝。从蚕口中吐出时即被包覆着相当数量的丝胶等,合成为一根固态的茧丝。由于构成丝胶的氨基酸中带有较多的亲水性的 α 位侧取代基,具有较强的水溶性,通过一定温度的水处理后,就可以膨润、溶解,甚至脱除。

二、蛋白质纤维的结构、特征及性能

　　蛋白质纤维有天然的和人造的两类,都是存在于自然界中的各种多缩 α-氨基酸为成纤高聚物构成的纤维。羊毛和蚕丝是两种最常见的天然蛋白质纤维。玉米蛋白纤维、大豆蛋白纤维等是天然食用蛋白质为原料制取的人造蛋白质纤维,俗称再生纤维。它们的长链分子都具有下列的化学结构通式:

$$-\overset{H}{\underset{R}{N}}-\overset{}{\underset{}{CH}}-\overset{O}{C}-\overset{H}{\underset{R'}{N}}-\overset{}{\underset{}{CH}}-\overset{O}{C}-\overset{H}{\underset{R''}{N}}-\overset{}{\underset{}{CH}}-\overset{O}{C}-$$

　　结构式中的 R、R'、R″为不同取代基团,根据目前已经获得的测定结果,在各种蛋白质纤维中,这种不同的取代基团有 20 多种。下面介绍最常见的两种天然蛋白质纤维——羊毛和蚕丝的结构、特征及其性能。

　　羊毛由许多个细胞聚集在一起构成。组成羊毛的蛋白质叫角蛋白,它是由 α-氨基酸借肽键连接而成,构成羊毛的角蛋白分子是属网状结构的大分子,角蛋白分子在不受张力的情况下属 α 螺旋-折叠形构象,平均每两个螺旋圈中含有 7 个 α-氨基酸单元,相应链的折叠周期大约为 5.1Å。羊毛的细度一般为 3～7.5den(3.33～8.33dtex),长度一般为 40～70mm。

　　蚕丝由蚕体内的绢丝腺分泌出的丝液凝固而成。每一根茧丝是由两根平行的单丝组成。单丝的主要成分是丝素,其外层包围有丝胶。丝素是蚕丝的主体,主要的 α-氨基酸有甘氨酸、丙氨酸、丝氨酸、酪氨酸。其中结构简单的甘氨酸和丙氨酸可占全部含量的 3/4 以上。具有二羧基或二氨基的 α-氨基酸量极少。丝素分子的化学结构比较简单,X 光衍射检测图表明,丝素是具有良好结晶性的天然蛋白质分子。

(一)羊毛和蚕丝的机械性能

　　羊毛与蚕丝两者虽同属天然蛋白质动物性纤维,但由于两者长链分子的化学与立体结构不同,故导致聚集态结构,以致纤维的性能均有不同,表 3-1 列举了羊毛与蚕丝的结构、性能的差异。

　　由于羊毛角蛋白分子所具有的侧取代基比较大,规则性也较差,所以大分子的聚集密度不如蚕丝丝素分子紧密,使纤维的比重较小,相应反映于纤维的断裂强度,也是蚕丝比较高,羊毛较低。另外,羊毛和蚕丝都具有较好的吸湿性。尤其是羊毛,由于羊毛的长链分子上含有众多各式各样的亲水性基团(如—COOH、—NH₂、—OH 和—CONH 等),所以羊毛堪称纺织纤维中吸湿性最强的品种。在相对湿度达到饱和的空气中,羊毛的吸湿量可达 35%,棉花可达 28%,蚕丝可达 28%。正由于角蛋白分子的堆砌比较疏松,分子间作用力较弱,长链分子的活动相对地比较自由,所以使羊毛有极良好的回弹性。不同伸长下的弹性回复率均优于蚕丝,初始模量则低于蚕丝。

表 3-1　蚕丝与羊毛的结构、性能比较

性状指标	蚕丝	羊毛
平均分子量	340000	42000
比重	1.33～1.45	1.32
结晶度(%)	>50[④]	1[⑤]
双折射(Δn)	0.053～0.055	0.009～0.011
比热(cal g^{-1}℃$^{-1}$)	0.331	0.325
回潮率(%)[③]	8～9(11)	15～17
吸湿率(%)	28～30	35
纤度(den)[②③]	1.1～1.7(2.5～3.0)	3～7.5
长度(m)[③]	(1200～1400)	0.04～0.07
断裂强度(gf/den)[②]	3.0～4.0	1.0～1.7
相对湿强度(%)	70	76～96
断裂伸长(%)	15～25	25～35
相对湿伸长(%)	～130	～150
初始模量(gf/den)	80～150	22～55
回弹性(%)	92(2%)[①]	99(2%)
	70(5%)	89(5%)
	51(10%)	74(10%)
	40(15%)	67(15%)
	33(20%)	63(20%)

注：①括号中数字表示回弹前的给定伸长率。②表中 den 数×1.11；dtex 数，1gf/den＝0.88cN/dtex 可换算。
③蚕丝的回潮率、纤度、长度，括号内的数据是增写的。
④⑤资料来源：黄国瑞,1994；吴宏仁,吴立峰,1985。

(二)稳定性能

1.对热的稳定性

羊毛和蚕丝都不易被熔融而分解,蚕丝在 110℃ 以下无变化,130～150℃ 有氨气逸出,170℃ 发生剧烈分解;羊毛稳定性更佳,112℃ 发生脱水,135℃ 产生不可逆的收缩,200～250℃ 二硫键开裂,280℃ 发生剧烈分解。由于所有蛋白质纤维中都含有 15%～17% 的氮,在燃烧过程中将释放出来,抑制纤维的迅速燃烧,所以蛋白质纤维的可燃性比纤维素纤维低。

2.对日光—大气的稳定性

由于角蛋白和丝素分子中的—CO—NH—肽键是其长链分子主链中的弱键,对日光作用比较敏感,一方面由于 C—N 键的离解能比较低(约 73kcal/mol),日光中波长小于 4000Å 的紫外线光子的能量就足以使它发生裂解。另外,主链中的羰基对波长为 2800～3200Å 的光线有强烈的吸收。因此,上述—CONH—连接在日光中紫外线的作用下显得很不稳定。据调查,含有—CONH—肽键的纤维其强度损失 50% 时的日照时间,蚕丝为 305h,锦纶 66 为 376h,羊毛为 1100h。这说明蚕丝耐日光照射的稳定性最差,合成纤维、锦纶次之,羊毛最优。据推测,这可能和羊毛大分子间具有横向连接有关。

3.对酸、碱等化学试剂的稳定性

蚕丝和羊毛对于冷酸,特别是冷的稀酸较为稳定,但只限于低温和短时间。提高温度和氢离子浓度都将导致这两种纤维发生显著的损伤,用冷的稀酸处理蚕丝可增加其光泽,精练后的熟丝经相互摩擦时会产生一定频率的特殊音响,称为丝鸣。丝鸣是其他纤维所没有的,为丝绸所独有的特性。

蚕丝和羊毛对碱的作用特别敏感,碱能使蚕丝或羊毛的主链发生水解,但由于丝素的聚集密度较大,所以丝素对碱的稳定性比角蛋白好。

4. 对微生物作用的稳定性

蚕丝和羊毛同属蛋白质纤维,能为微生物的生长和繁殖提供养料,故对微生物均欠稳定性。

(三)加工性能

蚕丝和羊毛的纺织染加工性能都属良好。它们的体积比电阻都不大,蚕丝约为 $4.6 \times 10^9 \Omega \cdot cm$,羊毛约为 $1.9 \times 10^8 \Omega \cdot cm$。但由于羊毛的吸湿性优于蚕丝,所以只要适当控制纺织车间的温湿度,一般不会发生静电的积聚。

三、茧丝的组成

(一)茧丝的物质组成

构成茧层的丝缕称为茧丝。茧丝是天然蛋白质纤维。茧丝的化学组成,因蚕品种、季节、产地、饲养条件等不同而有差异。茧丝的主要成分由丝素、丝胶等组成。茧丝中丝素约占 70%～80%,丝胶占 20%～30%;还有少量的次要成分,大部分分布在丝胶层中,其含量如表 3-2 所示。

表 3-2　茧丝的物质组成

组成成分	含量(%)
丝素	70～80
丝胶	20～30
蜡质	0.4～0.8
碳水化合物	1.2～1.6
色素	0.2
无机物	0.7

资料来源:苏州丝绸工学院,浙江丝绸工学院,1990。

在同一粒蚕茧,由于茧层层次不同,茧丝成分也有变化。外层丝胶含量多,丝素少;内层丝素含量多,丝胶少。愈至内层丝素含量愈多,丝胶含量渐减少,见表 3-3。

表 3-3　同粒蚕茧不同层次的茧丝成分变化情况

茧层层次	丝素(%)	丝胶(%)	乙醚浸出物(%)	灰分(%)
第一层(外层)	64.94	32.41	1.36	1.23
第二层	74.92	23.15	0.84	1.09
第三层	78.34	19.79	0.77	1.07
第四层	79.68	17.85	1.32	1.15
第五层(内层)	79.08	17.77	1.76	1.39

注:乙醚浸出物是指茧丝中能溶于乙醚的蜡和色素等。

资料来源:苏州丝绸工学院,浙江丝绸工学院,1990。

不同蚕品种的茧丝,其成分也有差异,见表3-4。

表 3-4　不同蚕品种的茧丝成分比较

成分	丝素(%)	丝胶(%)	脂肪、蜡质、色素(%)	灰分(%)
桑蚕茧丝	70～80	20～30	0.6～1.0	0.8～1.5
柞蚕茧丝	84.9～85.3	12～13	0.64	1.33～1.75
中国茧丝	74.30	21.78	2.88	1.04
日本茧丝	74.48	21.46	3.01	1.05
欧洲茧丝	71.59	24.03	3.30	1.08

资料来源:苏州丝绸工学院,浙江丝绸工学院,1990。

(二)茧丝的元素组成

组成茧丝、丝素、丝胶的化学元素是 C、H、O、N、S 五种元素。由于蚕茧品种不同,测定的方法差异,元素的组成也不同。特别是含量少的 S 元素,测定更困难。茧丝的化学元素组成见表3-5。

表 3-5　茧丝、丝素、丝胶的元素组成

元素	茧丝	丝素	丝胶
C	46.35～47.55	48.00～49.10	44.32～46.29
H	5.97～6.47	6.40～6.51	5.72～6.42
O	27.67～29.60	26.00～27.90	30.35～32.50
N	17.38～18.65	17.35～18.89	16.44～18.30
S	0.15	痕迹	0.15
实验式	/	$C_{15}H_{23}N_5O_6 + S$	$C_{16}H_{25}N_5O_8 + S$
分子量	/	350000	35000～40000

资料来源:西南农业大学,1986。

四、茧丝的氨基酸组成

蚕丝属蛋白质纤维,是含氮的高分子化合物,组成其大分子的单基——基本结构单元是 α 氨基酸,这是既有氨基(—NH_2),又有羧基(—COOH),具有两性性质的有机羧酸RCH(NH_2)COOH。由于氨基位于紧邻羧酸的 α 碳原子上,因此称这种氨基酸为 α-氨基酸。组成蛋白质的氨基酸都是这种 α-氨基酸,故一般都简称其为氨基酸。每两个相邻的 α-氨基酸通过缩合反应失去一个分子的水,而结合在一起。把这两个单基键接在一起的是肽键—CO—NH—。因此,把这种氨基酸的残基称为肽基。以肽键相互连接而形成的长链称为肽链或多肽链。再由肽链构成蛋白质分子。丝素分子的各种氨基酸其结构通式连接的形式表示如下:

氨基酸残基 1,氨基酸残基 2,氨基酸残基 3,氨基酸残基 n

（N 末端氨基酸）　　　　　　　　（C 末端氨基酸）

重复的—N—C—C—骨架,称为蛋白质的主键,从 H—NH—开始的左端的氨基酸称为 N 末端氨基酸,以—CO—OH 结束的右端称为 C 末端氨基酸。形成肽键时,氨基酸脱去一分子水的氨基酸部分,称为氨基酸残基。

从上面这一丝素分子的结构通式可以看到整个大分子链的不同肽基上,连接的侧基 R 是不同的,这是天然蛋白质纤维的一个重要特征。这些带有不同侧基的肽基,实际上是各种不同的氨基酸。现在已知道组成茧丝的氨基酸共有 18 种,但对各种氨基酸的含量比例,尚无十分肯定的结论。因测定者测定的方法不同、蚕品种不同而异,表 3-6 列出了茧丝蛋白质中丝素、丝胶的氨基酸组成。

表 3-6　丝素和丝胶的氨基酸组成

项目	氨基酸名称	英文符号	丝素（%）	丝胶（%）
侧链疏水性	甘氨酸	Gly	42.6～48.3	4.1～8.8
	丙氨酸	Ala	32.6～35.7	3.51～11.9
	缬氨酸	Val	3.03～3.53	1.3～3.14
	亮氨酸	Leu	0.68～0.81	0.9～1.7
	异亮氨酸	Tleu	0.87～0.9	0.6～0.77
	苯丙氨酸	Phe	0.48～2.6	0.5～2.66
	蛋氨酸	Met	0.03～0.18	0.1
	胱氨酸	Cys	0.03～0.88	0.2～1.0
侧链稍亲水性	酪氨酸	Tyr	11.29～11.8	3.77～55.3
	色氨酸	Try	0.36～0.8	0.5～1.0
	脯氨酸	Pro	0.4～2.5	0.5～3.0
	羟脯氨酸	Hypro	1.5	/
侧链亲水性	天门冬氨酸	Asp	1.31～2.9	10.43～17.03
	谷氨酸	Glu	1.44～3.0	1.91～10.1
	苏氨酸	Thr	1.15～1.49	7.48～8.9
	丝氨酸	Ser	13.3～15.98	13.5～33.9
	组氨酸	His	0.3～0.8	1.1～2.75
	赖氨酸	Lys	0.45～0.9	0.89～5.8
	精氨酸	Ary	0.9～1.54	4.15～6.07

资料来源:浙江省丝绸公司,1987。

以上 18 种氨基酸可分为中性氨基酸、酸性氨基酸、碱性氨基酸三种。

（一）中性氨基酸

甘氨酸、丙氨酸、缬氨酸、亮氨酸、异亮氨酸、脯氨酸、苯丙氨酸、色氨酸、胱氨酸、蛋氨酸、丝氨酸、苏氨酸、酪氨酸等 13 种，它们的羧基数和氨基数相等。

（二）酸性氨基酸

天门冬氨酸和谷氨酸，它们的羧基数多于氨基数。

（三）碱性氨基酸

精氨酸、组氨酸和赖氨酸等 3 种。它们的氨基数多于羧基数。

根据氨基酸所带有的侧基 R 中是否含有极性基团，以及这些极性基团的极性大小，又可分为极性和非极性两种类型。

在极性中再可分为强极性和略带亲和性两种。

这几类氨基酸和丝素纤维的聚集态结构，有很密切的关系。

非极性氨基酸有甘氨酸、丙氨酸、亮氨酸、苯丙氨酸、胱氨酸、缬氨酸、异亮氨酸、蛋氨酸等。

略带亲和性的氨基酸有色氨酸、脯氨酸、酪氨酸、羟脯氨酸等。

极性氨基酸的有丝氨酸、组氨酸、赖氨酸、精氨酸、天门冬氨酸、谷氨酸、苏氨酸等。

又可按侧基 R 的大小分为：侧基较大的氨基酸，有脯氨酸、胱氨酸、精氨酸、赖氨酸和组氨酸；侧基小的氨基酸，有甘氨酸、丙氨酸、丝氨酸等。

虽然组成家蚕茧丝（包括丝素及丝胶）的主要成分都是蛋白质，有 18 种氨基酸之多，但每种氨基酸占的比例不同。

从表 3-6 中可以看出丝素的主要氨基酸成分是甘氨酸、丙氨酸、丝氨酸、酪氨酸。丝胶含有大量的丝氨酸、天门冬氨酸、谷氨酸以及甘氨酸、苏氨酸和丙氨酸。

以表 3-6 中丝素、丝胶的氨基酸看，丝胶中含有亲水性大的氨基酸多达 70％以上，疏水性的氨基酸少，仅含 20％以下。丝素中恰相反，亲水性大的氨基酸含量少，约 18％，疏水性的氨基酸却占 78％以上。这对液体丝素以及丝素纤维的加工性能有很重要的意义。

氨基酸对水的亲和力之所以有大小，主要是因为氨基酸 R 基团末端的构成不同对水的亲和力有强弱。亲水性小的和大的氨基酸 R 基团末端的构造比较如下：

甘氨酸　　　　　　　丙氨酸　　　　　　　精氨酸

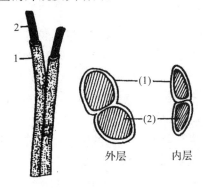

赖氨酸　　　　　　谷氨酸　　　　　　丝氨酸

从上述氨基酸构造可知，赖氨酸及精氨酸的 R 基团末端是氨基（—NH_2）、亚氨基（—NH），丝氨酸的 R 基团末端是羟基（—OH），谷氨酸的 R 基团末端是羧基（—COOH），故亲水性大，周围能结合多量水分子，系丝胶的主要成分。甘氨酸及丙氨酸的 R 基团末端为—H 或—CH_3，故疏水性大，为丝素的主要成分。这就是丝素与丝胶亲水性程度不同的原因。

五、茧丝的外观及纤维结构

一根茧丝是由两根平行的单纤维（单丝）外面黏着丝胶所构成的。丝胶在茧丝上分布成不均匀的薄层，两根单纤维不是全部相互密切黏着，间有少部分是离开的，茧丝长 900～1400m，如包括茧衣和蛹衬约长 1700m。

茧丝的断面结构，丝胶包覆在两根丝素纤维的外面，形成眼镜状结构，从图 3-1 可以看到茧丝的外观及其断面。

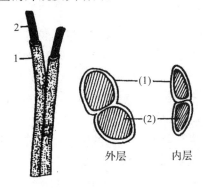

图 3-1　茧丝的外观及其断面

1.单纤维（单丝）　2.丝素纤维

(1)丝胶　(2)丝素

（浙江农业大学，1989）

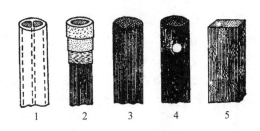

图 3-2　茧丝的微细构造

1.茧丝　2.丝胶的层状结构　3.组成一根丝素纤维的原纤维束　4.微纤维及其间空隙　5.结晶区与非结晶区相间的构造

（小松計一，1975）

如把一根丝素纤维的内部结构通过电子显微镜观察，则可见到由许多原纤维组合而成的所谓原纤维束状结构，根据光学显微镜观察，推断一根丝素纤维中，存在 50～150 根直径为 0.3～3μm 的原纤维。而现在经电镜查明，一根丝素纤维中存在着 900～1400 根直径为 0.2～0.4μm（即 2000～4000Å）的原纤维（包括纤维表面部的 0.6～0.8μm 的带状原纤维）。一根原纤维又由 800～900 根直径约 100Å 的微纤维构成，组合在一起成粗大的大分子束。微原纤维由若干根基原纤平行排列结合在一起而形成。微纤维之间有孔隙。基原纤由线状带曲折的丝蛋白大分子结合在一起构成结晶态的大分子束,直径为 10～30Å,其微细构造如图 3-2 所示。

家蚕不同品种甚至不同个体间的茧丝纤维横断面形态存在很大差异,但一般表现为三角形接近圆形的不规则形态,而且一根丝素纤维的横断面积在不同的茧层部位也不相同,茧外层部位的横断面积约 $80\mu m^2$,中层部位约 $100\mu m^2$,内层部位约 $60\mu m^2$。

第二节 丝素、丝胶的结构及特性

一、丝素的结构及特性

丝素是组成茧丝的基本物质,茧丝经过精练后除去丝胶及其他成分,剩余的部分就是丝素。纯粹的丝素呈白色半透明状,具有独特美丽的光泽。

丝素由结晶区和非结晶区两部分组成。据众多学者研究,丝素蛋白分子量大约在 $2.8\times10^5\sim3.5\times10^5$。由于测定方法及蚕品种等不同,其分子量可相差数万。从结晶区及非结晶区分子量看,结晶区的分子量在 4100 左右,非结晶区的分子量在 3800 左右。结晶区中每一个分子上约有 60 个氨基酸残基数,非结晶区的每一个分子上则有 49 个氨基酸残基数。这是在认为结晶区与非结晶区中氨基酸残基数的比为 55：45 的基础上得知的。在一个贯穿于结晶区与非结晶区的多肽长链分子上,必然包含有多个结晶区与非结晶区,按照此设想提出了如图 3-3 所示模式。

以上描述多肽长链分子在结晶区与非结晶区之间连接方式的模型,实际上要由两个结晶区和两个不同的非结晶区交互排布才能组成丝素分子上的一个重复单位。再由若干个重复单位再次重复构成一个多肽长链分子。这样一个重复单位的分子量大概是 15800,根据丝素分子的总分子量为 35 万计算,则每一个多肽长链分子由 18～22 个这样的重复单位构成。

结晶区肽链排列比较整齐、密集,非结晶区肽链排列较不整齐而且疏松(如图 3-4 所示)。

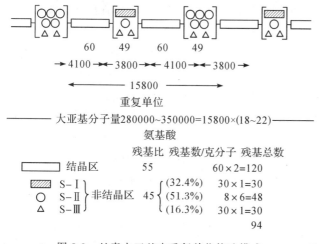

图 3-3 丝素大亚基中重复单位构造模式

(北條舒正,1980)

图 3-4 结晶区和非结晶区示意图

(苏州丝绸工学院,浙江丝绸工学院,1990)

　　丝素的结晶区主要由侧链较小的甘氨酸(侧链—H)、丙氨酸(侧链—CH_3)、丝氨酸(侧链—CH_2OH)的残基组成。因此,链段能排列得比较整齐、紧密,这就形成了结晶区。

　　在结晶区,每条肽链中的甘氨酸、丙氨酸(或丝氨酸)交替出现。纤维周期为 0.697nm,即相当于两个氨基酸残基的长度。结晶区的甘氨酸、丙氨酸、丝氨酸的比例大致为 3∶2∶1。有时也包括酪氨酸,排列成紧密、整齐、有序的结构。两条肽链间的距离约为 0.43nm。这样许多肽链形成一个平面,平面再一层层地重叠成为立体状。这样一束肽链链段,便是丝素中的一个结晶区(如图 3-5 所示)。在重叠中,平面之间的距离约为 0.45～0.53nm,当吸收水分时,这个距离将会膨润而增加。

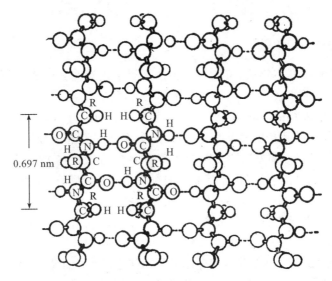

图 3-5　丝素结晶区中由反平行的肽链所构成的平面
(苏州丝绸工学院,浙江丝绸工学院,1990)

　　日本小松計一1970 年采用 X 射线衍射分析丝素的结晶构造,发现结晶构造有两种,其中之一称 α 型丝素或称丝素Ⅰ,其构造不是十分稳定,如用湿热、稀酸、极性强的有机溶剂处理,螺旋部分发生不可逆的伸展,变为 β-构造。β-构造结晶后,就形成所谓 β 型丝素或称为丝素Ⅱ,结晶结构稳定。结晶区在丝素中占的重量比率为 50%～55%,这个比率称为结晶率。

　　丝素的非结晶区主要由甘氨酸、丙氨酸以外的侧链较大的氨基酸残基组成,如具有两个氨基或两个羧基的氨基酸脯氨酸、酪氨酸等(酪氨酸也有部分存在于结晶区中)。这些氨基酸的残基较大,且在侧基中具有活泼的基团,这就阻碍了肽链整齐而密集的排列,形成了非结晶区。非结晶区在丝素中所占的重量比率为 45%～50%。

　　结晶区的极性基团较少,非极性基团较多。因为非极性基团化学性质不活泼,比较稳定,不易受外界影响而起变化,相互间吸引力大,分子间结合力强,分子排列成一个方向,结合紧密,抵抗外力能力强,故茧丝的强度增大。

　　非结晶区,含极性基团多,易起变化,分子间结合力弱(如—COOH、—NH_3)。这些基团很活泼,易受外界影响,所以分子排列也不规则,肽链不呈整齐、密集的排列,而有弯曲和缠结。这些弯曲、缠结的肽链在外力拉伸下,可以变直和伸长,在除去外力后,又可回复原状,故使茧丝具有较好的伸长率(或称伸长度)和弹性。丝素中存在的结晶区和非结晶区,两者具有适当的配合力,使茧丝具有良好的强度、伸长度和弹性。

同时,当丝素结构上存在差异时,就会影响其力学性能。例如,结晶度较低。结晶区残留的 α 型结构(比 β 型结构疏松)较多,以及肽链定向排列不充分时,都会使茧丝的强度降低。此外,位于丝纤维的非结晶性部分的许多亲水基团(—OH、—COOH、—NH$_2$)和肽键(—CO—NH—)也存在着细微的孔隙,所以丝纤维有良好的吸湿和散湿性能。丝绸容易染色的特性,就是由丝纤维的非结晶部分存在着许多可以使染料附着的化学结构和丝纤维的光学特性所决定的。

丝素虽不溶于水,但与水接触时能吸收一定量的水,同时体积膨胀,丝素吸水增加的重量可达 30%～35%,体积膨胀程度可达 30%～40%。丝素吸水膨胀时,直径显著增加,而长度增加很少。即使在空气中,丝素也能吸收水分。

在一般情况下,水对丝素不发生溶解。但在高温及长时间处理时,水对丝素也会产生不利影响。如丝素在 100℃水中短时间处理,其形态及实质并无变化,但长时间煮沸,则将有部分溶解的倾向,并失去光泽,损伤手感和柔软性。在 120℃下经 9～12h 处理,丝素直径更将减少 1/3。因此,精练丝的比重(1.023～1.43)比生丝(1.153～1.66)轻。

二、丝胶的结构

(一)丝胶的化学组成

丝胶中侧基小的甘氨酸、丙氨酸含量少,而丝氨酸、天门冬氨酸和谷氨酸总量达 60%,都是侧基较大的氨基酸。丝胶含有的极性氨基酸几乎是丝素的两倍,极性氨基酸(Ap)和非极性氨基酸(An)的含量比 Ap/An 几乎是丝素的 10 倍,其中羟基氨基酸占整个氨基酸的 43%～50%,酸性氨基酸和碱性氨基酸的含量也大于丝素。丝胶、丝素的极性氨基酸与非极性氨基酸含量见表 3-7。

表 3-7 丝胶、丝素的极性氨基酸与非极性氨基酸含量(%)

氨基酸类型	丝胶	丝素
极性氨基酸(Ap)	80.7	28.11
羟基氨基酸	43.1	22.77
酸性氨基酸	26.6	3.92
碱性氨基酸	11.0	1.42
非极性氨基酸(An)	19.3	71.89
Ap/An	4.18	0.39

资料来源:朱红等,1987。

丝胶分子量在 1.60×10^4～3.09×10^5 有一个比较大的范围。如丝胶置于热水中煮沸时,其分子量开始迅速减小,很快就降到原有分子量的 1/3,以后继续加热,变化缓慢。

(二)丝胶的结构

丝胶,系球形蛋白像鳞状粒片不规则地附着于丝素的外围,其性状与动物胶极相似。丝胶对丝素起保护和胶黏作用(丝胶能黏合细纤维成单丝,黏合单丝成茧丝,黏合茧丝成茧层,并且抱合茧丝成生丝）。丝胶与制丝工业关系十分密切，为了合理解决缫丝中的解舒问题，必须研究茧层丝胶的膨润溶解性、丝胶的等电点和丝胶的变性等。丝胶在冷水中，能因膨润增加其容积，并能微量地溶解。如在温水中，溶解甚易，煮茧缫丝就是利用此特殊性来离解茧丝，按照需要制造各种粗细不同的生丝。

　　关于丝胶的组成，有"AB 丝胶论"。日本金子英雄于 1931 年用盐析方法分离丝胶，获得易溶性的 A 与难溶性的 B 两种丝胶；1932 年 H. H. Mosher 用等电点法也分离出与上述类似的两种丝胶。茧层的外层 A 丝胶较多而易溶，内层 B 丝胶较多而难溶。

　　1941 年，清水正德提出控制不同的时间，将茧层加水煮沸，分离出三种溶解性不同的丝胶，即最易溶解的丝胶Ⅰ、溶解速度居中的丝胶Ⅱ、最难溶解的丝胶Ⅲ，这三种丝胶在丝素外围呈层状分布，丝胶Ⅲ最靠近丝素，结晶性部分成切线方向排列，然后是丝胶Ⅱ和丝胶Ⅰ，易溶性最强的丝胶Ⅰ在最外层。

　　1975 年，小松計一在清水正德工作的基础上，通过多次实验，提出茧丝中存在四种丝胶（分别叫作丝胶Ⅰ、Ⅱ、Ⅲ、Ⅳ）的理论。小松計一采用紫外吸收光谱仪，测定记录随着时间增加、溶解量变化的丝胶溶解曲线。曲线上存在三个转折点，作为四种丝胶存在的重要依据（图 3-6）。

　　图 3-6 中纵坐标为用紫外吸收光谱法测定丝胶溶解量时的"吸光度"。丝胶溶液愈浓，"吸光度"愈大，即"吸光度"与丝胶溶解量成正比。图 3-6 中纵坐标反映丝胶的溶解量，横坐标是溶解时间。曲线上存在三个转折点及四段直线，每段直线反映一种丝胶的溶解量与溶解时间成正比，四段直线显示存在四种丝胶。

　　虽然由于试验材料（用蚕的丝腺内的蛋白质或茧层作材料）或溶解液（用热水或碱液）的不同，溶解曲线的形状有所不同，但一般仍然具有三个转折。而随着丝胶Ⅰ、Ⅱ、Ⅲ、Ⅳ的顺序，其溶解速度也逐渐降低。在热水中易溶的丝胶Ⅰ，以不规则卷曲状作为主要的分子形态，结晶性也差，而随着溶解减少，β 结构增加，结晶度也有增加的倾向。小松計一认为，这四种丝胶在蚕的丝腺中已经存在。

　　图 3-7 表示茧丝中丝胶的层状分布，丝胶Ⅰ在茧丝的最外层，丝胶Ⅳ在最靠近丝素的内层。

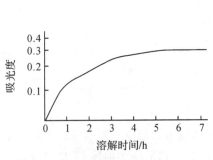

图 3-6　热水中茧丝丝胶的溶解曲线
（小松計一，1975）

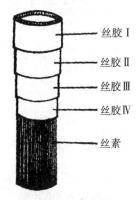

图 3-7　丝胶的层状结构
（小松計一，1975）

　　通过试验得到各种丝胶含量的比率为：丝胶Ⅰ∶丝胶Ⅱ∶丝胶（Ⅲ＋Ⅳ）＝4∶4∶2。其中丝胶Ⅳ含量最少，仅占丝胶总量的 3% 左右，用不同的试验材料及不同的溶解液进行试验时,所得的比率基本一致。

对上述四种丝胶的氨基酸组成进行了分析,结果见表 3-8。

表 3-8　在热水中分别溶解所得丝胶Ⅰ～Ⅳ的氨基酸组成(mol%)

氨基酸类型	丝胶种类				
	丝胶Ⅰ	丝胶Ⅱ	丝胶Ⅲ	丝胶Ⅳ	全丝胶[2]
甘氨酸	13.21	12.81	15.69	11.89	13.49
丙氨酸	4.68	6.69	6.68	9.30	5.97
缬氨酸	2.97	2.21	3.21	4.16	2.75
亮氨酸	0.86	0.96	1.27	6.26	1.14
异亮氨酸	0.59	0.57	0.85	3.50	0.72
脯氨酸	0.58	0.63	0.66	2.75	0.62
苯丙氨酸	0.45	0.44	0.50	2.83	0.53
色氨酸[1]	0.19	0.20	0.25	0.23	0.21
胱氨酸	0.17	0.15	0.12	0	0.15
蛋氨酸	0.04	0.04	0.04	0.12	0.04
丝氨酸	34.03	36.64	28.15	12.40	33.43
苏氨酸	10.34	8.43	11.36	7.25	9.74
酪氨酸	2.53	2.43	3.15	2.45	2.61
天门冬氨酸	16.94	16.95	16.13	12.64	16.71
谷氨酸	4.73	3.64	4.09	11.32	4.42
精氨酸	3.20	2.65	3.68	3.93	3.10
组氨酸	1.25	1.22	1.49	1.87	1.30
赖氨酸	3.28	3.29	2.64	7.11	3.30
氨基酸回收率[3]	104.69	101.00	98.7	96.6	102.27
含羟基氨基酸	46.90	47.54	42.66	22.10	45.78
酸性氨基酸	21.67	20.59	20.22	23.96	21.13
碱性氨基酸	7.73	7.16	7.81	12.91	7.70
极性侧基氨基酸(Ap)	76.30	75.29	70.69	58.97	74.61
非极性侧基氨基酸(An)	23.74	24.70	29.27	41.03	25.68
比例(Ap/An)	3.21	3.05	2.42	1.44	2.91

注:①经碱水解,再用对二甲苯氨基甲醛和乙醛酸比色测定。
②按丝胶Ⅰ:Ⅱ:Ⅲ:Ⅳ=41.0:38.6:17.6:3.1 的比例计算的平均值。
③试料 100g 中氨基酸的克数。
资料来源:小松計一,1975。

从表 3-8 中可以看出,愈是易溶的丝胶,侧基中含有极性的亲水基团的氨基酸所占的比例愈大。根据这四种丝胶氨基酸组成的差异,可以解释,随着从丝胶Ⅳ到丝胶Ⅰ的顺序,水溶性逐渐增大。

通过物理方法试验表明,丝胶Ⅰ分子以不规则的卷曲状为其主要的存在形态,分子间排列的规则和整齐度均很差(即结晶性很差)。随着丝胶Ⅰ到丝胶Ⅳ的顺序,构成丝胶分子的肽链有逐渐变直的倾向(称为 β 化),肽链间的排列也逐渐趋向规则、整齐(即结晶性、定向性增加)。四种丝胶的物理性状见表 3-9。

表 3-9　在热水中分别溶解所得丝胶 Ⅰ～Ⅳ 的性状

指标	丝胶种类				
	丝胶 Ⅰ	丝胶 Ⅱ	丝胶 Ⅲ	丝胶 Ⅳ	全丝胶平均值
结晶度(%)	3.0	18.2	32.5	37.6	15.1
比重	1.400	1.403	1.408	1.412	1.407
平衡水分率(%)	16.7	16.2	15.7	14.5	16.3

注:按丝胶 Ⅰ:Ⅱ:Ⅲ:Ⅳ=41.0:38.6:17.6:3.1 的比例算得的平均值。小松計一,1975。

表 3-9 中比重和平衡水分率的变化说明,随着丝胶 Ⅰ 到丝胶 Ⅳ 的顺序,丝胶的空间结构逐渐变得紧密,丝胶空间结构愈规整和紧密,水分子就愈难渗入,丝胶肽链上的极性基团也愈难与水分子接触,故溶解性降低。所以,从各种丝胶的分子结构和结晶度方面来考虑,随着丝胶 Ⅳ 至丝胶 Ⅰ 的顺序,其水溶性逐渐增大,比重和结晶度逐渐减小。

小松計一还进行丝胶水溶液的煮沸试验,观察煮沸时丝胶分子量的变化,发现丝胶的分子量随着煮沸时间的延长则分子量缓慢地连续下降。其变化如图 3-8 所示。

这种丝胶分子量的变化,根据蛋白质化学知识,可以解释为煮沸前的丝胶分子可能是由 3～4 条盘曲的肽链组成的(分子量为 10 万～12 万);在煮沸初期,这种丝胶分子发生离解,离解后各条肽链的分子量约为 35000,当继续煮沸时,部分肽链就进一步发生水解切断,长时间煮沸时,肽链中的部分氨基酸还可能因化学作用而分解,所以丝胶分子量逐渐下降。

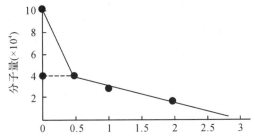

图 3-8　在水溶液中煮沸时丝胶分子量的变化
(小松計一,1975)

小松計一的上述理论,是在清水理论上的进一步发展,在丝胶化学的研究上有着重要价值。

此外,还有丝胶单一组分论,认为丝胶是单一蛋白质,经过湿润—干燥处理后,分子的聚集状态发生了变化,提高了结晶度,所以造成热分解温度向高温一侧转移。丝胶在其凝固过程中伴随着从易溶型向难溶型的转变,水溶性逐渐变小。

蒲生卓磨在 1973 年、1980 年分别提出运用电泳分析,从茧层抽出的丝胶可以得到五种丝胶的见解。

相对于小松計一的四种丝胶论,朱良均等在 1995 年通过电泳方法,提出了丝胶在茧层茧丝中存在混合结构,如图 3-9 所示。

(a) 丝腺丝胶　　　　　(b) 茧丝丝胶

图 3-9　丝腺丝胶和茧丝丝胶的结构模型

由图 3-9 可知,家蚕丝腺内丝胶蛋白的横断面为一同心圆的层状结构(A),茧丝上的丝胶蛋白由于在吐丝牵引过程中被相互拉伸挤压、混杂嵌合或分子链被切断而随机分布于丝素纤维表面,其横断面为大小分子量的混合结构(B),并且在取向性、结晶性上呈内高外低的差异。而热水溶出茧丝丝胶蛋白的层状结构是由于丝胶蛋白分子量被降解所致。

综上所述,丝胶分易溶性和难溶性两类,至于其种类组分多少、分布层数多少,因检测仪器设备与分析方法的不同而存在差异。人们对于丝胶的认识,处在一个不断完善和深化的过程中,还待进一步研究。

三、丝胶的特性

丝胶的特性与制丝工艺以及生丝品质均有密切关系,充分了解丝胶的溶解性及其结构特性,便于在制丝工艺中采取有效措施,科学合理地处理。丝胶的主要特性概述于下。

(一)丝胶的膨润和溶解

膨润是指干燥的丝胶(或其他干燥的凝胶)和适量的液体接触后,能自动地吸收液体而膨胀变软的过程。

膨润分为无限膨润和有限膨润两种。凡是膨润连续不断地、无限度地吸收大量液体(溶剂),最后凝胶扩散到液体中,从而形成高分子溶液(或称亲液溶胶),称为无限膨润。相反,有些蛋白质在液体中的膨润因受温度、时间、煮汤浓度等因素的影响,及一定的限制,不会形成高分子溶液,则称为有限膨润。

溶解是溶质均匀地分散到溶剂中的过程。膨润和溶解的关系可概括为,膨润是溶解的前奏,溶解是无限膨润的结果。

有限膨润和无限膨润不是绝对的,可随条件而变化,如丝胶在冷水中只能有限膨润,而在热水中便可以通过无限膨润溶解。丝素一般在水中只能有限膨润,但当水中溶有特殊盐类时,也可以经过无限膨润而溶解。按照近代胶体化学对高分子物质溶解过程的认识,茧层丝胶在水中的整个溶解过程可分为两个阶段。

第一阶段:丝胶分子表面的亲水基团和水分子发生水化作用。丝胶的吸水量是由丝胶表面亲水基团的多少决定,其作用是放热的。这一阶段丝胶分子间的一部分氢键断裂,此时便发生了有限膨润。丝胶的这种有限膨润在冷水中也能发生。

第二阶段:升高温度,膨润继续进行。由于水分子热运动的动能增加,大量水分子进入茧层丝胶中,并继续破坏丝胶分子间的氢键,直到全部破坏,丝胶分子就分散到水中而形成均匀的丝胶溶液。如此,通过无限膨润最后便达到溶解。

影响丝胶膨润溶解的主要因素是丝胶分子表面亲水基团与疏水基团的比率差异,水化作用程度也产生不同影响;另外,还与溶剂、温度、pH 值、电解质等因素有关。丝胶是一种高分子物质,其溶解也要经过膨润。丝胶的膨润和溶解性能与制丝生产关系是十分密切的。缫丝时,为了使茧丝顺序离解,需使茧丝上的丝胶适当地膨润溶解。如丝胶膨润溶解不够,茧煮得过生,胶着点解离困难,则落绪多、丝量少,影响洁净。如果丝胶溶解过度,茧煮得过熟,则丝胶溶失多,易成表煮,多颣吊、雪糙,影响清洁和洁净,生丝抱合差,强伸力不良,产量低,丝条故障多,缫折加大。因此,丝胶的膨润溶解应适当,使茧丝间的胶着力小于茧丝的湿强度,茧丝能顺序离解,解舒良好。这对制丝工程的顺利进行、生丝品质的优良都有着重要的影响。

（二）丝胶的变性

蛋白质的变性是蛋白质分子空间形态发生变化的结果。

丝胶蛋白质在水分子、热能等物理和化学因素作用下，由较易溶的丝胶变为较难溶的丝胶，这属于蛋白质变性的范围，即丝胶多肽长链的空间结构形态发生变化，从而导致某些性质（如可溶性、结晶性等）的改变，并非一种丝胶蛋白质变成另一种丝胶蛋白质。组成这种蛋白质分子的各种氨基酸的种类、数目和连接顺序应当是不发生变化的；即其一级结构不改变。如改变蛋白质的一级结构，则必须破坏共价键，打断多肽链，这就超过变性作用范围，而是属于分解作用了。

丝胶发生变性，由于丝胶分子的空间结构发生改变，就必然使其物理、化学性质也发生变化，其中与制丝生产最密切相关的就是适当变性后丝胶的膨润溶解性受到一定程度的控制，也是烘茧的目的之一。

丝胶变性时，由于丝胶分子中某些结合力（主要是氢键）被破坏，紧密盘绕的肽链变得松散而伸展，原来在丝胶分子内部的一些疏水基团暴露到表面上。这样，在变性后的丝胶分子的空间结构中，表面亲水基团所占的比率比原来减少，即减少一定程度的结合水量，这就会降低丝胶分子的水化作用，从而导致膨润溶解性能下降（如图 3-10 所示）。因此，茧层丝胶变性后，会使缫丝时茧丝间胶着力增大，对解舒造成不利的影响。

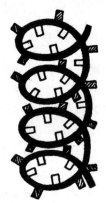

■ 螺旋状肽链
▨ 亲水基
□ 疏水基

图 3-10　球蛋白中的螺旋状肽链
［浙江农业大学,1985（黄国瑞,1994）］

在蚕茧生产和制丝生产过程中，引起丝胶变性，以温度和湿度的影响为最大，特别是湿热的影响更大。加热促进变性，主要是由于增加了丝胶分子的相互撞击的动能，易于拆开肽链（或链段）之间的氢键，从而改变丝胶原来的空间结构。

而加热促进变性的速度和程度则决定于加热的温度和时间。温度愈高，加热时间愈长，变性作用也愈强烈。由于各种蛋白质肽链盘曲程度不同，因此在同样的外界因素作用下，发生变性的程度也各异。丝胶在 $60 \sim 90$℃ 的干燥状态下尚无显著的变性作用，但有水分存在时，便会大大促进变性。

湿热容易使丝胶变性，是因为水分子存在时，极性的水分子受热后，分子的热运动能量增大，水分子进入肽链间的空隙，破坏其中的结合力（特别是氢键），使肽链变得松散、伸展，如下式所示（虚线表示氢键）。

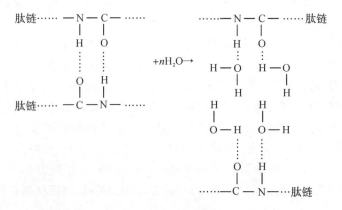

　　水分继续受热蒸发,自由水分排出后就会影响结合性水分,化学变化开始,肽链因自身的热运动而使链(或链段)间的氢键重新结合,但此时氢键结合的情况就可能与原来不一样了。此时形成一种新的空间结构,即发生了变性。当然,如果茧层丝胶原来已吸收水分,则因加热使较多的水分子再逸出时,同样也会引起变性。

　　由此可见,丝胶经过反复的吸湿、散湿处理,或在吸收水分后经高温处理,都易使丝胶变性,降低水溶性。

　　热的作用,一方面是加剧丝胶的分子运动和分子内部各部分之间的相对运动,促进氢键更多地断裂,加速了丝胶变性;另一方面,这种热运动也增加了在新的位置形成氢键的困难,限制变性程度,故湿热比干热变性更严重。从这个角度看,烘茧时温度虽然很高,造成丝胶变性,其程度不一定很严重,而长期放在多湿环境下,多次的吸湿与放湿,则对丝胶可溶性的危害更大。

　　为了控制丝胶的变性,在上蔟时应防止高温多湿,要加强合理的通风与排湿,否则不仅丝胶发生变性,且多湿环境下结茧,丝素中残留的 α 型结构多,定向排列少,丝素的力学性能差,茧丝间的胶着力大,湿强度小,影响解舒。

　　其次,蚕茧干燥时,在恒率干燥阶段由于水分蒸发多,温度可适当提高,相对湿度要降低,以减少蚕茧表面干燥介质中水汽分压,使饱差增大,故应充分排湿和换气,以减少丝胶变性。但在减率干燥阶段,茧层含水已少,也要防止干热对丝胶变性的影响。当然,在实际工作中,要使丝胶一点也不变性是很困难的,适当的变性能增加茧层的煮茧抵抗,特别在减率干燥第二阶段,如超过限度,煮茧抵抗过大,则使茧的解舒恶化,并因结合水减少过多,而影响茧丝的强度。

　　丝胶在热水中经不同时间(0、4、8、12、16h)的加热后,整个丝胶的氨基酸组成并没有什么大的改变,但氨基酸的回收率、极性与非极性两种氨基酸比例却有下降。回收率的下降可认为是分子键因加水而被切断的结果。丝胶的性能在湿热条件下,可能在变性的同时也发生程度不同的变质作用,降低溶解性,解舒变差(表 3-10)。

表 3-10　丝胶在热水中加热时氨基酸组成的变化(mol%)

指标	加热时间(h)				
	0	4	8	12	16
氨基酸回收率(%)	104.65	102.48	100.91	98.00	96.88
含羟基氨基酸	47.54	47.13	46.75	45.80	45.74
酸性氨基酸	20.83	20.80	20.99	20.83	21.35
碱性氨基酸	7.13	7.30	7.25	7.68	7.02
极性侧基氨基酸(Ap)	75.68	72.23	74.99	74.31	74.11
非极性侧基氨基酸(An)	24.07	24.65	24.99	25.68	25.87
比率(Ap/An)	3.14	3.05	3.00	2.89	2.86

注:小松计一,1975。

第三节　茧丝纤度

一、茧丝纤度的概念与单位

纤度用来表示茧丝或生丝粗细的程度。纤度的单位有旦尼尔、特克斯与分特、支数等。

(一)旦尼尔 Denier

旦尼尔(Denier)简称"旦"或以"den""d"为代号。标准丝长 450m，重 0.05g 为 1 个但尼尔，属恒长制。即在标准丝长 450m 定长条件下，丝愈重愈粗，愈轻愈细。如标准丝长的丝重为 0.70g，即 14d；如标准丝长的丝重 1.05g，为 21d。根据国际标准规定，对 21d 生丝的范围为 20～22d，一般写成 20/22，简称 21d；14 旦尼尔的生丝范围规定为 13～15d，一般写成 13/15，简称 14d。

试验方法：

丝长用检尺器测定，检尺器的周长为 1.125m(1 回＝1.125m)。所以，摇取 400 回，即为 450m，再称重量，用下式计算纤度：

$$d \, 数 = \frac{W(g)}{0.05(g)} \times \frac{450(m)}{L(回)} = \frac{W(g)}{L(m)} \times 9000$$

$$或 = \frac{W(g)}{0.05(g)} \times \frac{400(回)}{L(回)} = \frac{W(g)}{L(回)} \times 8000$$

如丝重以 mg 计，则用下式计算：

$$d \, 数 = \frac{W(mg)}{L(回)} \times 8$$

$$或 = \frac{W(mg)}{L(m)} \times 9$$

式中：W 为丝重(mg)；L 为丝长(m 或回)。

(二)特克斯(tex)与分特(dtex)

特克斯简称"特"，单位为 tex(符号 t)，是恒长制。丝长 1000m 的重量克数，即为特克斯数。在丝长 1000m 定长条件下，丝重 1g，即为 1tex。特克斯数愈大，表示纤度愈粗。计算公式如下：

$$t \, 数 = \frac{丝量(g)}{丝长(m)} \times 1000$$

由于生丝纤度较细，换算后特克斯数过小，故宜用分特表示，分特为特克斯数的 1/10，单位为 dtex，符号为 dt。分特数是指丝长 10000m 的重量克数。在丝长 10000m 定长条件下，丝重 1g，即为 1dtex。计算公式如下：

$$dt \, 数 = \frac{丝量(g)}{丝长(m)} \times 10000$$

d 数与 t 数之间的换算关系式：

$$\frac{t \, 数}{1000} = \frac{d \, 数}{9000}; t \, 数 = \frac{d \, 数}{9}; d \, 数 = 9 \times t \, 数$$

d 数与 dt 数之间的换算关系式：

$$\frac{dt\,数}{10000}=\frac{d\,数}{9000};d\,数=\frac{9}{10}\times dt\,数=0.9\times dt\,数;$$

$$dt\,数=\frac{10}{9}\times d\,数=d\,数\times 1.11$$

（三）支数

纺织业用的支数为公制支数。公制支数是指 1g 重的纤维所具有长度的 m 数。用支数来表示纤维的纤度，为恒重制，纤维越细，支数越大。公制支数的计算如下：

$$公制支数=\frac{丝长(m)}{丝重(g)}$$

d 数、tex 数和公制支数三者的换算式如下：

$$\frac{d\,数}{9000}=\frac{t\,数}{1000}=\frac{1}{支数}$$

如 21d 丝的特克斯数为：$t\,数=\frac{21}{9}=2.33tex$（即 23.3dtex）

21d 丝的支数为：$支数=\frac{9000}{21}=429$ 支

由于丝纤维的多孔性和丝胶对水的亲水性强，所以吸湿和放湿性能也强，其重量随回潮率不同而变化。所以，在测定纤度时，纤维的重量均是公定回潮率时的重量（即称为公量）。丝纤维在回潮率 11％时的重量为标准回潮率，用公量算得的纤度称为公量纤度。

$$生丝公量纤度(d)=\frac{生丝总公量(g)}{生丝总长(m)}\times 9000=\frac{生丝总干量(g)\times 1.11\times 9000^*}{生丝总长(m)}$$

$$生丝公量纤度(dt)=\frac{生丝总干量(g)\times 1.11\times 10000}{生丝总长(m)}$$

（注：* 如以回数计，则×8000）

二、茧丝纤度曲线及其特征数

一粒茧的茧丝纤度有其独特的变化规律，有粗细变化的特征，如用检尺器将茧丝摇取每 100 回为 1 单位，逐个称计其重量，计算纤度。茧层部位不同，其纤度由粗、最粗、粗、细、最细变化。如以每 100 回作为横坐标 x 轴，纤度值作为纵坐标 y 轴，以杭 7×杭 8 杂交种（各百回茧丝纤度，见表 3-16）为例绘制茧丝纤度曲线图（图 3-11）。

从图 3-11 可看出，茧丝纤度外层比较粗，在第 4 个百回时最粗，即中层开始粗，愈至内层纤度愈细。

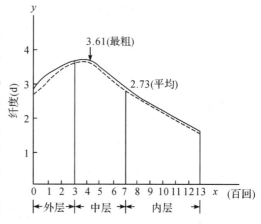

图 3-11　茧丝纤度曲线

为了说明茧丝纤度曲线的特征，常用集中性特征数和离散性特征数来表示。集中性特征数如茧丝平均纤度、每百回茧丝纤度，可看作围绕该平均纤度而分布的数值。离散性特征数主要表示茧丝各百回纤度与平均纤度的差异情况。常用的有茧丝纤度粒内均方差、茧丝纤度最大开差、初终纤度率、庄口茧丝纤度均方差、变异系数等指标。现将计算方法分述如下：

(一)茧丝平均纤度

茧丝平均纤度指一粒茧的茧丝每百回纤度的平均值,计算公式如下：

$$\overline{X}=\frac{X_1+X_2+\cdots+X_n}{N}=\frac{\sum\limits_{i=1}^{n}X_i}{N}$$

式中:$\overline{X}$ 为茧丝平均纤度(d 或 dt);$X_1,X_2,X_3,\cdots,X_n$ 为茧丝每百回纤度(d 或 dt);N 为茧丝百回绞数。

说明:X_n(即末百回)如不是整数一百回,则零回纤度得出后需乘以零回%,作为零回纤度,这样计算每百回纤度的总和比较正确。同时,每百回丝总绞数中零回也用小数点计入。

每百回纤度如以 mg 计,则 X(每百回纤度)=百回重(mg)×0.08。

茧丝平均纤度或以一根茧丝的总重量(mg)除以茧丝总长(回数)再乘以8,也同样可以求得。

$$\overline{X}=\frac{W}{L(回)}\times 8 \quad 或 \quad \overline{X}=\frac{W}{L(m)}\times 9$$

式中:W 为茧丝总重;L 为茧丝总长。

(二)茧丝纤度平均偏差(MD)

茧丝纤度平均偏差指每根茧丝每百回纤度与其平均纤度差的绝对值的平均数,计算公式：

$$MD=\frac{\sum\limits_{i=1}^{n}|X_i-\overline{X}|}{N}$$

式中:MD 为茧丝纤度平均偏差;X_i 为每百回纤度;$\overline{X}$ 为茧丝平均纤度;N 为每百回丝总绞数。

说明:如遇到末百回是零回时,必须将零回的纤度与平均纤度求得的差(绝对值)再乘以零回%,这样计算才为正确无误。

茧丝纤度平均偏差,如茧丝长较长,上式计算较复杂,则可用下述简式计算：

$$MD=\frac{[\sum Bd-(Bn\times\overline{X})]\times 2}{N}$$

$$或\frac{[(\overline{X}\times Cn)-\sum Cd]\times 2}{N}$$

式中:$\sum Bd$ 为偏粗纤度总和;Bn 为偏粗丝绞数,$\sum Cd$ 为偏细纤度总和;Cn 为偏细丝绞数;N 为每百回丝总绞数;$\overline{X}$ 为茧丝平均纤度。

茧丝纤度平均偏差表示茧丝纤度离散情况,计算较简单,但因含有绝对值的公式进行计算,分析有诸多不便,故逐渐改用均方差。

均方差(σ_a)是将粒茧茧丝各百回纤度与平均纤度的差值的平方相加,求出的平均数的平方根,即为茧丝纤度粒内均方差,计算公式如下：

$$\sigma_a=\sqrt{\frac{\sum\limits_{i=1}^{n}(X_i-\overline{X})^2}{n}}$$

式中:σ_a 为茧丝纤度粒内均方差(d 或 dtex)。

可简化为：

$$\sigma_a = \sqrt{\frac{\sum\limits_{i=1}^{n} X_i^2}{n} - \overline{X}^2}$$

这样,只需先求出各数平方的平均值,减去平均数的平方值后开平方,即得均方差。均方差的数据越大,表示各百回纤度值分布越分散,相互间的差异也越大;反之表示各百回的纤度值越接近平均数,分布越集中,茧丝纤度粒内均方差与生丝纤度偏差(均方差)有密切关系。生丝纤度偏差是生丝品质的重要指标。茧丝纤度粒内均方差小的,有利于做小生丝纤度偏差并提高生丝品位。

（三）茧丝纤度最大开差（即极差）

茧丝纤度最大开差或称极差,是指茧丝各百回纤度中最粗的一百回与最细的一百回纤度之差,主要用于判别茧丝纤度的离散性。一般最末百回是最细的一百回。

$$X_{LM} = X_L - X_M$$

式中:X_{LM} 为最大开差(极差);X_L 为最粗一百回纤度;X_M 为最细一百回纤度(最末百回)。

说明:上式中最细一百回如是零回,则最大开差应用以下公式计算较为精确:

最大开差＝最粗一百回纤度－(末前百回纤度×末百回所差回数％＋末百回零回纤度×零回％)。

茧丝纤度最大开差值因蚕品种、饲养条件等不同而有差异。茧丝纤度最大开差大的,对提高生丝均匀度不利,对生丝纤度偏差也有影响,茧丝纤度最大开差越小越好。

（四）初终纤度率

茧层中的最内层(100 回)与最外层(100 回)的纤度百分比,称为初终纤度率,其数值的大小,影响添绪时产生纤度差异,关系到匀度成绩和偏差大小,初终纤度率的计算公式如下:

$$P_{AC} = \frac{S_C}{S_A} \times 100\%$$

式中:P_{AC} 为初终纤度率;S_A 为最外层的一百回纤度;S_C 为最内层的一百回纤度。

最外层的一百回纤度与最内层的一百回纤度的差值,称为茧丝纤度的初终极差,它反映了两者之间的差异,差异愈小愈好。对缫丝时,缫至最内层时用新茧最外层接绪时的变化就小。生丝均匀度好,偏差也小。

（五）千米切断数

为了衡量茧丝粒间的解舒情况,以茧丝千米切断数来表示。计算式如下:

$$L : E = 1000 : X$$

式中:L 为总丝长(m);E 为切断次数;X 为千米切断数。

（六）变异系数

均方差表示所测数据的不均匀情况,反映了茧丝纤度均匀性情况,如两组数据的均方差相等,只能说明两者各自平均数分布的离散程度相同,而不能反映离散的大小与平均数之间的关系。变异系数是可以表达数据之间差异的离散性指标(与平均数相比的指标)。

变异系数是均方差与平均数的百分比,以一粒茧丝为例。其计算式为:

$$C(\%)=\frac{\sigma_a}{\overline{X}}\times100\%$$

式中:C 为变异系数(%)。

根据以上各项指标的计算,基本上能体现茧丝的均匀度及其丝质情况。茧丝平均纤度要求能符合定粒,茧丝纤度平均偏差及均方差要求愈小愈好,平均偏差不超过 0.5d(0.55dtex)为宜,一般茧丝标准偏差在 0.6~1.1d(0.67~1.22dtex)。变异系数为 24%~36%(一粒缫50 回的调查),便于做小生丝纤度偏差和匀度变化,提高生丝品位,故要求愈小愈好,一般开差在 1.2~1.5d(1.33~1.66dtex)范围。

在相同蚕品种的条件下,茧层量与茧丝纤度也有一定的正相关关系,即茧层量愈重,纤度愈粗。据调查,茧层量与茧丝纤度有如表 3-11 所示关系。

表 3-11　茧层量与茧丝纤度的关系

蚕品种	茧层量(g)										
	0.33	0.34	0.35	0.36	0.37	0.38	0.39	0.40	0.41	0.42	0.43
苏 16×苏 17	2.368	2.399	2.424	2.453	2.490	2.531	2.571	2.604	2.645	/	/
东肥×华合	/	/	/	2.614	2.687	2.730	2.764	2.796	2.833	2.874	2.909

注:表中茧丝纤度单位为 den,den 数×1.11=dtex 数。

资料来源:杭州缫丝厂,1970(黄国瑞,1994)。

三、茧丝粗细与扁平

(一)粗细与扁平

在同一批蚕茧中,由于蚕品种、饲养条件、叶质等因素影响,茧丝纤度粗细也不同。

1.蚕品种

如菁松×皓月、浙蕾×春晓等蚕品种,其茧丝纤度有粗细(表 3-12),同一蚕品种中,茧形大小及雌雄性别皆与茧丝纤度有关。一般来说,雌茧茧形大,纤度粗;雄茧茧形小,纤度细(见表 2-2 茧幅与茧丝纤度的关系)。

表 3-12　杂交蚕品种茧丝纤度

蚕品种	菁松×皓月	浙蕾×春晓	杭 7×杭 8	薪杭×科明	浙农 1 号×苏 12	蓝天×白云
茧丝纤度(d)	2.870	3.070	3.000	3.110	2.880	2.910

注:d 数×1.11=dtex 数。

资料来源:冯家新等,1989。

2.饲料及食桑量

桑叶品种不同会影响茧丝的粗细。据调查,同一蚕品种及饲料饲养,四龄开始以不同的桑品种作饲料,其茧丝纤度也有差异,见表 3-13。

表·3-13　桑品种与茧丝纤度的关系

桑品种	一之濑	707	桐乡青	新一之濑	湖桑 199	湖桑 197	荷叶白	团头荷叶白
春期	3.361	3.308	3.300	3.146	3.166	3.151	3.087	3.057
早秋期	2.280	2.360	2.166	2.235	2.174	2.207	2.188	2.081

注:①春期蚕品种为华合×东肥,一至三龄用乌皮桑。②早秋蚕品种为东 34×苏 12,一至三龄用桐乡青。③表中茧丝纤度单位为 d,d 数×1.11=dtex。

资料来源:浙江农业大学,1979(黄国瑞,1994)。

食桑量的多少也会影响茧丝的粗细。经调查,同一蚕品种到壮蚕期食桑量不同,其纤度也不同(表 3-14)。

表 3-14　食桑量与茧丝纤度的关系

食桑量(%)	120	100	90	80	70
茧丝纤度(den)	3.109	3.095	3.076	3.034	2.990

注:den 数×1.11=dtex。

资料来源:浙江农业大学,1961。

由表 3-14 可知,食桑足,蚕丝腺合成的丝蛋白质多,叶丝转化率高,故丝腺内绢丝液多,压力大,单位时间内绢丝物质吐出量多,纤度粗。

3. 不同饲育期

同一蚕品种其饲养季节不同,由于气温、叶质等方面的原因也会影响其纤度,如三对夏秋品种,在春期及秋期分别饲养其纤度有差异,一般秋期比春期饲养的纤度细(表 3-15)。

表 3-15　饲育期与纤度的关系

饲育期	蚕品种		
	浙农 1 号×苏 12	薪杭×科明	蓝天×白云
春期	2.88	3.11	2.91
秋期	2.55	3.01	2.77

注:①各蚕品种均取正反交平均值。②表中茧丝纤度单位为 d,d 数×1.11=dtex。

资料来源:冯家新等,1989。

4. 茧层部位

茧丝纤度粗细不但因蚕品种、饲料及饲养条件等有差异,即使在同一蚕品种内,茧与茧之间也有差异,而且在一粒茧的内层与外层因部位不同也有粗细的差异。一粒茧的茧丝纤度,一般中层最粗,外层次之,内层最细。最粗纤度的部位,因蚕品种而各有差异,一般在第二百至第四百回的范围内。春用及夏秋用各蚕品种在春期和中秋期饲养,上蔟条件相同,测定其茧丝纤度见表 3-16。

表 3-16　不同部位茧层的茧丝纤度

蚕品种	茧丝回数(回)													平均
	100	200	300	400	500	600	700	800	900	1000	1100	1200	1300	1400	
东肥×华合	3.30	4.30	4.42	4.25	3.97	3.64	3.28	2.98	2.75	2.43	2.08	1.45	/	/	3.23
杭 7×杭 8	3.24	3.87	3.99	4.01	3.78	3.50	3.14	2.87	2.70	2.44	2.17	2.05	1.72	/	3.03
春 3×春 4	3.19	3.49	3.73	3.59	3.57	3.48	3.31	3.15	3.03	2.89	2.71	2.52	2.17	2.03	3.05
东 34×苏 12	2.79	3.18	3.31	3.30	3.17	2.91	2.62	2.31	1.63	/	/	/	/	/	2.80
浙农 1 号×苏 12	2.67	2.74	2.87	2.95	2.90	2.75	2.62	2.47	2.23	1.77	/	/	/	/	2.60
东 34×603	2.74	2.91	2.99	2.98	2.94	2.91	2.50	2.49	1.95	/	/	/	/	/	2.71

注:表中茧丝纤度单位为 dtex,den 数×1.11=dtex。

资料来源:浙江农业大学,1979(黄国瑞,1994)。

(二)茧丝断面形态

1. 充实度 V_0

充实度又称完整度,是实际截面面积与外接圆面积之比。

$$V_0(\%)=\frac{F}{S}\times100$$

由

$$S=\pi r^2=\left(\frac{D}{2}\right)^2\pi=\frac{D^2}{4}\pi$$

故

$$V_0(\%)=\frac{F}{\frac{D^2}{4}\pi}\times100=\frac{400F}{D^2\pi}=127.32\frac{F}{D^2}$$

式中：V_0 为充实度；F 为茧丝实际截面面积（μm^2）；S 为以长径所做外接圆面积（μm^2）；r 为外接圆半径；D 为茧丝断面直径。

2. 扁平度 C

扁平度又称直径比，是椭圆的短径对长径之比。C 值表示截面的扁平程度。

$$C=\frac{b}{a}$$

式中：b 为横断面短径（μm）；a 为横断面长径（μm）。

中日杂交种的各茧层丝的长径和短径的变化，也是粗细变化的情况、充实度和扁平度等，见表 3-17。

表 3-17　不同部位茧层茧丝的断面数值

茧层部位	长径 a （μm）	短径 b （μm）	短长直径比 $=b/a$	以长径为直径的 计算面积（μm^2）	实测面积 （μm^2）	充实度 （%）
外层,第 1 层	14.2	12.2	0.859	158	113.5	71.8
外层,第 2 层	17.0	13.0	0.765	227	159.0	70.6
外层,第 3 层	17.8	12.7	0.713	249	156.3	62.8
内层,第 4 层	17.0	10.0	0.588	227	125.1	55.1
内层,第 5 层	15.5	8.7	0.561	189	99.01	52.4
平均	16.3	11.32	0.694	209	132.6	63.4

注：样丝是一粒缫每根 50 回的纤度丝；各测定 50 根样丝，每根样丝的长径为单丝的 2 倍。

资料来源：苏州丝绸工学院，浙江丝绸工学院，1993。

又据上海纺织科学研究院测定，茧丝纤度在 3.05～3.15d（3.38～4.05dtex）的，一般长径（a）为 15.33～16.98μm，短径（b）为 11.11～12.93μm，扁平度（C）值为 0.72～0.76。茧层外层一般充实度高、比重重、纤度粗。茧层内层的充实度降低，比重轻、纤度细。充实度高的茧丝，丝胶含量多、解舒好、强伸力大，品质好，缫丝成绩也好。茧丝的断面积，随着外层至内层的推移，其断面积长径与短径的变化，也在逐渐由大变小，纤度由粗变细。

3. 丝的横断面积、直径与纤度的关系

以丝的横断面积为 A（μm^2），长度为 L（m），密度为 ρ（g/cm^3），则其重量 W（g）为：

$$W=(A\times10^{-8})(L\times100)\rho=\rho AL\times10^{-6} \qquad ①$$

如以 S 表示纤度（d），将①式代入下式为：

$$S=\frac{W}{L}\times9000=9\rho A\times10^{-3} \qquad ②$$

由②式可得：

$$A=10^3S/9\rho$$

因茧丝的密度为 1.38g/cm^3，纤度 1d 的横断面积为：

$$A = \frac{10^3 \times 1}{9 \times 1.38} = 80.5(\mu m^2)$$

生丝是由若干根茧丝利用丝胶黏合而成的,茧丝之间存在着空隙,密度比茧丝小,故同样是1d,生丝的横断面积比茧丝的大,生丝1d的横断面积为 $129\mu m^2$,为茧丝横断面积的1.6倍。

设丝的横断面为圆形,直径为 D,以横断面积 $A = \frac{\pi D^2}{4}$ 代入 $A = \frac{10^3 X}{9\rho}$,则 $D^2 = \frac{4 \times 10^3 S}{9\pi\rho}$,故

$$D = \sqrt{\frac{4 \times 10^3 S}{9\pi\rho}} = \sqrt{\frac{4 \times 10^3}{9\pi\rho}} \cdot \sqrt{X} = K \cdot \sqrt{S}$$

上海纺织科学研究院测定的 K 值为:干态生丝12.30,湿态生丝14.47。据此作为定纤自动缫丝车隔距轮垫片厚度的参考。

(三)茧丝粗细与扁平的内因

从蚕丝腺的结构及生理机能分析,有以下三方面的原因:

1.茧丝的粗细与榨丝区的构造有关

由于管腔上面的一块剑状骨板断面较狭,下面一块骨板的断面较宽,因此使榨丝区管腔的断面呈半月形。在榨丝区的背方骨板上面生有6条肌肉束,当这些肌肉束收缩使半月形上面部分向上,管腔的横断面即由扁而变圆。如果肌肉放松,则半月形上面部分向下压,使管腔横断面恢复到原状(图3-12)。

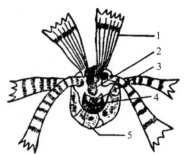

图3-12 榨丝区横断面
1.肌肉 2.骨质压杆 3.管腔
4.骨质管壁 5.吐丝管上皮细胞
(浙江农业大学,1991)

当丝腺内的绢丝物质通过榨丝区时,由于还是可塑性很大的胶质体,所以榨丝区的横断面大小就决定了茧丝的形态和粗细。吐丝时由于榨丝区的6条肌肉束收缩,把榨丝区半月形管腔的上面部分向上拉,结果使管腔的横断面积扩大,通过这里的茧丝就变得圆而粗。当肌肉疲劳或衰弱而放松时,榨丝区半月形管腔上面的管壁向下压,管腔横断面积变小,因此通过这里的茧丝形状也就细而扁平。这是影响茧丝粗细和形状的一个重要因素。

2.与丝腺内外部压力的关系

茧丝形状固然与幼虫榨丝区的构造、形态、大小有密切关系,但并非唯一的因素,其形状和粗细的程度,还与丝腺内外部压力的大小有关。绢丝物质本身流出压力的大小,可以改变管径的大小,也就影响到茧丝的粗细和茧丝横断面的形状。这种压力不论是丝腺内部或丝腺外部所发生的变化,同样能影响丝腺内绢丝物质向外压出压力的大小。同蚕体的活动、血液循环、呼吸作用、丝腺腺壁本身的收缩、丝腺分泌作用的盛衰等都能造成丝腺内压力的变化,以致影响榨丝区内腔的形状大小和所吐出茧丝的粗细。

(1)肌肉收缩

当肌肉收缩时,通过血液增加对丝腺表面的压力,收缩强度增大,对丝腺的压力也大。这时的丝素物质在丝腺内仍然大量涌向前方,榨丝区内腔被压迫而增大压强,吐丝压力也因之增加。

(2)结茧过程中蚕体的姿势

在结茧过程中蚕体经常更换位置,在茧的侧面吐丝时,蚕体往往向背方弯曲呈"C"字形,由此产生对丝腺的机械压力(外压),增大了丝腺的内部压力。

(3)丝腺本身分泌作用的盛衰

如分泌作用旺盛则绢丝物质增多,也就增加丝腺的内压。反之,分泌作用衰退时,绢丝物

质量少,内部压力也随之减低。

同一条蚕,在结茧过程中由于各个时期丝腺的液状丝量的变化,产生内外压力不同,各个时期所吐出的茧丝粗细也就不同。丝腺的分泌作用又因饲育条件不同而异。如良桑饱食,叶丝转化率高的,则不但丝量多,纤度也粗。反之,如食桑量不足、叶质过老等则影响丝腺的发育成长,叶丝转化率低,因此丝量减少,纤度变细。

蚕吐丝时其分泌量一般都有个最旺盛的时期。在旺盛时期中有个吐丝量的最高点,此时丝最粗,然后渐渐地随泌丝量减少而变细。据调查,大约在吐丝开始后的 24h 时,是蚕分泌量最多时期,一般约在第二三百回间,所以一根茧丝总是先中等粗,然后最粗,接着渐渐变细至最内层最细。

3.与吐丝速度的关系

在吐丝中,蚕牵引的速度快,头部的摆动幅度较大,"8"形丝圈也大。若单位时间内所分泌的绢丝物质量相同,那么被牵引成丝的长度长者则纤度细。引起茧丝粗细变化的吐丝速度,因蚕品种、茧层部位、上蔟温度及每一个"8"形丝圈中丝的位置不同而有差异;中国农业科学院蚕业研究所(1960)调查,上蔟吐丝开始到结束,一直保持平温与中间保持较高或较低的温度,其茧丝纤度就有明显不同(表 3-18)。

表 3-18　上蔟温度与茧丝纤度的关系

不同上蔟初、中、后三阶段的温度(℃)			纤度(d)	开差(d)		
				最粗	最细	开差
24	24	24	3.363	4.50	1.55	2.95
24	21	21	3.440	4.59	1.51	3.08
24	26	24	3.305	4.38	1.65	2.73
24	28.3	24	3.300	4.28	1.71	2.57

注:den 数×1.11=dtex 数。

资料来源:黄国瑞,1994。

据调查,在一个"8"形中所吐出的绢丝物质大致不变,但吐出"8"形丝的速度随温度的升高而增快。关于温度不同对完成一个"8"形所需的时间,其试验结果见表 3-19。

表 3-19　各种温度完成一个"8"形所需的时间

温度(℃)	19~20	22~23	25~26	29~30	30~32
完成一个"8"形的时间(s)	3.02	2.31	1.59	1.05	0.95

(四)控制茧丝粗细与扁平的措施

茧丝的粗细和扁平,直接影响着生丝的均匀度。为了克服这个缺点,立缫缫丝时,配茧必须按粗细程度搭配均匀。一般应按"落厚添厚、落薄添薄,自然落绪添新茧"的操作方法执行。特别是茧丝粗细开差大的更要注意,否则会使生丝纤度和匀度发生变化,影响生丝的品级。

茧丝扁平,往往使生丝抱合不好,生丝横断面失去圆形。据调查,如定粒中全部用外层茧丝所缫制的生丝横断面,因带圆形和丝胶量多等原因,其空隙少故抱合良好。内层茧丝所缫制的生丝横断面,因呈扁平,丝胶含量较少,空隙也大,故抱合不良。因此,在生丝制造过程中,应该注意将内外层茧丝适当搭配,丝胶溶失合理,使生丝抱合良好。

为了尽量减少茧粒间及粒茧内的茧丝粗细差,应考虑以下几点:

1.减少茧与茧之间的大小和粗细差

同一地区最好能饲养同一个蚕品种,使同一批(庄口)茧的纤度整齐,同时给桑量、饲育温度、饲料等条件应尽量一致,以减少同一蚕品种内茧与茧之间的差别。蚕茧收烘站应按蚕品种分别收烘,分别堆放、出运,减少蚕品种间纤度的差异。

2.缩小同一粒茧的茧丝粗细开差

尽可能使蚕茧批量大、庄口整齐度高、丝量多、洁净好、纤度适中,尽量选育纤度变化较小、粗细适当的多丝量品种,如菁松×皓月等。

3.改变营茧位置

直营时蚕体的弯曲度最大,丝腺所受的外压也大,所以直营茧的纤度开差大,斜营茧次之,横营茧厚薄均匀,纤度开差也最小。应大力推广方格蔟,多营横营茧。

四、茧丝纤度与缫丝关系

按照立缫车的制丝工艺,希望茧丝纤度能符合定粒缫丝,生丝的均方差小,一般以21den为主,兼做其他细纤度与较粗的纤度。一般茧丝纤度愈细、定粒数愈多、生丝纤度愈整齐,纤度偏差小,匀度成绩也好。例如,做21den(23.33dtex)的目的纤度时,用3den(3.33dtex)的茧丝只需7粒定粒,如中途落下一粒,即细去1/7;用2.3den(2.55dtex)的茧丝9粒定粒,如中途落下一粒只细1/9。从生丝纤度整齐来看,用细的茧丝缫丝添绪时产生丝条变化程度浅、品质较好。但茧丝纤度过细,则定粒多、缫丝操作麻烦,难以检查定粒数和配茧情况,且过细,易切断、车速慢,产量不高,生产成本高。所以,茧丝过粗、过细均不适宜。21den生丝最好选用7~9粒的定粒范围不超过目的纤度0.5den的茧丝。做14den(15.5dtex)生丝选用5~6粒定粒为宜。

适宜缫21den和14den生丝的茧丝纤度范围如表3-20所示。

表 3-20　适宜的茧丝纤度范围

定粒	20/22(22.22/24.44) den(dtex)纤度适合范围	定粒	13/15(14.44/16.66) den(dtex)纤度适合范围
9	2.28~2.37(2.53~2.63)	7	1.93~2.07(2.14~2.29)
8	2.57~2.67(2.85~2.96)	6	2.25~2.41(2.49~2.67)
7	2.93~3.05(3.25~3.39)	5	2.70~2.90(2.99~3.22)

在表 3-20 规定范围以外,不能进行定粒缫丝的纤度,称尴尬纤度。例如,做21den(23.33dtex)目的纤度的尴尬纤度大致范围如下:

7粒细8粒粗的茧丝纤度:2.75~2.85den(3.05~3.16dtex)

8粒细9粒粗的茧丝纤度:2.45~2.50den(2.72~2.77dtex)

9粒细10粒粗的茧丝纤度:2.20~2.23den(2.44~2.47dtex)

这些茧丝纤度的蚕茧不能做21den生丝,只能改做其他目的纤度的生丝或改做自动缫丝的原料,进行不定粒的缫丝。解决尴尬纤度还可采取分档、并庄等方法,但必须符合以下条件:

(1)两个庄口的茧丝平均单纤度要基本接近,不能差距过大,缫 4A 级及 4A 级以上生丝,差距在 0.3den(0.33dtex),缫 3A 级及 3A 级以下生丝差距需在 0.5den(0.55dtex)以内。

(2)茧色要基本一致,避免丝色不齐与夹花丝。

(3)解舒率、丝胶溶失率要基本接近,便于煮茧。

(4)春秋不并,新陈不并,春夏茧尽量少并。

(5)茧丝长相差 200m 以内。

(6)初终纤度率较接近。

第四节　茧丝糍节

糍节分为大糍、中糍和小糍,大中糍称为清洁,小糍称为洁净。与原料茧有关的是茧丝的糍节,它是在茧丝表面有形态异常的部分。如在茧丝的某一部分呈瘤状、小圈、发毛或块状,以及分裂的丝条和茸毛等畸形现象。这些丝纤维上的疵点,称为茧丝糍节,一般称洁净,形小而多,也是生丝的小糍。这些茧丝糍节都是由于蚕茧本身产生的,对缫丝和染织均有不良影响。

一、茧丝糍节种类及特征

茧丝糍节的种类和多少,因蚕品种而有不同,同时与熟蚕吐丝营茧过程中的环境条件、丝腺内绢丝物质的流动情况等也有密切关系。

(一)块状糍

块状糍可分为两种:一种仅是丝胶部分堆积膨大成瘤状,或排列成颗粒状,而丝素纤维轴的状态仍然正常(图3-13中1);另一种主要是丝素纤维束发生畸形(图3-13中2、3、4、5、6)。

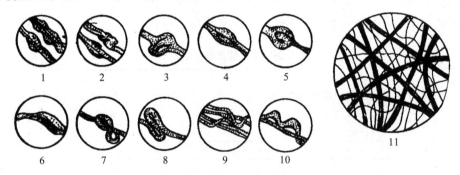

图3-13　茧丝糍节

1—6.块状糍　7—8.环糍　9.毛羽糍　10.小糠糍　11.微茸糍

(二)环糍

环糍又称小圈,其形状呈小环形或"8"形(图3-13中7、8)。

(三)小糠糍

小糠糍又称微粒糍或裂糍,在茧丝的表面有形状如细糠的微粒,又称雪糙。在显微镜下观察,看到两根单丝中,一条紧、一条松,松的和紧的一根单丝呈分离状态;也有称这个类型为裂糍(图3-13中10)。这种糍节,经合理煮茧后可以溶去部分。

(四)毛羽糍

毛羽糍又称细毛糍或"发毛",是茧丝的一部分与主干丝分裂,其粗细达纤维的1/3左右,浮出如毛羽状的糍节(图3-13中9)。

（五）微茸粒

微茸粒又称分离细纤维或茸毛粒。一根正常的茧丝是由两根单纤维外面被覆以丝胶,不正常的茧丝用碱性溶液处理丝胶被溶失精练后,在单纤维的外面可发现有许多极微细的白色斑点的细纤维卷附在单纤维上(这是单独分离开来的细纤维),一般称为分离细纤维。在电子显微镜下观察到的微茸直径只有 $0.05\sim1.2\mu m$,因形如茸毛,故称微茸(图 3-13 中 11)。这是一种以微细纤维为主体的丝屑块(具有异常光泽的斑点和羽毛状)。平时在生丝上和生坯绸上不易为肉眼发现,只有在脱胶染色后才易为肉眼所见,被称为染斑。

微茸在丝织工业及国际市场上极不受欢迎。微茸特别发生在缎、塔夫绸、领带绸等的初练织物上,也较易发生在电力纺、双绉绸等丝条密度高、精练难的复练织物上,在用户要求下可以指定进行检验。

微茸粒在茧层不同部位的分布情况也有差异。据调查,无论原种还是交杂种都是中层最多,外层次之,内层最少。

二、茧丝粒节发生原因及防止措施

（一）块状粒

块状粒是丝胶形成的小粒,在熟蚕吐丝牵引过程中,丝素粒子被拉成纤维束时,丝胶粒子极不规则地排列在丝素纤维束的表面。排列得多的地方就堆积膨大,排列较少的地方则发生凹陷,在茧丝上形成不匀净的形态。如果这种不匀的现象发生严重时,就易造成块状或小球颗粒状。

丝素纤维束发生畸形是由于蚕在吐丝过程中受环境激烈变化的影响,突然停止牵引,如蔟具的振动,或温度、强风等激变,都能使蚕在吐丝中突然停止牵引,丝胶淤积生成疵点。特别是温度过低,使蚕停止吐丝,但由于内部压力的作用,绢丝物质仍继续吐出,这时丝素粒子和丝胶粒子都未被牵引而引成粒节。这种未经牵引淤积成的块状丝,由于丝素分子不是定向排列,并在块状的一端,往往丝条突然变细,因此强度很差,在缫丝中极易切断。防止方法是:加强蔟中保护,吐丝中避免强风直吹,防止蔟具振动,蔟室内保持合理的温湿度。

（二）环粒

环粒是由于茧丝排列的"8"形狭小,胶着部分没有离解开来而造成。在蔟中高温或低温多湿时,更易产生。束腰形茧的束腰部分及茧的内层,环粒也比较多。就蚕品种而言,一般日本种最多,欧洲种次之,中国种最少,而中日杂交种仍有多的倾向。

（三）小糠粒

微粒粒是由于纤维分裂或丝胶微粒凝结于丝条表面而形成。裂粒主要是由于丝胶含量少,使两根单纤维离散开来而形成。这种现象,特别是在茧丝形状趋于扁平,即吐到内层茧丝时,在"8"形急转弯处更易发生。煮茧及索绪中,丝胶溶失较多,解舒抵抗力太小也易造成。

（四）毛羽额

这是由于蚕的两条绢丝腺发育不一致，其中一条吐出较细，大多由于蚕的健康稍差，当蚕吐丝牵引时使细弱的一条断裂而形成。

（五）微茸额

发生这种额节的主要原因，是由于蚕的中部丝腺和后部丝腺之间，丝素与丝胶的分泌细胞未按规律排列，丝腺的分泌和吐丝能力失调，使丝素的一部分颗粒陷入丝胶层中，经吐丝过程的牵引作用而单独纤维化。在过熟上蔟或蔟器结构造成蚕营茧困难时容易发生。

据调查，发生混乱的时间最早大约在熟蚕营茧后 10h，随着绢丝物质分泌旺盛，混乱状态也随之加剧。混乱的部位都在中部丝腺的后区和中区的后片弯曲处。

其次，是蚕品种问题，凡丝量多的，分泌量也多，易产生分离细纤维。就品种说，中国种少，日本种多，欧洲种次之。据试验，12 对春用及夏秋用杂交品种间，微茸额发生因蚕种不同存在着极显著差异。

（六）茧丝额节与环境的关系

茧丝的额节与蔟中环境有关，如温度激变，过于低温或蔟具遭受突然的震动等。浙江农业大学丝茧组于 1983、1984 年曾对不同温度及环境进行试验，凡温度激变、蔟器震动及低温的上蔟环境下蚕吐丝结茧，茧丝额节偏多，特别是块状额占多数。温度 23℃ 区发生最少，见表 3-21。

表 3-21　蔟中环境与茧丝额节发生的关系

区号	设区温度（℃）	块额（平均个数）	裂额（平均个数）	合计	以 23℃ 区为 100 的指数
1	17	37.7	5.8	43.5	659
2	23	5.1	1.5	6.6	100
3	32	21.2	5.1	26.3	398
4	17~23	19.5	3.8	23.3	353
5	17~32	39.6	7.9	47.5	719
6	23（震动）	38.4	4.0	42.4	642

注：第 4、5 两区为变温区，24h 内，每 12h 改变其温度的高低。

资料来源：黄国瑞，1994。

此外，延迟蚕适时上蔟或高温上蔟等均会引起绢丝腺畸形及微茸的发生，影响蚕正常吐丝或抑制其吐丝，造成吐丝急、吐丝与分泌的能力失调，增多微茸。据 1988 年春调查，如将适熟蚕推迟 6h 或 12h 上蔟，则其绢丝腺发生畸形的比例，分别为 33.3% 及 40%。高温适熟上蔟区，绢丝腺畸形也比适温适熟上蔟的多（表 3-22）。

表 3-22　推迟及高温上蔟与绢丝腺发生畸形的关系

区别	温度（℃）	湿度（%）	绢丝腺正常（%）	绢丝腺畸形（%）
适温适熟（对照）	24.0	80.22	93.0	6.7
适温迟 6h 上蔟	24.0	80.22	66.7	33.3
适温迟 12h 上蔟	24.0	80.22	60.0	40.0
高温适熟	27.38	65.05	80.0	20.0

资料来源：黄国瑞等，1990。

不同上蔟条件与不同层次的微茸发生情况见表 3-23。

表 3-23　上蔟条件及不同层次与微茸发生的关系　　　　　　单位:分

区别	外	中	内	平均
适温适熟(对照)	99.32	82.62	97.98	93.31
适温迟 6h 上蔟	99.32	72.60	90.60	87.52
适温迟 12h 上蔟	93.30	54.64	92.62	80.19
适熟高温上蔟	93.28	76.54	96.62	88.85
平均	96.30	71.63	94.45	

注:①各区均数标准差及变异系数略;②批分低的为微茸多,批分高的为微茸少。

资料来源:黄国瑞等,1990。

表 3-23 说明适温适熟区(对照)微茸发生最少,得分最高,总平均为 93.31 分。推迟上蔟及高温上蔟区微茸发生均比对照区多,其中推迟 6h 时上蔟区分数略高于其他两区,但比对照区要少。

按茧层层次来看,均是中层微茸发生最多,得分最少;内层次之;外层的微茸发生最少,因此得分最高,达 96.30 分。

在实际生产中,蚕上蔟期间应掌握合理的温湿度,注意适时上蔟并给予优良的蔟具,使其正常吐丝,不致造成抑制其吐丝的不良环境,则可减少微茸的发生。

第五节　茧丝理化性质

一、茧丝化学性质

(一)水的作用

茧丝对水的抵抗力比羊毛大,如把茧丝(或生丝)浸入冷水中,开始膨润,然后有少量的盐类和小部分丝胶溶解于水中。如浸入温水中则丝胶、丝素及盐类等渐渐溶解分散,其溶解程度随温度升高而增大,茧丝经 15~20h 的沸水处理,不仅将丝胶的大部分除去,对丝素也有微弱的影响,丝的强伸力降低,色泽暗淡,手触粗硬。如在高压、高温条件下处理,丝素受影响而逐渐溶解。

(二)碱的作用

碱对茧丝的作用比酸的作用强,即使在稀薄的强碱溶液中,也可促使丝胶溶解,丝纤维损伤。碱对丝蛋白有显著水解作用,并且随着碱性的增高而加剧。这对茧丝所起的破坏程度取决于碱液的浓度和温度。用同一种碱溶液,浓度愈大,温度愈高,其破坏程度愈显著。

精练生丝时,是应用弱碱的作用,所用肥皂须避免游离碱存在,使用中性肥皂为主。

解舒劣的蚕茧,常利用碱性解舒剂以助丝胶膨润溶解,一般常用氢氧化铵(NH_4OH)、碳酸氢钠($NaHCO_3$)、硅酸钠(Na_2SiO_3)等。但必须注意任何碱性物质的使用应掌握适度,勿使丝胶溶解过度,否则会减弱茧丝强伸力,不仅落绪茧会增加,降低解舒,而且丝素也会受到损伤。

碱液对丝纤维作用的强弱,主要决定于水溶液中氢氧离子的浓度、作用时间的长短和温度的高低。如 pH 值大、温度高、时间长,则对茧丝的破坏作用大,并会损伤丝素纤维。

(三)酸的作用

蚕丝对酸的抵抗力比棉花强,对碱的抵抗力比棉花弱,利用这点,可区分两种纤维交织物的混合比。酸的浓度和温度的增加,丝纤维也会膨润溶解。

茧丝如遇弱酸,则溶液的 pH 值降低,丝胶的溶解度也减少,愈近等电点(丝胶的等电点为 3.8~4.5;丝素的等电点为 2~3),则其溶解度愈小,使茧丝离解困难,在缫丝中遇到蛹体脂肪酸浸出过多时,由于其氨基酸中的羧基(—COOH)放出的 H^+ 很多,酸性加强,故易使解舒变化,引起落绪(特别是内层),在煮茧汤中茧层组织偏松,而易使煮茧过熟,形成表煮等影响洁净时,有时也利用弱酸,如降低煮茧汤的 pH 值,对茧层丝胶溶解起抑制作用。

茧丝如遇强酸(如硫酸、盐酸),即使在低温状态,也能迅速膨化分解。

在稀薄的有机酸溶液中,接触适当长的时间,既无碍其物理性质,也不起腐蚀作用,但在浓的有机酸中就会膨润成胶状。

在制丝生产中,利用盐酸溶液溶解清除堵塞磁眼孔中的丝胶,对茧层组织偏松、洁净低的原料茧,可在煮茧汤中适当加些弱酸以降低其 pH 值,抑制丝胶的溶解,以缓和外层过熟,适当煮熟内层,有利于缫丝时茧丝顺序离解,并有一定张力,提高生丝的洁净。

(四)盐类对茧丝的作用

有的盐是被茧丝吸收而增量,有的盐则溶解茧丝。前者如铁、钙、铝、锡、钡等盐,其中以锡的氯化物为显著;后者如氧化铜和氧化镍的氨溶液等。茧丝经盐类处理而吸收增量后遇日光曝晒就使丝素氧化而起分解作用,随之强度减退。

食盐溶液对茧丝有较大的影响,茧丝浸渍在 5% 浓度的食盐溶液里一星期后即恶化。如久穿的绸汗衣呈现赤色斑点,是由于汗液中含有食盐之故。

(五)日光对茧丝的作用

茧丝对日光的作用特别敏锐,日光中的紫外线能使丝织物脆化。茧丝中的氨基酸具有吸收波长短的紫外线的性能,因此丝绸比其他纤维容易受紫外线的影响。特别是组成绢丝蛋白质成分的丝氨酸、酪氨酸等的—OH 基及—OH—◯ 基易受紫外线作用氧化、分解,逐渐减弱蛋白质分子间的结合力,致使丝素脆化、变质。故在蚕茧运输及收购过程中,应注意尽量避免日光曝晒。

(六)酶对茧丝的作用

酶是复杂的蛋白质,对许多生物化学反应起催化作用。能催化蛋白质水解反应的酶称为蛋白酶,能将蛋白质分解成氨基酸,打开蛋白质分子的肽键。

蛋白酶对丝素纤维等结晶性高的纤维状蛋白质,比较不易起作用。但对丝胶等非结晶性蛋白质,很易起作用,使其低分子化。如应用于丝绸精练,有提高精练效果的特点。丝绸工业应用蛋白酶脱胶后,不仅提高了丝绸质量,且操作方便。

此外,茧丝对细菌的腐蚀作用虽有一定的抵抗能力,但未烘干的茧丝常会发霉,说明细菌能起破坏作用,使丝纤维遭受损害。

二、茧丝物理性质

(一)茧丝的多孔性与吸湿性

多孔性因蚕品种、丝条粗细、含胶多少等而不同。茧丝的实体大致占 70%～75%,空隙占 25%～30%,故能吸收气体、盐、酸、碱等,富有吸附能力,便于染色。

由于茧丝具有亲水性及茧丝纤维具有多孔性,在空气中具有吸收水分子,在水中具有吸着水分子的能力,所以茧丝的吸湿性很强。吸湿性强弱与空气的干湿程度有关,一般在湿度呈饱和状态时,吸湿膨化可达 30% 左右,其膨化程度随空气干湿程度而有变动。在 60% 的相对湿度时,纤维膨化直径增加 3.8%,90% 时增加到 8.9%,若浸入 18℃水中,纤维直径膨胀达 16%～18%,重量增加达 30%～35%。因此,吸湿的多少能影响茧丝或生丝的重量(表 3-24)。

表 3-24　相对湿度与生丝吸水量的关系

类别	相对湿度(%)						
	25	35	55	75	92	97	100
生丝(%)	2.0	8.0	11.5	15.5	23.0	32.0	35.0
生丝(精练)(%)	1.8	7.3	10.0	13.5	21.0	29.0	35.0

注:在 20℃条件下测定。

资料来源:浙江农业大学,1961。

丝纤维是吸湿性和吸水性较强的纤维。吸湿性是衣着材料的一项极具价值的特性。既能保护皮肤保持干燥状态,又因吸湿放热的作用,可保护人体不受环境突变的影响。丝纤维在空气中吸收大气中水分的性能称为吸湿性,浸在水中吸收水分的性能称为吸水性。

丝纤维在吸湿、吸水后,其重量、体积都发生相应的变化,从而使茧丝纤维的许多物理机械性质、化学性质发生变化。在干燥低湿的环境下,茧丝纤维继续扩散或蒸发其含水量而进行减湿干燥,这与工艺加工的顺利进行以及产品质量处理等有着密切关系。如硬罳角、硬条丝的发生都是丝片含水率不当之故。

一般来说,蚕茧的含水率,雨天比晴天约增加 5%～8%。对生丝含水率以干重为基础的公定标准为 11%,所以生丝贸易时,通常指在 140℃温度条件下,干燥到无水恒量的生丝量,再加 11% 应含公定的回潮率为标准。

$$公量＝干量＋干量×11\%＝干量(1+0.11)$$

纤维的吸湿性可用回潮率或含水率表示。

回潮率(W_R)指纤维所含水分的重量与其干燥后无水恒量的百分比。

$$W_R(\%)=\frac{G-G_d}{G_d}×100$$

式中:G 为纤维的湿重(g 或 kg);G_d 为纤维的干重(g 或 kg)。

含水率(M_c)指纤维所含的水分重量与纤维湿重的百分比。

$$M_c(\%)=\frac{G-G_d}{G}×100$$

回潮率与含水率的关系为：

$$W_R = \frac{100M_c}{100 - M_c} \ \text{或} \ M_c = \frac{100W_R}{100 + W_R}$$

1. 标准状态下的回潮率

纤维的回潮率随温度、湿度条件而变，为了比较各种纤维间的吸湿能力，在统一的标准大气条件下，经一定时间后，使纤维回潮率达到一个稳定值，这时的回潮率叫作标准状态下的回潮率，表 3-25 为不同国家制定的纤维标准回潮率。

表 3-25　常见纤维的标准回潮率　　　　　　单位：%

纤维名称	我国标准	ASTM	JIS
棉	7～8	/	8.5
麻	12～13	12.0	8.7
毛	15～17	13.6	15.0
丝	8～9	11.0	12.0
黏胶纤维	13～15	11.0	11.0
涤纶	0.4～0.5	0.4	0.4
锦纶	3.5～5.0	4.5	4.5
腈纶	1.2～2.0	1.5	2
维纶	4.5～5.0	/	5
丙纶	0	0	0
氯纶	/	/	0

注：我国规定在温度 20±3℃、相对湿度 65%±3% 条件下测定；ASTM：美国材料试验学会；JIS：日本工业标准。

资料来源：吴宏仁，吴立峰，1985。

2. 公定回潮率

在贸易和成本计算中，对纺织纤维的回潮率做了统一规定，这个回潮率称为公定回潮率。公定回潮率纯粹是为了工作方便而选定的，其接近于实际回潮率，但不是标准回潮率。表 3-26 列出了各种纺织纤维的公定回潮率。

表 3-26　各种纺织纤维的公定回潮率

纤维名称	公定回潮率（%）	纤维名称	公定回潮率（%）
棉	11.1	涤纶	0.4
亚麻	12	锦纶	4.5
毛	15	腈纶	2
丝	11	维纶	5
黏胶纤维	13	丙纶	0
醋酯纤维	7	氯纶	0

资料来源：吴宏仁，吴立峰，1985。

了解茧丝的吸湿性能为主动防止蚕茧的发霉变质的临界值，合理确定鲜茧、半干茧和干茧处理的回潮率提供依据；同时，合理控制烘茧及贮茧期间的温湿度，防止蚕茧霉烂。表 3-27 对各种纤维的吸湿性做了比较。

表 3-27　各种纤维吸湿性比较(24℃)

相对湿度(%)	羊毛	黄麻*	亚麻	生丝	棉花	黏胶丝
10	5.0	3.0	/	3.2	2.5	3.9
20	7.5	5.5	/	4.5	3.8	5.7
30	9.3	7.4	/	6.7	4.6	7.4
40	10.9	8.9	7.2	7.8	5.2	8.8
50	12.6	10.4	8.3	8.8	6.0	10.4
60	14.5	12.0	10.1	9.9	7.1	12.2
70	16.5	14.2	11.7	11.4	8.6	14.3
80	19.3	16.8	13.6	14.0	10.6	17.1
90	24.0	20.0	16.4	18.4	14.1	21.9
100	>	>25.0	>25.0	>30.0	>20.0	>30.0

注:＊在 21℃条件下测定。

资料来源:西南农业大学,1986。

(二)茧丝的比重与比热

1.茧丝的比重

茧丝因具有多孔性,故质地较轻,茧丝(精练)比羊毛轻,比人造丝更轻。又因茧丝易吸收湿气及其他气体,故测定比重时,易产生误差,各试验者所得的结果也不一致。茧丝的比重一般为 $1.36\sim1.37g/cm^3$。

2.茧丝的比热

质量为 1g 的纤维,温度变化 1℃所吸收或放出的热量称为纤维的比热,单位是 cal/g·℃。茧丝的比热较棉、麻等纤维大,保温性强,热容量大,因此丝绸做冬夏的衣着原料均很适宜。丝纤维由于含有较多丝胶,据试验,丝素与丝胶的比热是不同的,丝胶比热大于丝素,丝胶为 $0.389\sim0.394cal/g·℃$,丝素为 $0.276\sim0.291cal/g·℃$;茧丝和生丝的比热介于两者之间,为 $0.331cal/g·℃$。

由于水的比热为 $1cal/g·℃$,大于纤维 3 倍左右,因此,纤维的比热受温度的影响小,受回潮影响大,纤维含有水分时,依含水量的多少其比热有异。各种纤维的比热见表 3-28。

表 3-28　各种纤维的比热

纤维名称	比热(cal/g·℃)	纤维名称	比热(cal/g·℃)
桑蚕丝	0.330~0.331	锦纶 6	0.440
羊毛	0.375	锦纶 66	0.490
棉	0.29~0.32	涤纶	0.320
黏胶纤维	0.30~0.324	腈纶	0.360
亚麻	0.321	玻璃纤维	0.160
大麻	0.323	石棉	0.250
黄麻	0.324	静止空气	0.240
		水	1.0

注:在 20℃条件下测定。

资料来源:苏州丝绸工学院,浙江丝绸工学院,1993。

（三）强度和伸长度

丝纤维最常用的指标是绝对强度、相对强度和伸长度等，现分述于下。

1.绝对强度 P

一根茧丝（或生丝）在一定条件下被拉伸到断裂时所承受的最大负荷称为绝对强度。其单位以克力（gf）或厘牛（cN）表示。可用于同样纤度的情况下比较强度的大小。一般单根茧丝强度 8～14gf（7.848～13.734cN）左右；20/22den（22.22/24.44dtex）的生丝的强度在 60～80gf（58.86～78.48cN）左右。茧丝由于纤度不同，丝胶成分和含量不同，表现出强度也不同。而且生丝由于落绪、添绪等引起茧丝根数的变化以及生丝的含胶量和胶着程度的不同，使同样纤度的生丝强度也各异。

2.相对强度 P_0

为了表示不同纤度的生丝强度的大小，习惯上采用相对强度 P_0 表示，为绝对强度与纤度之比，单位以 gf/den 或 cN/dtex 表示。

$$P_0=\frac{P}{S}$$

单位换算为：1 克力（gf）＝0.981 厘牛（cN）

1gf/den＝0.88cN/dtex

式中：P_0 为相对强度（gf/den 或 cN/dtex）；P 为绝对强度（gf 或 cN）；S 为纤度（den 或 dtex）。

茧丝的强度，在折断时，重量为 8～16gf（7.848～15.696cN），每 den 为 3.3～3.9gf（每 dtex 为 2.904～3.432cN）。根据每根丝的拉力计算，每 2.54cm² 的丝束，可负重 30t，这说明蚕丝具有特殊的坚牢度。这是因为茧丝纤维中的小纤维与小纤维的分子都是定向地、有规则地沿着纤维轴相互平行方向排列的（图 3-14）。如果要在任何地方折断茧丝纤维，必须同时破坏同一横切面上所有的小纤维和分子，因而所费折力大，故其坚牢度强。

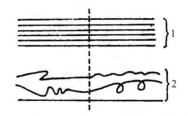

图 3-14　纤维分子排列
1.纤维分子的定向排列状
2.非定向的纤维分子排列状

3.伸长度 Σ

伸长度又称断裂伸长率，是在拉伸后的绝对伸长量与原长的百分比。

$$\Sigma(\%)=\frac{L_1-L_0}{L_0}\times100=\frac{\Delta L}{L_0}\times100$$

式中：Σ 为伸长度（%）；L_1 为拉伸后的长度（mm）；L_0 为原长（mm）；ΔL 为拉伸后的绝对伸长（mm）。

茧丝的伸长度为 13%～18%，生丝的伸长度为 18%～23%。湿的茧丝伸长度大，强度弱。据测定，家蚕丝的强度，在干燥时为 3.34gf/den（2.939cN/dtex），湿润时为 2.97gf/den（2.614cN/dtex）；伸长度干燥时为 20.1%，湿润时为 29.3%。茧丝的强度随纤度增加而增加，成正比例。

一般茧丝的强度和伸长度小于生丝，这是由于数根茧丝组合缫成生丝时，借丝胶的黏合，而使茧丝相互胶着，增加抱合力。茧丝和生丝的强度、伸长度见表 3-29。

丝纤维的拉伸性质受许多因素影响，为能正确评定丝纤维品质，必须了解影响丝纤维拉伸性质的因素，以正确解决生产中存在的问题。

表 3-29　茧丝和生丝的强度伸长度

项目		绝对强度(gf)	相对强度(gf/den)	伸长度(%)
茧丝		8～16 (7.85～15.70cN)	3.3～3.9 (2.90～3.43cN/dtex)	13～18
生丝	15.55dtex (14den)	45～59 (44.15～57.88cN)	3.3～4.2 (2.90～3.70cN/dtex)	17～21
	23.33dtex (21den)	70～96 (68.67～97.18cN)	3.4～4.3 (2.99～3.78cN/dtex)	18～23

注：试验仪器(单丝强伸力机)；试料长度，单丝长 25cm，生丝长 50cm。
资料来源：苏州丝绸工学院，浙江丝绸工学院，1993。

(1)丝纤维自身结构的影响

丝纤维大分子的聚合度高低会影响纤维的强度及断裂伸长，如聚合度越高，纤维的强度越高，断裂伸长也越大。

丝纤维的丝素分子定向排列愈整齐，强度愈高，定向排列差则强度也减低。

茧丝中丝胶对强伸力的影响也很大，由于丝胶的存在，其纵向受力时是比较脆弱的，因此精练丝的相对强度均比茧丝高，但伸长度是茧丝高于精练丝(表 3-30)。

表 3-30　茧丝和精练丝的强度比较

层次	相对强度(gf/den)(cN/dtex)		比值
	茧丝	精练丝	
外	4.95(4.36)	5.49(4.83)	0.90
中	4.85(4.27)	5.35(4.71)	0.91
内	6.00(5.28)	6.15(5.41)	0.98

资料来源：苏州丝绸工学院，浙江丝绸工学院，1993。

(2)外界因素对拉伸性质的影响

①温湿度

当空气温度高时，丝纤维的强度降低。干丝在 100℃时相对强度是 20℃时的 72%，180℃时为 20℃时的 57%。空气的相对湿度对拉伸性质影响也很显著，相对湿度大，丝纤维的回潮率高，丝纤维的断裂伸长增加、强度下降。同样，受水浸润状态的拉伸曲线，水温越高，相对强度越低，断裂伸长越大(图 3-15)。

②拉伸试样长度

试样长度越长，强度越低，伸长度越小。这是因为试样长度长，丝条上的脆弱点必增多，故容易断裂，使强度减小，而其拉伸变形因为总变形的减小，伸长度也变小，如表 3-31 所示。

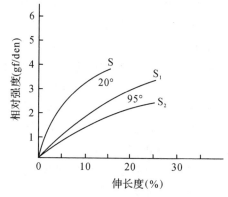

图 3-15　桑蚕丝在水中的拉伸曲线

S 表示气温 20℃，相对湿度为 65% 时的曲线；

S_1 和 S_2 分别表示水温 20℃ 和 95℃ 时的曲线

(苏州丝绸工学院，浙江丝绸工学院，1993)

表 3-31　　试验长度对丝的强伸力影响

指标	试验长度（cm）		
	5	20	40
强度 gf/den(cN/dtex)	3.90(3.43)	3.70(3.26)	3.30(2.90)
伸长度（%）	29.0	21.7	19.0

资料来源：苏州丝绸工学院，浙江丝绸工学院，1993。

③试样根数

若干根丝条经受拉伸时，各根单丝的强度和伸长不一致，其伸直状态也各异，使各根单丝不会被同时拉断，一般伸长度小的丝条先断裂，其他单丝尚未受到最大拉力，因此各根单丝分别被拉断，致使 n 根复丝断裂时所得的强度低于单根丝条平均强度的 n 倍，而且根数越多，两者差异越大。

除以上因素外，拉伸的速度、试验方法及仪器性能、整理情况、试验环境等都会影响拉伸指标的数值。

（四）茧丝的导热性和耐热性

1. 导热性

纺织纤维的导热性可用导热率（导热系数）表示。导热率是指当材料厚度为 1m，表面之间的温差为 1℃时，1s 内通过 $1m^2$ 材料传导的热量（kcal，J）。纤维集合体中含有空隙和水分，其导热率与所含水分多少以及空隙大小和数量关系很大。由于空气的导热率比纤维的小，所以在保证空气静止而不产生对流的情况下，纤维集合体中的空隙数量愈多，导热率愈小。但当空隙大到足以引起对流时，导热率要变大。故希望纤维集合体的导热小，就要求其中的空隙小而多。丝纤维的导热率低，而比热又比其他天然纤维大，故冬暖夏凉。这是由于茧丝是多孔性纤维，有许多空隙容有较多的空气，而空气的导热率很小，仅 0.0202cal/(cm·s·℃)。故利用丝绵做冬衣，保温好。据调查，丝织物含气率为 45%，导热率为 0.00022cal/(cm·s·℃)；编织物含气率为 60%，导热率为 0.00018cal/(cm·s·℃)。

各种织物中保温性的大小比较如下：蚕丝＞羊毛＞人造丝＞木棉＞麻。

2. 耐热性

茧丝在温度 100℃时能很快发散所含有的水分，加热到 110℃时尚无变化，130℃左右时，其中含有的部分挥发性物质逐渐发散，化学变化也开始。经长时间加热后，丝色发生改变并影响强伸力。用 175℃加热 1h，就开始分解，取出放于空气中 24h 后，不吸湿，也不能恢复其原有重量，此时强度减少 15%、伸长度降低 20%左右。若温度再升高到 200℃经过 5min，即变淡黄色；加热到 250℃，经过 15min，变为黑褐色；280℃时，立即发烟，放出特有的臭气而燃烧炭化（燃烧速度较迟缓，成黑块状，这与植物纤维不同，植物纤维的燃烧速度快，并成为白色灰分）。生丝燃点为 366℃。

以上热处理的变化，主要是针对丝素而言，在烘茧中，要考虑到热对丝胶蛋白的变性影响。

（五）茧丝的导电性

茧丝为电的不良导体，干燥状态时电阻极高，故可作为电气绝缘材料，制作电线包皮，已广泛应用于国防工业。茧丝（或生丝）经摩擦后则会带电，但在干燥状态中，具有极高的电阻。

茧丝介电常数低,约为 4.2,所以摩擦时发生的静电荷,不会分布于其全长内,仅集中于丝的表面,故茧丝是很好的电气绝缘材料。但当丝纤维吸湿后,随着丝的回潮率的增加,电阻不断降低,变为电流的导体。棉花、羊毛在收购中已采用电气测湿仪就是利用这一原理。

（六）茧丝的弹性

丝纤维受到外力作用后,能产生一定的伸长,随着加负荷的时间延长,伸长也逐渐增大,当外力除去后,纤维能回复到原长而不断。这种性能,称为弹性。茧丝可以比原来长度再拉长 1/7 左右而不断,说明茧丝的弹性较大。纤维的弹性在工艺性能上具有重大价值,弹性的恢复性能有大小,称为弹性度。由于茧丝具有这种性能,所以用绸或丝、毛混纺的织品做成服装,不易发生皱褶。

（七）茧丝的摩擦系数与耐磨性

耐磨性能的优劣,是衣着用织物性能的又一重要指标。磨损是由摩擦作用产生的,纤维的摩擦力可用下列公式计算：

$$F = \mu(N + N_0)$$

式中：F 为摩擦力；μ 为摩擦系数；N 为两个作用物体发生相对运动时相互间的正压力；N_0 为两个运动物体相接触时的分子间作用力。

两根相接触的纤维发生相对位移时,可能会因以下原因产生阻力：

（1）运动着的纤维的表面粗糙和存在突出部分。在这种情况下,摩擦力随法向应力（正压力）的增大而增大,公式为：$F = \mu N$。

（2）纤维表面活化分子基团之间的相互作用。分子间相互作用力 N_0,在很大程度上只有当两个摩擦面的距离接近到分子或原子大小时才发生。

（3）运动物体表面的极性基团相互作用时发生静电吸引。

在不同的试验方法和条件下,摩擦系数可能有很大的差异。如空气的相对湿度（或纤维的回潮率）不同、摩擦表面的粗糙程度不同等都会影响摩擦系数。表 3-32 列出了各种纤维的摩擦系数。

表 3-32 各种纤维的摩擦系数

纤维品种	纤维相互交叉	纤维相互平行
棉	0.29～0.57	0.22
麻	0.13	/
毛	0.20～0.25	0.11
丝	0.26	0.52
黏胶纤维	0.19	0.43
醋酯纤维	0.29	0.56
锦纶	0.14～0.6	0.47
涤纶	/	0.58

资料来源：吴宏仁,吴立峰,1985。

影响纤维耐磨性能的因素很多,主要是纤维分子结构和聚集态结构。一般来说,纤维的分子主链的键能强,分子链柔曲性好,初始模量低,聚合度高,结晶度适当,而结晶晶粒较细和均匀,则其耐磨性能较好。总之,纤维伸长和弹性恢复性能好,纤维结构紧密的,也就是韧性好的纤维,耐磨性能好。蚕丝纤维是耐磨性能较好的一种材料。蚕丝的耐磨性能与其结构有关。如丝胶的含量与性质、茧丝之间结合的紧密度、丝条上颣节的大小与多少、光滑程度等都会影响耐磨性能。凡是颣节多、丝胶含量少、丝胶分布不均匀、光滑程度差、茧丝之间结合不紧密的生丝,其耐磨性能较差。现在,高速织机对茧丝耐磨性能的要求也更高。

第六节　缫丝工业对茧丝质量的要求

一、蚕茧质量的价值

一般来说,蚕茧质量的好差,可从以下四方面的价值来衡量。

(一)丝量价值

茧丝量与鲜茧出丝率,包括茧层率、茧层适干烘率、茧层缫丝率及上车茧率。

(二)解舒价值

包括解舒率、解舒丝长、丝条故障发生率等与提高缫丝生产效率相关的性状。

(三)丝质价值

包括洁净、茧丝纤度与偏差(茧丝均方差、茧丝综合均方差)等直接关系到生丝品位的性状。

(四)群体价值

这是指同一批次(庄口)蚕茧茧粒之间各种性状的匀正度及该批蚕茧的数量。

这四种价值综合构成作为缫丝工业原料的商品价值,或符合工业优质高产低耗要求的消费价值。

二、缫丝工业对原料茧的要求

缫丝工业对优质原料茧有下列要求:

(一)蚕茧的匀正度高

蚕茧的形状、大小、色泽匀正、缩皱细匀,茧层组织松紧适当等。蚕茧内在质量也要整齐,如茧层厚薄、茧的通气性与通水性、茧丝粗细、解舒优劣等特性,也尽可能一致,使茧粒间的个体开差小。

(二)解舒良好

解舒对缫丝生产效率极为重要。要求解舒丝长 710m 以上,解舒率春茧达 70%,夏秋茧达 75%以上。解舒差的茧,不仅缫丝时中途落绪多,废丝量加大,茧层缫丝率和出丝率低,且生丝质量下降。再缫索绪时要增加索绪的汤温与时间,增加能源消耗与丝胶溶失率、屑丝屑茧等,致使制丝成本提高。

在解舒丝长和解舒率高的同时,要求索绪效率高,新茧有绪率达 80%以上,丝条故障少,台时产量高。

(三)洁净好,微茸少

两者均为茧丝形态上的疵点,这与缫丝效率、生丝及丝织品的品位密切相关,故要求洁净达 92 分以上,能符合生丝 4A 级以上的要求。

(四)茧丝长长

要求茧丝长为 1200m 以上。

(五)出丝率高

要求鲜茧出丝率达到 19%以上。

(六)茧丝纤度均匀

茧丝纤度适中,避免尴尬纤度,偏差要小,最细纤度控制在 2.3d(2.5dtex),茧丝综合标准偏差在 0.5d(0.56dtex)以下。

(七)丝条故障少

三、影响蚕茧质量的因素

(一)影响茧量的相关因素

1.五龄饲育环境条件
以室温 23℃左右、相对湿度 70%～75%为宜,并保持适度气流。

2.五龄用桑量
五龄用桑量占全龄用桑的 85%以上,食下量达到 88%以上为宜。同时要防止桑叶污染影响上车茧率和解舒率。如五龄用桑中有微量农药污染,虽能正常结茧,但茧形不规整、畸形茧多。据试验,无污染叶的解舒率为 81%,污染叶区仅 52%。

3.饲育密度
蚕匾每 0.1m² 饲养五龄蚕 80 头左右为宜。

4.上蔟环境
上蔟环境包括温度、湿度、气流等,其中以多湿对茧丝量、解舒影响最大。综合各种试验认为蔟中环境温度以 22～24℃、相对湿度 65%～75%和 0.2～0.5m/s 的气流为最好。

5.采茧与选茧
采茧适时,选除各类下茧等,上车茧率要求在 90%以上。

6.蚕品种

春种秋养、秋种春养,可因地因时使用,以提高茧量及出丝率。

(二)影响茧质的相关因素

茧质包括解舒率、解舒丝长、出丝率、洁净、微茸、茧丝纤度及偏差等指标。

上述多数指标与遗传的相关程度高。一般来说,只要饲养经过严格审定的蚕品种,都能正常生产符合缫丝工业要求的蚕茧。

但解舒受遗传因素影响小,解舒与茧丝量、出丝率有负的相关关系,是蚕品种选育最难把握的性状之一。解舒在很大程度上受上蔟环境条件的影响,故须做好生产管理,如上蔟密度要适当,蚕定位后蔟室应通风换气;上高山蔟避免上实地蔟;采茧、运茧中,注意保护好茧质等。

第四章　蚕茧检验

本章参考课件

第一节　茧价政策

蚕茧生产及蚕茧交易,蚕茧质量与蚕茧分级,蚕茧收购与茧价等,政策性很强,涉及农工商(贸)各方面的利益。新中国成立初期,为了恢复蚕桑生产,在蚕茧收购方面,国家采取了一系列有利于发展蚕桑生产的茧价政策,鼓励蚕农的生产积极性,使蚕茧生产逐渐得到恢复和发展。

一、新中国成立后蚕茧收购概况

新中国成立后,为了尽快恢复蚕茧生产,在国际市场生丝价格很低的情况下,国家规定以高于当时丝价两倍的基准茧价收购蚕茧。例如,江浙的国营蚕丝公司首先发动农民赶养春蚕,并公布了百斤(50kg)鲜茧折合 4 石米(即合 360kg)的收购价格,得到蚕农的拥护。

当时由国家收购、委托缫丝厂代购、代缫。1950 年,国营蚕丝公司、供销社、私营企业成立联合收购办事处,培训收购人员,改进收烘办法。后来,蚕茧被国家规定为计划收购的二类农副产品,不准自由买卖,统一由国营蚕丝公司收购,各地供销社为蚕丝公司代收、代烘,按收购茧量收取收烘费用,干茧交给蚕丝公司茧库。缫丝厂参加技术指导。

改革开放后,重点蚕区的主要省都先后建立起蚕桑、收烘、缫丝、织绸以及印染、服装统一管理的省级丝绸公司,蚕丝、蚕茧由中国丝绸进出口总公司和各省、区分公司统一经营。目前,我国丝绸业已具有生产、销售、科研、教育、机械制造和情报信息等比较完整的体系。形成由国家茧丝办指导,国有控股、民营等多种经营方式。

收购蚕茧的商品检验简称评茧。评茧就是按蚕茧的分类、分级标准,通过一定的检验方法,确定被评蚕茧的类别等级。新中国成立以来,我国的蚕茧评定标准和方法几经改革,大体可分为以下三个阶段。

(一)以烘折、缫折为依据的评茧标准阶段

1958 年以前,以烘折、缫折作为评定茧质的标准,采用手估目测的方法。新中国成立初期,即在 1952 年以前,规定缫折 200kg、烘折 140kg 为中心价,按该两项估计定价。而 1952 年后,改变为以烘折 130kg、缫折 160kg,即缫折 416kg 为第五级茧的基本价格,每相差 50kg 缫折为一个茧级,共分 13 个茧级的评茧标准和价格。凡低于 140kg 或大于 200kg 的蚕茧,按照比例每差 5kg 各升、降一等论价。具体评定时,是手估目测的评茧法,估测的项目规定为茧层率、上茧率(实际是测上车茧率)、解舒、化蛹程度四项。为使估测准确,收购早期利用空闲时间抽取茧量多、有代表性的蚕茧进行茧层率调查,统一核对目光。

这种评茧方法在早期的小农经济生产阶段,因方法简便,蚕农投售茧量少而笔数多的情况下还能适应。同时,在一定程度上保证了茧价的稳定,蚕农是欢迎的。但此方法只凭感官,不能正确地检定烘折和缫折,只有凭借"内定"的中心扯价上下浮动,对体现价格政策具有一定的局限性。

(二)以鲜上光茧茧层率和上车茧率为依据的评茧标准阶段

随着农业个体所有制社会主义改造的完成,蚕茧生产也实现了集体所有制,从零星而变成了批量生产,为改革创造了有利条件。为适应新的蚕茧生产形势,1958 年全面实行了以鲜上光茧的茧层率 16％和上车茧率 100％两项确定基准茧价,茧层率从 15％～21％以每相差 0.5％为一级,共分 13 个等级。再以解舒(即色泽、匀净度)好坏进行升降补正定价。

1963 年,又增加了茧层潮燥和斤茧粒数两个项目升降补正。但 1966 年后,又取消斤茧粒数补正项目。

该评茧检验中,以器械代替了肉眼检验,初步改变了手估目测的落后状况,有利于贯彻执行"优茧优价、劣茧低价"的茧价政策,对促进蚕茧生产的发展和提高蚕茧质量起到了一定的作用。经实施 10 年证明,由于鲜茧茧层有较强的吸湿性,原来评茧标准补正项目中的潮燥升降就存在升不足和降不足的现实问题,致使蚕农出售潮茧等弊端愈来愈多,严重降低了蚕茧质量,无形中也提高了生丝成本。

(三)以干壳量为依据的评茧标准阶段

1968 年,国家有关部门针对旧的评茧标准存在的缺点,进行研究改正,确定了以干壳量为评茧依据的新评茧标准和计价办法。1970 年公布了《桑蚕鲜茧评茧标准草案》,以后逐步在全国重点蚕区,实施了以干壳量分级定价的新评茧标准,简称"干壳量评茧"。

1973 年起,在全国全面实行了干壳量检验。

"干壳量评茧"是以一定数量的鲜上光茧茧壳(茧层),烘至无水恒量时的重量,作为评定茧的基本等级的依据,并按上车茧率和解舒(即色泽、匀净度)两项进行补正。这样,基本上解决了茧层潮燥问题,也简化了收茧手续,得到蚕农的支持,促进了蚕茧生产发展及茧质提高。

但是,"干壳量评茧"经多年实施,发现尚有不足之处。例如:

(1)茧层潮燥没有完全得到解决

为此,从 1981 年起又增加了按标准含水率升降,或扣减售茧重量的补正规定。

(2)被损耗的原料茧较多,尤其是目前蚕农售茧笔数增多

收购时间延长,明显暴露出该方法与投售笔数之间的矛盾。有的地区仍采用以干壳量检验作为依据的手估目测评茧方法。

(3)不能正确评定蚕茧解舒优劣、出丝率高低等

因此,蚕茧收购体制与方法亟待改进,部分蚕区已在采取干茧收购或组合售茧、收购鲜茧、缫丝计价等办法进行改革。

二、茧价政策

蚕茧属于国家计划收购的主要农副产品之一,是国家定价的品种,其价格由国家物价局和丝绸主管部门统一定价和管理,任何地区、部门不得擅自调价或变相加价。2014 年,国家放

开蚕茧价格,由市场进行调节。

为了更好地发展蚕丝事业,在"大力发展蚕丝生产,立足国内,力争多出口"的总方针指导下,国务院规定了"优茧优价、劣茧低价、按质评级、分等论价"的茧价政策,对发展蚕茧生产、鼓励蚕农提高蚕茧质量具有重要作用。合理执行茧价政策,既能正确反映蚕茧的真正价值,又做到国家、集体、个人三兼顾,还能调整农工商(贸)三位一体的关系,调动了丝绸企业和蚕农发展蚕茧生产的积极性。

为了更好地贯彻茧价政策,首先必须科学地决定蚕茧基准价格。新中国成立后的茧价评定,是根据蚕农生产成本,结合生丝价格,使蚕农有一定的生产利润,因而促进栽桑养蚕的积极性,以供应缫丝厂较高质量的原料茧。同时也应考虑缫丝厂有一定的积累,能够扩大再生产,加速国家的社会主义工业现代化。

新中国成立初期,蚕茧基准价格的确定,主要是根据成本。以鲜茧 50kg 的生产成本估计,价格约 3.5 石米(1 石为 90kg,共计 315kg)。其中蚕种费占 7.14%,桑叶占 64.29%,人工占 17.86%,杂支及利润占 10.71%。其计算式如下:

鲜茧 50kg 价格＝蚕种价值＋桑叶价值＋人工值＋杂支值＋利润值

干茧 50kg 价格＝(鲜茧 50kg 价格＋收烘费用)×烘折

60 多年来,我国鲜茧评茧标准及基准价格的演变,坚持茧层率、上车茧率、解舒率三项,反映蚕茧质量的基本因素,为保护茧层、提高茧质、坚持优茧优价的茧价政策,起到积极的作用。根据各地区具体情况还制订了各补正项目,防止弊端的发生。

蚕茧的基准价格是对茧价政策的实施体现。以上基准价格确定时,茧质较差,上光茧茧层率只有 16% 左右,为了体现茧价政策,以后各次调价均在原茧质基础上进行改革,历年蚕茧的基准价格,除 1953 年略有降低外,其余均有上升,尤其是 20 世纪 80 年代开始,增值更为明显,这与丝绸业生产的迅速发展以及其他农副产品价格的提高有密切关系。目前由于蚕品种的改进,茧层率及茧干壳量的提高,根据按质分等论价的原则,蚕茧的实际价格已远远超过蚕茧基准价格。此外,在规定的茧价之外,不同地区还根据不同时期的实际情况,给予蚕农一定的奖励措施。

第二节　蚕茧分类

蚕茧因品种、生产季节及品质等不同,种类很多,在蚕茧收烘环节,可分为下列各类。

一、蚕种来源

(一)杂交种茧

一代杂交种蚕茧,如菁松×皓月、苏 5×苏 6、东肥×华合、浙蕾×春晓、秋丰×白玉等。杂交种蚕茧的一般特点是茧层厚、丝量多、茧形整齐、茧色洁白、解舒良好。杂交种茧产量高,质量好,必须大力推广饲养通过国家鉴定的蚕品种。

(二)雄蚕种茧

饲养雄蚕种生产的蚕茧,茧形大小整齐、茧层厚薄均匀、茧层率高、茧丝粗细均匀、纤度偏差小。

(三)特殊用途茧

根据市场需求,开发生产彩色蚕茧、特殊规格纤度(特粗、特细)蚕茧、适合剥制丝绵用蚕茧等。

二、生产季节

根据生产季节不同进行分类,一般分春茧、夏茧、秋茧(包括早、中、晚秋茧)等三类。

(一)春茧

茧形较大、上车茧率高,茧层厚、茧丝长长、丝量多,但茧丝纤度较粗,内外层纤度开差较大。

(二)夏秋茧

茧形较小,茧层较薄,茧丝长较短,但纤度细,内外层纤度开差较小。

三、使用价值

蚕茧因茧质差异,其使用价值不同,分为上车茧和下茧两类。

(一)上车茧

上车茧是可以缫丝的蚕茧,包括上茧和次茧两种。

1.上茧

茧形整齐,茧层厚薄较均匀,茧色及缩皱正常,表面无疵点或仅有较轻微疵点的蚕茧。

2.次茧

茧层表面有疵点,但程度较轻,尚可供缫次等生丝用的蚕茧。如轻黄斑茧、轻柴印茧、轻畸形茧、硬薄皮茧、硬绵茧、薄头茧、特小茧、轻内印茧和异色茧等。

(二)下茧

下茧是指茧层表面有严重疵点、不能缫丝或很难缫正品丝的茧。

四、其他

除了上述分类以外,在蚕茧收购中,为便于处理,还分为:

(一)毛脚茧

尚未化蛹,过早采茧出售的蚕茧。

（二）过潮茧

含有多量水分的蚕茧。

（三）出血蛹茧

蛹体破损、污染茧层的蚕茧。

（四）僵蚕茧

蛹体或蚕发生僵病的蚕茧。

（五）方格蔟茧

方格蔟上蔟所结蚕茧。

五、次茧和下茧的形成原因

次茧与下茧的共同特征，是茧层上呈现着各种疵点，严重的不能缫丝，稍轻些虽能缫丝，但落绪多、产量低、品质差、缫折大，只能缫制次等生丝。下茧和次茧的成因简述如下：

（一）双宫茧

双宫茧主要是由于蔟中温度过高或蚕上蔟偏迟，以及蚕头、蔟枝过密所致。这也与蚕品种有关系，如日本系统多双宫茧，欧洲系统双宫茧较少，夏秋茧多于春茧，二化多于一化。一般来说，双宫茧可缫制双宫丝。

（二）黄斑茧

黄斑茧是由于茧层表面被蚕排泄的粪尿，或病蚕蛹污液染及呈黄（褐）色斑渍。根据黄斑污染程度不同，分为尿黄、夹黄、硬块黄、老黄、靠黄等。蚕尿渗入茧层呈浮松或发软的为尿黄；蚕尿污染茧层之中，表面可见为夹黄；污染处呈黄色硬块胶结为硬块黄；污染程度重、面积大、茧层黄色深浓的为老黄；污染程度重，系蚕（蛹）体腐烂污汁染及的污斑为靠黄。根据污染程度及颜色深浅、松浮等可分为次茧、下茧。这主要是蔟中蚕头过密、上蔟熟蚕老嫩不齐、采茧到售茧阶段未将印烂茧选出而污染好茧所致。

（三）柴印茧

柴印茧又名蔟印茧，茧层表面有蔟枝痕迹（如条痕、钉点、平板等），主要由于蔟的构造不良、蔟枝间隙小或上蔟过密，蚕营茧时直接接触硬枝所造成。柴印有线条柴印、钉点柴印、平板柴印等。根据印痕深浅、条痕多少、平板面积及其印痕中有无缩皱等可分为次茧、下茧。

（四）畸形茧

茧形发生变异，形状特殊而不正常。这主要是上蔟环境不正常所致，如过熟上蔟、蔟具不良、上蔟过密或蚕轻微中毒等，均易使茧形发生变异，严重的畸形只能作为下茧。

（五）薄头茧

茧层一端厚、一端薄或两头均较薄，缫丝时易形成穿头茧。这主要是由于蔟室光线明暗不匀，有偏光，以及蔟具不良、多营直营茧所致；同时，与蚕品种的遗传性能也有关系。薄头处很薄且无弹性的作为下茧。

（六）薄皮茧

茧层薄且无弹性，茧层量不到同批好茧的二分之一。这主要是蚕体虚弱、食桑不足或上蔟过迟所造成。

（七）口茧

口茧是指茧层有孔的蚕茧，包括：

(1)蛆孔茧：蚕体被蝇蛆寄生，结茧后蚕死亡，蝇蛆从茧内钻出，茧层被蝇蛆钻破成小孔者，又名穿头茧；

(2)蛾口茧：蚕蛹化蛾钻出茧层形成小孔的蚕茧；

(3)鼠口茧：被老鼠咬穿的蚕茧；

(4)削口茧：制种前削剖茧层的蚕茧；

(5)虫口茧：被虫咬破茧层的蚕茧。

这些口茧均属下茧，都不能缫丝。

（八）多层茧

茧层内外分离成数层，又称隔层茧（或称夹层茧）。结茧过程遇到温度激变、强风或日光直射、昼夜温差大或蔟具震动等，蚕吐丝发生断续现象而形成茧层分层的蚕茧。其与蚕品种也有关系。分离层次多的作为下茧。

（九）绵茧

茧层软绵，无弹性，茧层松浮无缩皱的软绵茧，为下茧；如稍有弹性和缩皱的硬绵茧作为次茧。这主要是由于蔟中高温、过于干燥，使茧丝胶着力小，或病蚕丝胶少，吐丝缓慢所造成的。

（十）死笼茧（印头茧，烂茧）

蚕或蛹体腐烂后污染茧层的蚕茧，统称为死笼茧。污汁严重沾污茧层内层，并渗达外层、面积较小的为印头茧，较大的为烂茧，均为下茧。如仅外层隐约可见者称内印茧，作为次茧。

（十一）红斑茧

茧层有红色斑点，主要是由于患有灵菌败血病的蚕及蛹体内分泌粉红色的灵杆菌素，当病蚕或病蛹体破裂时，流出污液染及茧层所致。如上蔟室为密闭不通风的多湿环境，或蔟具带有灵菌的潮湿谷草等均易使灵菌繁殖。红色斑块、色深面积大作为下茧，色浅、面积小作为次茧。

第三节　桑蚕鲜茧分级标准

桑蚕鲜茧的分级标准,随着蚕桑生产的发展,也在不断地改进和提高。目前我国主要蚕区的分级情况如下:

一、上车茧分级

现行的上车茧评茧标准,是依据鲜上车光茧干壳量分级,以上车茧率和色泽、匀净度(即解舒)、茧层含水率和好蛹率等进行补正,以评定蚕茧等级。目前,全国多数省区均是执行国家物价局等部门颁发的办法进行上车茧分级,个别省区略有不同。如广东省的评级计价办法,是以"丝茧本"为定价依据。总之,评定等级是以干壳量或丝量指标为主,其他指标为辅。

(一)干壳量分级定价的依据

国务院颁发的《国家标准化管理条例》第十一条规定:"标准分为国家标准、部标准(专业标准)、企业标准三级。部标准应当逐步向专业标准过渡,部标准(专业标准)和企业标准,不得与国家标准相抵触,企业标准不得与部标准(专业标准)相抵触"。现行的蚕茧标准是专业标准,应与国家标准一致。

国家规定的蚕茧质量指标就是鲜光茧茧层率和上车茧率,即当鲜光茧茧层率为 16%(茧层含水率为 13.5%),上车茧率为 100% 时为基准级。按照这个标准,在采用干壳量检验时,质量指标的数值定为 7g。这是按抽样检验 50g 鲜光茧,茧层率、茧层含水率和上车茧率均与国家规定相同,其无水衡量干壳量(g)为 $16\times(1-13.5\%)\div 2=6.92\approx 7$(g)。根据蚕茧标准规定的质量指标,按蚕茧质量差别做出合理的分级规定,这就是现行分类分级标准的基本等级。

例如,1979 年,国家有关部门规定鲜茧的基准价格为 138 元时,则基本等级确定方法为:采用 50g 定量定粒检验方法,当鲜茧茧层率为 16% 时,其 50g 鲜上光茧的茧层量应为 8g,则每克干壳量的价格是:

$$138 元\div(8\times 86.5\%)=19.942 元$$

如果以干壳量 7g 计算,则每 50kg 鲜上光茧的价格为 139.594 元。为了计算方便,每 50kg 鲜上光茧的价格,规定为 140 元。

为了贯彻茧价政策,适当调整各级差价。

根据以上原则,1986 年以前各省都制订了鲜茧分级办法。1986 年后国家物价局、经贸部等相关部门为了稳定蚕茧生产,又根据其他农副产品价格的快速提高情况,在原来各省分级的基础上统一了办法,又多次提高蚕茧的价格,并对提高后的各级差价也做了统一规定。

(二)干壳量分级标准

确定蚕茧基本等级的检验指标是干壳量。即以 50g 鲜上车光茧的茧层,烘到无水恒量时的重量来确定基本级。干壳量以 0.2g 为一级,满 0.1g 按 0.2g 计价,不满 0.1g 的尾数舍去。如 8.3g 按 8.4g 计价,8.29g 的则按 8.2g 计价,余类推,7g 以下及 10g 以上的干壳量也按

0.2g 一级推算(表 4-1)。

广东省全年收购蚕茧 7～8 期,根据季节和气温饲养二化性和多化性蚕品种。因蚕品种的差异,上茧分级计价的办法也有区别。广东省除根据国家下达的二化性白茧基准价外,其评茧计价办法,以"丝茧本"为定价依据,粒茧干壳量定级,一定粒数的干壳量定基本等级,分级规定有一个上限值和下限值。幅度刻度的计数单位定为 0.05g(表 4-1),并以解舒率升降补正确定茧价。

表 4-1　桑蚕茧上茧干壳量分级标准表

等级	全国多数省区干壳量 (g)	广东省	
		20 粒干壳量(g)	20 粒干壳量(g)
特五	10.0	二化性蚕	多化性蚕
特四	9.8		
特三	9.6		
特二	9.4		特二 4.00 以上
特一	9.2	6.85 以上	特一 3.55～3.95
一	9.0	6.30～6.80	3.20～3.50
二	8.8	5.70～6.25	2.80～3.15
三	8.6	5.05～5.65	2.55～2.75
四	8.4	4.45～5.00	2.30～2.50
五	8.2	3.80～4.40	2.05～2.25
六	8.0	3.75 以下	2 以下
七	7.8		
八	7.6		
九	7.4		
十	7.2		
十一	7.0		

(三)收购标准补正规定

1. 名词、术语

(1)收购上车茧率

上车茧(包括茧衣)占受检蚕茧的重量百分率。上车茧是上茧和次茧的统称。

(2)色泽

色泽指茧层颜色与光泽。茧层外表洁白,光泽正常,茧衣蓬松者为好;茧层外表灰白或米黄,光泽呆滞,茧衣萎瘪者为差;介于两者之间为一般。

(3)匀净度

匀净度指上茧占上车茧的重量百分率。匀净度 85% 以上者为好,70%～84.99% 者为一般,不满 70% 者为差。

(4)茧层含水率

茧层含水率指茧层所含水量占茧层原量的百分率。

(5)好蛹率

化蛹正常,蛹体表面无破损并已呈黄褐色的蛹为好蛹。好蛹粒数占受检茧粒数的百分率,称好蛹率。

2.全国多数省区评茧补正规定

（1）上车茧率

以 100％为基础，每降低 5％降一级，满 2.5％作 5％，满 7.5％作 10％计算。四川省满 3％作 5％，满 8％作 10％计算。

（2）色泽、匀净度

两项都好升一级；两项都差降一级；其余一般情况不升不降。

匀净度不满 50％者按次茧收购，每 500g 茧有 400 粒及以上者也按次茧收购。

使用方格蔟上蔟的茧（色泽、匀净度都好并且无钉点、条柴印者）升一级。

（3）茧层含水率

12.99％及以下者升一级；13.00％～15.99％者不升不降；16.00％～21.00％者降一级；21.00％以上者应退回、待晾干后再收。用干壳量评茧的，在大气相对湿度 85％以上者，可以允许茧层含水率 16.00％～17.99％不降级。有些省区按实际情况另有补充规定。

（4）好蛹率

通过 50g 鲜茧削剖茧壳检验后进行升降。95.00％～100％者升一级；90.00％～94.99％者不升不降；80.00％～89.99％者降一级；70.00％～79.99％者降二级；其余类推。

有僵蚕（蛹）茧者，好蛹率和色泽匀净度不得升级，该降则降。僵蚕（蛹）茧率 30％及以上者，按次茧收购。

3.广东省干壳量评茧补正办法

采用解舒率进行补正。解舒率的测定有两种方法，即试缫测定解舒率和肉眼评定解舒。

（1）试缫测定解舒率

在样茧中取上车茧 50 粒，供试缫测定解舒。以一定的煮茧温度，缫丝汤温，搭蛹程度、车速进行两绪土车座缫，测定有关数据。

解舒率的计算：

$$解舒率（\%）=\frac{供试茧粒数}{供试茧粒数＋落绪茧总粒数}×100$$

广东省上车茧解舒率升降标准见表 4-2。

表 4-2　广东省上车茧解舒率升降标准

二化性蚕茧		多化性蚕茧	
解舒率	升降幅度（％）	解舒率	升降幅度（％）
90.1％以上	＋8	95.1％以上	＋10
85.1％～90％	＋6	90.1％～95％	＋8
80.1％～85％	＋4	85.1％～90％	＋6
75.1％～80％	＋2	80.1％～85％	＋4
65.1％～75％	0	75.1％～80％	＋2
60.1％～65％	－2	65.1％～75％	0
55.1％～60％	－4	60.1％～65％	－2
50.1％～55％	－6	55.1％～60％	－4
		50.1％～55％	－6

（2）肉眼评定解舒

肉眼评定解舒的规定只适用于售茧分散、数量少和没有试缫测定解舒设备的收茧站使用。评定项目以蚕茧整体的色泽和匀净度两项条件确定（表4-3）。

表4-3　肉眼评定解舒中基本价升降幅度

评定标准	对基本价升降幅度
两项好	+3%
一项好，一项普通	+1.5%
两项普通或一项好，一项不好	不升不降
一项普通，一项不好	−1.5%
两项不好	−3%

注：①色泽：茧色洁白，有光泽（指不同蚕种的蚕茧固有的光泽）者为好；茧色白，光泽稍差者为普通；茧色次白，略有灰黄，色泽呆滞者为不好。

②匀净度：120g样茧中上车茧的上茧粒数在90%以上为好；上茧在80%～89%为普通，上茧在79%以下者为不好。

二、双宫茧和次下茧的分级

次茧和下茧的分级标准各省都不统一，价格也时有变动，一般按双宫茧、次茧、下茧三类划分等级。双宫茧以茧层厚薄、茧色好坏、印烂双宫有无和多少分级；次茧依茧层厚薄、混入的下茧多少分级；下茧（双宫除外）以茧层厚薄、疵点程度深浅、印烂茧多少等分级。

（一）浙江、江苏、安徽三省的分级标准

1. 双宫茧、次茧、其他茧中的黄斑、柴印、穿头茧及印头、烂茧、薄皮茧

分级标准如表4-4所示。

表4-4　浙江、江苏、安徽三省双宫茧、次茧及下茧的分级标准

等别	双宫茧规格		次茧规格		下茧规格			
					黄斑、柴印、穿头茧		印头、烂茧、薄皮茧	
	浙江	江苏、安徽	浙江	江苏	浙江	江苏、安徽	浙江	江苏、安徽
一级	茧层厚、茧色白、无印、烂、双宫	好双宫占80%以上、茧层厚及茧色白	茧层厚、混入的下茧不超过15%	次茧占80%及以上	茧层厚、疵点程度尚轻、有少量次茧混入	重柴印、重黄斑、穿头茧及次茧占80%以上	印头、薄皮多、烂茧少，茧层尚厚，有少数黄斑混入	印头、薄皮（江苏薄皮除外）占70%以上
二级	茧层中等，茧色次白，印烂、双宫茧少	好双宫占60%到不满80%，茧层中等，茧色次白	茧层中等，混入的下茧不超过30%	次茧占65%到不满80%	茧层中等，疵点程度一般	重柴印、重黄斑、穿头茧及次茧占60%到不满80%	印头、薄皮、烂茧比较接近，茧层中等	印头、薄皮茧（江苏薄皮除外）占50%到不满70%
三级	茧层薄，茧色混杂，印烂、双宫茧较多	好双宫不满60%，茧层薄，茧色次白	茧层薄，混入的下茧不超过45%	次茧占50%到不满65%	茧层薄，疵点程度深，含有少量印、烂茧	重柴印、重黄斑、穿头茧及次茧不满60%	印头、薄皮少，烂茧多，茧层薄	印头、薄皮茧（江苏薄皮除外）不满50%

注：①浙江省双宫、次茧、凡茧层特厚、干壳量相当于9g以上、茧色白、没有印烂双宫者，分别可提升一级给价。

②浙江省黄斑、柴印、穿头等下茧，凡茧层特厚、干壳量相当于9g以上、疵点程度尚轻，有少量次茧混入，可提升一级给价。

③江苏省次茧规格，主要鉴定混在次茧（其他茧）内下茧多少定级。如次茧比例不满50%时，应按下茧（其他茧）标准定级给价。江苏、安徽的所谓好双宫是指除去印烂双宫、重畸形双宫、重黄斑双宫以外的双宫茧。安徽省的各类次茧与上茧一同给价。

2.蛾口、削口、鼠口茧类的分级

江浙均规定,蛾口、削口为一个类别,根据茧层厚薄、茧形和削口大小、色泽好坏分三等定级;鼠口茧为一个类别,根据茧层厚薄、清洁程度、杂质含量多少,分三等定级。安徽省规定不分等级,但遇有附着蚕蛹的茧壳及杂质(指脱皮、草屑、蚕沙等)应动员剔除后收购。

(二)四川、广东省分级标准

1.四川省双宫、下茧分级标准

见表4-5。

表 4-5　四川省双宫、下茧分级标准

品名	级别	分级与质量标准
双宫茧	一级	双宫率在 90% 以上,茧层厚,茧色白,手触干燥
	二级	双宫率在 70% 以下,茧层一般,茧色次白,手触干燥
黄斑茧	一级	色泽较好,手触干燥,弹性强,含水率在 13.5% 以下黄斑茧类的茧
	二级	色泽一般,手触有弹性,含水率在 13.5% 以下
血茧	不分级	污染烂茧,茧层率在 15% 以下的薄皮茧和单位茧重量在 0.5g 以下的特小茧
蛾口茧	不分级	蚕蛹羽化后自出,茧内已无蚕蛹的茧
削口茧	不分级	刀削取出蚕蛹的茧
鼠口茧	不分级	鼠咬后已无蚕蛹的茧

注:黄斑茧是指黄斑、柴印、绵茧、蛆茧、穿头,深束腰和单位粒茧重量在 0.8g 以下的特小茧。

2.广东省双宫、下茧的收购办法

双宫茧最高作价不超出同干燥程度上车茧价的 60%。下茧包括重外部、内部污染茧、重柴印茧、口茧、重绵茧、重畸形茧、发霉茧、焦茧、烟茧等,其最高作价不超出同干燥程度上车茧的 30% 的幅度范围内按质论价收购。

第四节　评茧方法

现行桑蚕茧的评茧方法大体有两类:一是仪器检测法;二是因条件限制无法用仪器检测时,以实物标样对比,分析评估实际茧质的方法,通常称作肉眼评茧法。

一、上车茧的评茧方法

以干壳量定基本等级的称为干壳量检验法,国家规定检验用茧取样方法应以定粒定量为准。但在实际工作中又有简化方法,如定量不定粒和定粒不定量等方法,其精确度有一定影响,只有第一种方法比较科学合理。此外,同批茧中茧形大小和雌雄的茧层率及含水率也有差异,对干壳量检验难免有些影响,故在实践中应不断完善评茧操作规定。干壳量检验及零星售茧的肉眼评估法介绍如下。

(一)干壳量检验方法

干壳量检验是取 500g 的十分之一重量及粒数的办法,检验用的 50g 鲜光茧的茧壳一定

要烘至无水恒量,以此干壳量作为计价依据。其步骤如下:

第一步,抽大样,评定色泽、匀净度。

评茧员按照编号次序,问清户主,填写检验单,将蚕茧倒在评茧台时,首先要认真细致地检查有无毛脚茧,如发现毛脚茧应说服蚕农退回,待化蛹后再出售。对正常的茧,在评茧台上边倒、边检查、边抽样。抽样要有代表性,对茧质有明显变化的要分别处理,分别抽样;每倒一茧籮或1~2篓,随手在容器各个部位抽1~2把,对茧量少的可多抽几把,放入样茧篮,抽样数量按茧量多少而定。一般一笔茧可抽样2.5~3kg,同时要根据评茧标准,细致观察全部蚕茧的色泽与匀净度决定升降。蚕茧过磅做到正确无误,过磅毕计算总重量,告明售茧户主,然后将茧运入内场。同时将联票放入样茧篮,然后将样茧送到助评检验台。

第二步,抽取小样,检验上车茧率。

由助评检验员将样茧倒在评茧台上打匀官堆,轻轻拌匀分成2或4区,由售茧户主选定一区(或评茧员任选一区),在选定的一区中随机称准样茧500g(毛茧),其余样茧搂入原样茧篮。检验员将500g毛茧数清粒数后,选出下茧(双宫一粒作两粒),称准下茧重量,得出下茧率(采用250g样茧的应加倍)。

第三步,抽取干壳量检验用茧。

随机抽取500g毛茧总粒数(包括下茧粒数)的十分之一粒数茧,零数按四舍五入计算(如264粒应抽26粒,265粒应抽27粒),再剥去茧衣,轧准50g上光茧量;如不准则用同粒数不同重量的茧调换,直到准确为止。将此50g上光茧削开茧层,察看有无毛脚茧、内印茧、僵蚕(蛹)茧等,然后倒出蛹和蜕皮,如发现粘住茧层的死笼茧和出血的内印茧等,应以等粒等量的好茧调换。如有僵蚕(蛹)茧,则按规定的办法处理,削剖的茧壳要复查粒数(茧壳数)及茧壳内有否蚕蛹及蜕皮混入。检查无误后,称准鲜壳量,填入联票。然后放入烘盘或茧袋,交烘箱员。按规定计算好蛹率。

第四步,烘干样茧壳,得出干壳量。

烘验员接到样茧壳后,必须复验一次茧壳粒数,再检查茧壳内是否还有蛹体和蜕皮等,再顺次进行预烘和决烘。茧壳烘至无水恒量后,看准读数,报出干壳量,确定基本等级,保留样茧壳,以备复查,同时计算茧层含水率,按标准规定确定升降。

再根据上车茧率、色泽匀净度、好蛹率等补正条件和僵蚕(蛹)等决定等级升降,得出最后的确定等级,按等级价格及补贴规定等核定单价。

有条件的茧站,烘验员可在收茧旺期对批量较大的干壳量检验的样茧,配合评茧员调查同干壳量、同粒数的蚕蛹,烘至无水恒量,求得茧层、蛹体、全茧的含水率、无水率等数据(一份存根,另一份交站长及烘茧技术员),作为确定标准烘率的参考依据。

(二)零星上茧肉眼评定法

肉眼评定法是以肉眼为主结合手触、听觉、嗅觉等五官感觉判别茧质优劣的办法。一般对一批茧量较少的鲜上车茧用此法评定。这种方法虽较简便,但对评茧员掌握评茧标准和技术的熟练程度要求较高。因此,必须认真细致地按照标准对准样茧进行评定茧价,并要经常与仪器检验校对目光,力求准确。

对于零星上车茧的收购,一般都采用对照标准,评估作价的方法,其工作程序可分四步:

第一步,茧汛调查,做到心中有数。

如评估时要掌握站区的生产和收购情况,弄清中心茧质和茧价以及茧的品种和批次等。

第二步,抓住主要矛盾,评估干壳量。

通过看茧形大小,摸茧层潮燥、厚薄程度,摇听化蛹程度及死笼茧等项的综合分析后评估干壳量,定基本等级。

第三步,在评估干壳量的同时,观察茧的上车茧率、色泽、匀净度等情况。

第四步,综合计算,报出茧价。

在判断干壳量的同时,结合色泽、匀净度、上车茧率及茧层潮燥等茧级升降,直接计算出茧价。在评估时,不宜将干壳量分级分得过细,可以放大级差,这样容易正确评估,同时要经常校对目光,不断提高评估水平。

二、评茧仪的使用与保管

评茧仪是一种衡量仪器,供收茧站称干壳量评定茧价时使用。评茧仪是按照象限字盘秤设计的,并装有油阻尼装置,能快速在扇形面板上直接读出茧壳的重量。读数是 6～13g,秤量 0～13g,感量 25mg,允差±25mg。评茧仪一般竖式较多,其结构如图 4-1 所示。

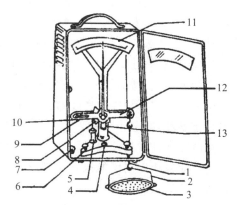

图 4-1　竖式评茧仪
1.吊杆　2.蓝环　3.秤盘　4.水平泡　5.阻尼器
6.水平调节螺钉　7.砝码盒　8.阻尼片
9.微调平衡螺丝　10.平衡块　11.刻度面板
12.杠杆　13.调节锤

(一)评茧仪的使用方法

(1)将评茧仪放在专用的烘箱上,烘箱安置在平稳避风的评茧台上,仪器放置要适中易观,然后把评茧仪的门打开,挂上吊杆蓝环和秤盘,使它们悬空不能相碰,旋动水平调节螺钉,校正水平。

(2)接通烘箱电源,预热烘箱 15～30min,使温度达到 100～120℃时,让秤在热状态下调节使用。然后校正读数,取出刀口下的衬片,指针开始摆动后,先校对 9.3g,如有误差,应调微调平衡螺丝,使指针指在 9.3g 处,再校对 6g(6g 是本仪器零位),如有误差,应调节平衡锤(平衡锤与锤下的螺母要同时移动)。9.3g 和 6g 要按上面程序校正数次,直到指针能分别停在9.3g 和 6g 处为止,再校对 13g。经反复校正后,再用 6、7、8、…、13g 砝码分别测量各档,偏差不超过±1/4 格,然后取出砝码,轻轻关上仪器门,即可使用。

(3)烘干样壳时,要先预烘,然后将茧壳翻身换入决烘盘,放入决烘箱,此时烘箱温度要保持在 105℃左右,使壳内水分充分蒸发。当指针移动到一定位置不再减轻时,茧壳的颜色呈蜡黄色,表示茧壳已达到无水恒量,这时指针的读数即为干壳量。记好数据后,将样茧干壳数清包好,与同日检验的包扎在一起,以备核对和复查。

(4)评茧仪每天使用结束后,要托起杠杆柄,防止灰尘污染,同时关掉电源开关,保证安全。

(二)评茧仪的保管

(1)仪器秤盘的编号必须对号,秤盘如有磨损和污腐生锈,必须将秤盘重新校正。

(2)阻尼筒的油必须加 35～40♯机油,油位不能过低,如油位低于锤线时,会使称量不准。

(3)微调平衡螺丝只能起微调作用,当无法调整时,可松动平衡块移到适当位置再调紧,切不可松动。阻尼线要在槽内移动,当线断裂时,应调换 0.2 号尼龙线,其长短应使指针在 6g 时阻尼锤不致与筒底接触,指针在 13g 时,阻尼锤不致超出油面为适。

(4)全期收购结束,将仪器、烘盘等部件用软绒刷清洁,不要用油脂涂护,但要正立放置在干燥、清洁之处;防止受潮,避免震动,并用尼龙袋把评茧仪罩好。

三、组合售茧、缫丝计价

我国蚕茧收购分级标准经过三个阶段的演变,并且每次变更都比前阶段有所改进,逐渐体现优质优价的政策原则。但是,这些均未能摆脱对蚕茧外观质量方面的检验,没有触及蚕茧的实际使用价值,即蚕农与丝厂之间经济效益的相互影响这个核心问题。1987 年,浙江、江苏、四川等省对原来的收购办法进行了较彻底的改革试点工作,研制了"组合售茧、收购鲜茧、缫丝计价"的办法。试点成绩突出,说明科研成果与技术推广的必要性、重要性,以及稚蚕共育、组合售茧的好处。它有利于养蚕技术的普及与推广;有利于提高茧质,提高出丝率;有利于蚕农增加收入,增加丝厂效益和国家创汇。

国家为了建立和维护良好的蚕茧流通秩序,强化国家对蚕茧质量的管理工作,实行鲜茧质量检定制度,在主要蚕茧产区设置了蚕茧茧质检定所(以下简称茧检所)行使公证检定任务。当时在浙江省的湖州、桐乡、海宁、嘉兴,江苏的吴江、海安、丹阳及四川省等地试行。凡实行鲜茧质量检定制度的地方,蚕茧交易必须经过茧检所进行茧质检验定级,凭茧质检定证书计价与结算茧款。按此检定制度实行,能促进蚕茧质量的提高和茧、丝、绸事业的进一步发展,并对维护国家、集体、个人三者的合法利益也有了保障。

"组合售茧、缫丝计价"的茧质检定方法,首先由蚕农对售茧组合体的蚕茧自行民主评定,计分、计量后送到茧站投售,由茧检所派抽样人员抽样、烘干(有严格的样茧处理及保管制度),再送茧检所缫丝试样,按规定的茧质检定项目进行检验,并将检定结果签发茧质检定证书,最后结算茧款。具体做法如下:

(一)组合体农户投售蚕茧前的民主评茧

按最低组合量要求形成售茧的组合体。组合体主要评定以下内容:

(1)检查化蛹程度,不售毛脚茧。

(2)确定茧潮燥及茧色,即一级茧色白而燥,二级茧色与潮燥均一般,三级茧色次而潮,过潮茧不参加组合。

(3)随机抽取 500g 样茧,分别数出总粒数和下茧数,以斤茧粒数定基本分,下茧分别扣分。

(4)蔟中管理按通风、升温、排湿工作评分计入,评分标准分三等,即好、一般、差。

(5)评分结束,将蚕茧送到茧站过磅,合并出售。最后按各户得分数乘以茧量,得出户得茧分和总茧分,先按干壳量计价,根据各户茧分数进行预分。待抽样缫丝检定组合体成绩后再结清茧款。

(二)抽样、烘干及检验

由茧检所指派专职抽样员按组合体各户的鲜茧投售量按比例均匀、准确地抽取批样(组合数量 600kg 及以下抽检验样茧 1000g;组合数量 600kg 以上至 1000kg 及以下抽检 2000g;组合数量 1000kg 以上抽检 3000g),批样数量相当于检验样茧的 3 倍左右,充分混合后按规定称取检验样茧。样茧用耐高温的网袋包装,每只分装 1000g。

在买卖双方代表在场时,称准样茧装入网袋加封,编号后填写报验单,交茧检所进行烘干。茧检所负责验收样茧后,编号登记,在规定的时间内完成头、二冲干燥。严格按烘茧工艺要求进行干燥。干样茧按茧检定规定进行检验。按检验结果计算整理后定级签证,茧站根据核定茧级,算出返还茧款给售茧组合体。

(三)试缫计价办法

规定以试缫样茧的鲜茧出丝率定基价,以解舒丝长作补正,通过实缫,得出缫折与出丝率,算出出丝率的基本单价,并以解舒丝长作补正,最后得出鲜茧单价。

在"组合售茧、缫丝计价"的试行工作中存在一些具体困难及缺陷。只有不断完善,才能合理而全面地体现优质优价政策,保护蚕农、丝厂、国家三者的经济利益,把我国蚕茧收购计价的导向,从注重外观,引向注重内在质量,并以出丝率为主要依据,结合解舒丝长、洁净等来衡量茧质优劣,在全国范围内实行 1% 出丝率的统一价格,这是符合标准化法的重大技术改革。

四、新型仪器评茧

新型茧检仪(图 4-2)整合了上车茧率、色泽匀净度、好蛹率、含水率、茧重等指标,进行智能化评茧,建立了相关操作规程,在蚕区试验应用。

  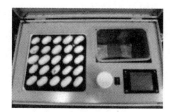

外形　　　　　　　内部结构　　　　　　　操作面

图 4-2　新型茧检仪

第五节　日本的茧检定

日本自 1940 年以后,在全国范围内强制实行茧检定制度,这一制度的实行,对提高蚕茧质量起了积极的作用,同时逐步形成了共同售茧的整套方法。茧检定法规定,除数量特少或因受灾等原因茧质明显下降的蚕茧以及双宫茧、次下茧之外,凡是通过买卖关系的蚕茧,都必须经过茧检定。为此,各蚕区都设有茧检定所。1998 年,因产茧量的减少等原因,茧检定被废止。

一、共同售茧

茧检定要求平均每批的蚕茧数量为 1300kg,而农户茧量均少,于是采用 10 户左右的蚕茧合并为一个庄口,抽样送茧出售,这种方法叫共同售茧。共同售茧时先是外观检验,把各户蚕茧分成三至四个等级,划定各级暂付款单价,农协将丝厂给的暂付款按该茧级别及各茧量预付给各农户。

二、茧检定基本方法

茧检定的主要程序:接收样茧→干燥→选茧(按标准选除下茧)→缫丝用茧的称量与分区→煮茧→缫丝→复摇→生丝公量检验→洁净检查→整理→成绩计算→填检定证。

检定样茧抽取数量视出售量的多少而定,一般划分三区:第一区出售茧为 1000kg 以下者,抽取检定样茧 2.5kg;第二区出售茧为 4000kg 以下者抽 4kg;第三区出售茧为 8000kg 以下者抽取 6kg;超过 8000kg 者抽双份(12kg)。样茧烘干后进行选茧,称准重量,并进行登记,然后按检定茧茧量抽取不同比例的缫丝用茧:即一区抽 40%;二、三区各抽 30%。另外,再抽取少量预备煮茧用茧,其余作为检定成绩有疑问时再作为检定用的缫丝用茧。

煮茧一般使用 27 笼(双笼)不锈钢制茧检定自动煮茧机。利用蒸汽压力为 6.87kPa(即 0.7kgf/cm²)和热汤煮茧 11~15min。每桶茧量约 100 粒,浸渍部用 40℃,高温渗透部用 93℃,低温部用 57℃,出口部用 55℃,桶汤温度为 30℃。为使茧煮得适熟,可用预备茧先试煮一次后,再根据情况用缫丝用茧正式煮茧。

茧检定缫丝机用日产 TC-2 型自动缫丝机,每组 6 台,每台 3 绪,各台均在相同条件下缫丝,汤温自动控制,计算成绩所必需的落绪次数、丝长,平均定粒数均有仪表自动显示,并自动计算解舒率、茧丝长、丝量、出丝率。

缫丝所卷绕到 A、B、C 三个小䈅上的生丝要复摇到大䈅(周长 1.5m)上,称计原量后,检验各自含水率,计算公量,并抽样检验洁净成绩。然后进行整理,还给检定申请者。

最后根据选茧、缫丝、生丝称量等各工序所调查的数据,计算出检定成绩,评定茧的等级,制作茧的检定证后,发给买卖双方各一份。

三、蚕茧分级和计价

(一)蚕茧分级

茧检定所对样茧经过试样得出的成绩是计算茧价的主要依据。主要以茧丝长和解舒率综合计分:即茧丝长占 45%,解舒率占 55%,确定蚕茧等级;茧丝纤度和洁净作为参考项目,不作为计价的依据。茧的定级分为优级和一、二、三、四级共五个等级。

由于生丝分为 10 级(6A—F),因此,在茧检定中,也将茧丝长、解舒率分为 10 级,每级的公差,茧丝长为 70m,解舒率为 4%~7%(表 4-6 和表 4-7)。

表 4-6　蚕茧得分数

茧丝长(m)	分数	解舒率(%)	分数
1451 以上	42.5	86 以上	51.5
1381~1450	42.0	81~85	51.0
1311~1380	41.5	77~80	50.5
1241~1310	41.0	71~76	50.0
1171~1240	40.5	66~70	49.5
1101~1170	40.0	61~65	49.0
1031~1100	39.5	54~60	48.5
961~1030	39.0	47~53	48.0
891~960	38.5	40~46	47.5
890 以下	38.0	39 以下	47.0

表 4-7　蚕茧分级

等级	优等	一等	二等	三等	四等
得分	91.5 以上	90.5～91.0	89.0～90.0	88.0～88.5	87.5 以下

茧级分级有五等,即 87.5 分以下的为副级,从 1981 年 1 月开始,四等以下的蚕茧不再接受交易。

（二）茧价计算方法

蚕农在蚕茧交易所售茧时,由丝厂按二等茧的价格预付给蚕农 80％的茧款(也有预付 90％的)。结算价要等茧检定所试样成绩得出后再具体按等级结价。生丝的价格是根据横滨和神户生丝交易所的每日标准丝价,然后决定茧价,依两地收茧旺期为中心,前后约 15 天,得出平均生丝价格为算定丝价。再按生丝价的 80％为基础,定出 1kg 茧价,并以二等茧的出丝率为基础,定出二等茧的茧价。等到茧检定成绩出来后,进行等级结价时,对蚕农采取多退少补的办法。

茧价的计算方法,即蚕茧交易时,蚕农与丝厂的代表组成挂目(茧价)协定会进行协商。根据算定丝价和茧款分配比率定出总标准挂目。根据茧检定成绩的茧级在总标准挂目上加上或减去茧级差挂目,再乘上茧检定出丝率而算出茧价。

若标准茧级为二级,则级差挂目为 130 挂。

$$茧价(1kg)=(总标准挂目 \pm 茧级差挂目) \times 出丝率$$

例如,协定总标准挂目 13000 挂。

$$茧检定成绩 \begin{cases} 出丝率 19.00\% \\ 茧级 1 级 \end{cases}$$

$$\begin{aligned} 茧价(1kg) &= [13000(挂)+1 级 \times 130(挂)] \times 0.19 \\ &= 13130 \times 0.19 \\ &= 2494.7(日元) \end{aligned}$$

注:

①挂目:指 1kg 生丝所需蚕茧价值的单位。

②算定丝价:日本的蚕茧买卖没有正式的牌价,它是跟着丝价走的,要确定茧价多少,首先要确定丝价,这个丝价就叫作算定丝价。

③分配比率:指蚕茧价格应占算定丝价的百分比,日本一般为 80％。

④标准挂目:即蚕茧的基本价格,也就是每千克所需蚕茧的基本价格,其计算公式为:

$$标准挂目 = 算定丝价 \times 分配比率$$

⑤茧级差挂目:即等级差价。日本是以二级为中心,每升降一个等级加减 130 挂目。

第五章　蚕茧干燥

本章参考课件

第一节　蚕茧干燥概述

一、蚕茧干燥的目的要求

蚕茧干燥是鲜茧加工成干茧的工艺过程。其利用热能或其他能源,杀死蚕蛹和寄生蝇蛆,防止出蛾、出蛆、霉变,并除去蛹体及茧层的自由水分,达到长期安全贮藏,同时通过热处理,使丝胶适当变性,补正茧质,以利煮茧和缫丝,提高生丝品质。蚕茧干燥也称为烘茧。

在鲜茧干燥过程中,根据现有设备和技术条件,应做到及时收烘,尽一切可能保全茧质,维护蚕茧解舒优良。为此,必须坚持"质量第一",在保护茧层的前提下,蛹体应达到适干标准,全面贯彻"优质、高产、低耗、安全、环保"的要求。

（一）优质

在茧处理上"防止蒸热,消灭霉烂变质",在干燥中根据蚕茧干燥规律掌握好"温度、湿度和气流",在干燥程度上"反对偏老偏嫩,达到适干均匀"。

（二）高产

在收烘茧前,应制订好计划及做好准备工作,要求及时进烘鲜茧,先进先烘,妥善安排烘力,熟练烘茧操作,提高工效和设备利用率。

（三）低耗

在合理的温湿度工艺条件下进行烘茧,改进烧煤方法,提高热效率,降低煤耗和费用。烘茧操作轻巧,减少工具损耗,加强机械使用和保养。

（四）安全

建立制度,以防为主,提高警惕,加强检查,消除隐患。

（五）环保

及时处理与清理烂茧、煤渣等,保持蚕茧收烘场地的清洁卫生。

二、蚕茧干燥前的准备

蚕茧干燥工作时间短、任务重,是复杂而突击性的技术工作。收烘茧前必须做好各项细致而烦琐的准备工作。主要工作介绍如下:

(一)收烘计划

1.调查蚕讯

在制订计划前,必须调查蚕讯,如发种量、收蚁日期、饲育过程中的用桑及蚕健康、上蔟情况等,以便估计蚕茧产量,安排售茧日程与开秤日期、旺期及结束时间等。

2.订立收烘计划

在了解划区收购的蚕讯及其他情况后,结合茧站的设备条件、人力配备及资金调拨等,制订收烘作业计划,包括收购、烘茧、财务、贮运等。其中尤以总收茧量与逐日收烘茧量的配合和与烘茧最大负荷量的配合等。如调查的具体情况(上蔟日期、天气变化等)与计划有出入时,则应按实际情况调整逐日收茧量计划,做到收烘平衡,对茧的堆场、茧篮等配备,也应按茧量做好配备及修理添置计划。

3.烘茧能力的估算

根据旺期最高的收茧量、逐日收茧量及现有干燥设备的各机灶烘力,决定使用的机灶数,以便配备好烘茧人员、堆场等。

(二)烘茧准备工作

根据估算总的收茧量,配备烘茧灶(机)及收烘茧配套设备,如茧篮、茧篰及茧格(网)、烘茧测试用具等。破损的应及时修理。燃料的质量应是优质无烟煤块或煤屑。消防设备也应检查。更重要的是应配足熟练的收烘人员,对新进人员进行技术培训等。

三、蚕茧干燥的基础知识

(一)结合水与非结合水

一般物料中所含水分,按其去除难易而分为结合水与非结合水两种。结合水包括物料细胞壁内的水分。物料内可溶固体物溶液中的水分以及物料内毛细管中的水分等,这种水分与物料的结合力强,其蒸汽压低于同温度下纯水的饱和蒸汽压。因此,在干燥过程中,水汽扩散至空气主体的能力下降,使结合水的去除比纯水困难。

非结合水包括存在于物料表面的吸附水分及孔隙中的水分,主要以机械方式结合,而且与物料的结合强度较弱。非结合水分产生的蒸汽压等于同温度下纯水的饱和蒸汽压,因此非结合水分的去除与水的汽化相同,比结合水分的去除容易。

(二)平衡水分与自由水分

物料中按所含水分,根据干燥空气的温度与湿度的干燥介质的性质,可分为平衡水分与自由水分。

1. 平衡水分

物料内的水分，因空气中的含水情况而保持其平衡状态，此时所含水分称为平衡水分。平衡水分随物料种类不同而有很大差别，如非吸水性物料的黄沙、瓷土等，其平衡水分极低。

但吸水性物料，如纤维、蚕茧、纸张、木材等平衡水分较高，且依其接触空气的温度和相对湿度的不同而改变。图 5-1 表示生丝、棉花、羊毛在 24℃时的平衡水分与空气相对湿度的关系。

同一物料空气湿度高时，平衡水分明显增加；温度高时则平衡水分减少。

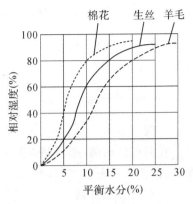

图 5-1　几种纤维的平衡水分与
空气相对湿度的关系

（成都纺织工业学校，1986）

2. 自由水分

物料中所含有总的水分减去平衡水分，所得的游离水分称为自由水分，用一般干燥方法即可除去。如烘茧时能除去蚕茧中的水分，属于自由水分。即鲜茧全部水分中减去烘茧当时温湿度条件下的平衡水分后剩余的水分。例如，某鲜茧的茧层率为 20%，假设烘到适干时，从鲜茧原量的 100kg，烘成适干时重 40kg，再烘到无水分时为 36kg，则此适干茧含有水分为：40kg 减去 36kg 为 4kg，此 4kg 称为平衡水分。而自由水分则为 100kg 减去 40kg 为 60kg。其中茧层水分约 1kg，蛹体水分占 59kg 左右。

（三）含水率与回潮率

茧层与蛹体的含水率大不相同，在一般正常气温条件下，茧层含水率约为 11%～16%，蛹体含水率则高达 74%～78%，所以烘茧主要是干燥蛹体。

蚕茧所含水分一般用含水率与回潮率表达与计算。含水率又称湿基含水率，用 $\overline{W}_c$ 表示；回潮率又称干基含水率，用 $\overline{W}_d$ 表示，其计算公式已于第二章介绍过。至于蚕茧含水率与回潮率的换算方法可以用公式表示，已知其中一个可换算求得另一个。如现已知 $\overline{W}_c$ 为 11%，求 $\overline{W}_d$：

$$\overline{W}_d(\%)=\frac{\overline{W}_c}{1-\overline{W}_c}\times100=\frac{11\%}{1-11\%}\times100=12.36(\%)$$

同样如已知 $\overline{W}_d$，求 $\overline{W}_c$：

$$\overline{W}_c(\%)=\frac{\overline{W}_d}{1+\overline{W}_d}\times100=\frac{12.36\%}{1+12.36\%}\times100=11(\%)$$

（四）蚕茧干燥方式

蚕茧干燥是主要利用热能及空气为介质，使茧内水分汽化、排出茧外的减湿过程。在蚕茧干燥上使用的干燥方法基本有对流、辐射两种。另外，还有吸湿干燥、低温风力干燥及冷冻杀蛹等方式，这些干燥方法得到的干茧质量不理想，且设备费用昂贵，实用价值低，故目前我国的干燥设备主要以下面几种传热形式结合进行干燥为多。蚕茧干燥主要的形式有对流热、辐射热。

1. 对流热

这是目前蚕茧干燥中主要的传递形式，以空气为媒介物质。由于空气的密度，产生轻重差别,发生相对流动作用而引起热空气的流动。例如,烘茧室内的干燥介质即空气,在热源附近的空气受热后体积膨胀,密度减小而上升,同时茧灶上部的空气因吸湿而温度降低,密度较大而下降,如此反复循环,上下、左右流动而使整个茧灶空气温度升高,吸湿而对流,将湿空气排出灶外。

流体发生流动,一种是由于流体的冷热部分的不平衡,因温度不同,而产生密度大小引起流动,称自由运动。没有风扇的直接热煤灶属此种。另一种是由于流体受外力(压力差)的作用,而发生的运动,称为强制运动。如有风扇的浙73-1型煤灶属于这类运动。一般地说,流体在强制运动时的对流换热要比自由运动强烈。强制运动时,风速愈大,流速愈快,则换热能力愈强。烘茧过程是一种对流热交换过程,它是空气(间接热)或烟道气(直接热)与蚕茧(固体)间接或直接接触的相互换热过程。在对流干燥过程中,不可避免地也受到辐射热影响,产生蚕茧干燥不均匀。现在研制的干燥设备是将热源部分装在干燥室外,利用间接加热,进行干燥,则更为合理。

2.辐射热

这是发热体以旧式煤灶的铁锅或半圆形炉筒的形式,把热能辐射出去经空气传给另一物体,转变为热能被物体吸收,蒸发与汽化水分,达到减湿干燥的目的。两物体辐射换热量,取决于两物体的温度差。在烘茧灶中要使辐射能均匀地辐射到蚕茧各个部位,是非常困难的,因此易产生受热不均匀,造成干燥不均匀等。

辐射干燥分为日光、灯泡、远红外干燥等。日光辐射就是利用太阳能晒茧。远红外干燥是项新技术,具有设备结构简单、效率高、干燥速度快等优点,但干燥不均匀是其最大缺点,故蚕茧干燥很少利用。

目前采用的各种灶型,如热源放在干燥室内的(灶内),采用对流热和辐射热并用的形式。这样可以充分利用热能,具有节省燃料的优点。如果将热源放在干燥室外,将热空气用风机引入干燥室,由上而下,采用垂直气流,减湿最好。热风干燥机就是采用这种形式为主的干燥设备,可减少辐射热对干燥不匀的影响,但热能损失多,煤耗较大。

(五)鲜茧干燥中的热变性

茧层丝胶蛋白质受热后,分子间相互撞击的能量加大,因而改变了天然丝胶蛋白质分子原有的空间结构,引起丝胶蛋白质的变性。在烘茧的合理工艺条件下,对解舒好的鲜茧,特别是外层丝胶经受了一定程度的热处理,适当变性后能起到茧质的补正作用,增强煮茧抵抗能力,保护茧解舒,减少丝条故障。但必须注意如果温湿度过高,作用的时间过长,特别是适干茧出灶前1.5h左右,其变性作用也越严重,增强茧丝胶着力并破坏结合水含量,影响丝素的质量,危害茧质,增加缫丝困难。多数蛋白质在50~60℃时将开始变性。如果在干燥开始(头冲时)即使在110~115℃的温度范围内、干燥室内湿度重的情况下也无多大影响。因此,要提高原料茧的品质,在干燥过程中须采用合理的温湿度和操作方法,特别注意鲜茧的运送和烘茧过程中各项处理工作,要求尽量保护蚕茧的良好缫丝性能。

(六)干燥温度表示方法

1.蚕茧干燥的三种温度
蚕茧的干燥温度可用壁温、室温和感温表示。

壁温是悬挂于干燥室外壁的曲柄温度计所表示的温度,代表内壁 10cm 空间的温度计感应部位附近空气的温度,除局限于代表小范围空气的温度外,还易受室外空气等条件的影响。

室温是干燥室内空气各部分平均温度,代表加热的实际温度。

感温是被干燥物所感受的温度,也是最接近蚕茧的温度。因烘茧阶段而表现不同,应是实际蚕茧表面的烘茧温度。

一般为了工作方便,大多根据壁温设计烘茧温度。烘茧的实际温度应是室温和感温的组合,因感温测定不易,多以室温作为实际的烘茧温度。在受热体蚕茧方面,还分为茧层和蛹体接触的温度,现在所谓烘茧温度,一般系指给热温度。

2.室温与感温的关系

室温和感温相差的程度,主要决定于干燥速度的快慢,以及热补充的快慢。如热补充快慢一定,则从蒸发量多少的关系而产生差异,蒸发越旺盛,室温与感温的差距越大。如初干过程相差大,接近全干时水分蒸发少,差距小。又在被干燥物蚕茧同一铺茧量时,烘茧温度越高,蒸发作用越旺盛,室温感温的差距也就越大。反之,蒸发量相同,热量的补充越快,室温、感温的温度差就越小;补充得越慢,则差距就越大。

当室温一定时,设两层中的空间温度为室温(A),茧表面温度(B)和茧与茧的中间温度(C)为感温。实验测得数据见表 5-1。

表 5-1 室温一定时的感温变化(℃)

位置别	45min	1h	2h	3h	4h	5h	6h	7h	8h
A	81.5	85.0	85.0	85.0	85.0	85.0	85.0	85.0	85.0
B	67.0	74.0	78.0	79.0	79.5	80.0	82.0	84.0	84.5
C	64.0	70.0	75.0	76.5	77.0	78.5	80.5	83.0	83.5
A−B	14.5	11.0	7.0	6.0	5.5	5.0	3.0	1.0	0.5
A−C	17.5	15.0	10.0	8.5	8.0	6.5	4.5	2.0	1.5

注:①铺茧量1.5粒;②目的温度 A 为 85℃;③进烘前温度 85℃,45min 时下降 3.5℃。

资料来源:王天予,1983。

由表 5-1 可见,室温比茧表面温度开始时高 14.5℃,以后逐渐缩小,到全干时室温比茧表面仅高 1℃,比茧堆间高 2℃,至水分接近蒸发终了时,只有 0.5℃和 1.5℃的差距。如果烘茧温度始终不变,则最后茧表面温度要提高 24.5℃,茧堆间的温度提高 17℃,以达到温度上的平衡。

又烘茧室温度不变,感温逐步上升,全干时增高 13℃。这点在考虑最后温度时,应作为重要参考。

又当感温一定时,室温就要逐渐降低(表 5-2)。

表 5-2 感温一定时的室温变化(℃)

位置别	0	1h	2h	3h	4h	5h	6h	7h	8h
A	90	84.0	80.0	78.5	77.0	76.0	75.0	73.0	72.0
B	1	75.0	74.0	73.5	73.0	73.0	73.0	72.0	71.0
C	1	71.5	71.0	71.5	71.0	71.0	71.0	70.5	70.5
A−B		9.0	6.0	5.0	4.0	3.0	2.0	1.0	1.0
A−C		12.5	9.0	7.0	6.0	5.0	4.0	2.5	1.5

注:①铺茧置1.5粒;②目的温度为 71℃。

资料来源:王天予,1983。

表 5-2 温差最大 A 减 B 是 9℃,A 减 C 是 12.5℃。在烘茧过程中,为了维持感温一定,室温也就降低 12℃,运用了逐渐降低的方法。这是烘茧温度要逐步降低的主要根据之一。

烘茧温度的高低与温差的关系,据有些经验介绍,室温和感温的差距,是依室温的高低而变化,室温越高,温差越大,反之则小。在近全干阶段,差距逐步接近(表 5-3)。

表 5-3　室温与感温的差距变化

烘茧温度(℃)	相对温度(%)						
	95	90	80	70	60	50	40
115.5	38.0	35.5	34.0	34.0	34.0	29.0	19.0
105.0	39.5	27.5	25.5	25.5	25.0	23.0	16.0
93.0	45.0	22.0	20.0	20.0	20.0	19.0	13.0
82.0	21.5	19.0	18.0	18.0	17.5	16.0	11.0
71.0	16.0	15.0	13.0	13.0	13.0	12.5	7.5

注:根据图表曲线改写,只示趋势。

资料来源:王天予,1983。

(七)干燥方法

生产中蚕茧干燥方法有直干法和再干法。

1.直干法

从鲜茧一次烘干到适干茧,称直干法。此法不经过头冲的出灶与二冲的再次进灶复烘,用热经济,人工也省,对茧质损伤较少。但对大面积生产中的 73-1 型直接热煤灶,虽装有风扇,由于茧格中蚕茧不能翻动,受热易不匀,会产生干燥斑,如温湿度等工艺条件配置欠适当,则受害更大,对缫丝带来不利。另外,由于每次烘茧时间延长,设备利用率低,故一般不采用此法。只有在茧源少,或收茧的初期和结尾,为了衔接烘力,在节省燃料的情况下,使用此法。其操作务必精细,温度前高后低,根据湿多多排、湿少少排的原则进行干燥。

2.二次干法

二次干法也称再干法,即鲜茧分两次进灶烘成干茧。第一次干燥的茧,烘成鲜茧重量的 60%~65%,烘率约六成干。堆放一定时间、适当还性后,再第二次进烘。烘去应该排除的水分而成适干,标准烘率约 42%~44%。

此法主要优点是,可发挥干燥设备的利用率,同时在烘茧设备差、受热不均匀的条件下,在半干茧处理中,给予还性处理,能缩小不均匀开差,提高干燥的均匀程度。

从发展看,今后在干燥设备方面必须逐步过渡到机械化、自动化,以提高工作效率。对于干燥蚕茧的工艺要求也必将采用一次干燥法(直干法),以利提高质量,提高劳动生产率。

<h1 align="center">第二节　蚕茧干燥规律及原理</h1>

一、鲜茧的含水情况

鲜茧中含有大量水分,一般鲜茧层的含水率在 11%~16%,烘至适干茧还性后,茧层含水率在11％～12％。鲜蛹体的含水率在74％～78％,烘至适干还性后蛹体含水率为12％～15％。鲜全茧的含水率在59％～62％,而其中大部分均是蛹体水分。因此,烘茧时主要是烘去蛹体的水分,这是干燥的主要对象。

在实际烘茧中,由于茧层在外,蛹体在茧腔内,故茧层先受到高温空气作用而蒸发水分,然后才由茧层把热能传递给蛹体,茧层的水分蒸发后,蛹体中的水分就扩散到茧腔,经过茧层表面蒸发散湿而逐渐干燥。蛹体内水分的扩散比茧层的表面蒸发缓慢,因蛹体表面的水分蒸发后,其内部水分不能及时扩散至蛹体表面,故蛹体的干燥远比茧层困难。茧层表面蒸发与内部扩散两者必须配合协调,否则常因表面蒸发大于内部扩散,茧层丝胶易受损伤而变性。故在蚕茧干燥过程中,必须从茧层和蛹体不同的含水情况以及排除水分速度不同的特点出发,制订合理的烘茧工艺条件,使之既能烘去蛹体适量水分,又能保护茧层解舒的要求。

二、蚕茧干燥原理

蚕茧干燥是以空气作为介质,提高温度将原来湿度较大的空气变为湿度较小的干燥空气,降低其湿度,导致蚕茧与空气间形成温度梯度和湿度梯度,使鲜茧中的水分子向空间不断蒸发。蚕茧周围的干热空气则对鲜茧产生充分的干燥能力,促使鲜茧、蛹体中水分子的动能加大,运动速度加快,增加向外扩散与蒸发能力,根据湿热空气比干燥冷空气重的原理,茧腔和干燥室,以及干燥室内外,均产生热对流和交换,只要不断补充干热空气,就能达到烘干鲜茧的目的。

在鲜茧干燥中,由于茧层具有多孔性,其内层的扩散阻力小、含水率又少,故干燥速度比较快,其后依靠蛹体汽化水分的扩散作用,通过茧层而使它保持一定的湿度,使其不致失水过干。蚕蛹在干燥中最初因茧层的蒸发,减少其表皮层水分,并破坏其表层蜡质层,由于其表面和内部水分的含量差,水分多、浓度高的向含量少、浓度低的方向扩散,近蛹体表皮层内的水分向表皮移动,造成茧层水分递减,又由内层水分继续向其外层移动,最后达到蛹体内部中心部位水分向蛹体外层移动。这种蛹体内的水分向外移动现象,称为内部扩散,茧层表面蒸发到灶内干热空气中,称为表面蒸发。鲜茧的含水量,就是由这两种不同作用,达到平衡干燥。

内部扩散和表面蒸发交替发生作用,根据蚕茧干燥程度,温湿度的高低,有时以表面蒸发为干燥主体,有时以内部扩散为干燥主体,交替支配着干燥速度。这就是说,当干燥中水分的蒸发在蛹体外表层进行时,内部扩散抵抗比较小,其干燥速度主要被支配于表面蒸发抵抗;反之,随着干燥作用的进行,蛹体内部水分渐次减少,外表层因干燥收缩,产生干燥层,内部水分扩散渐趋困难,干燥速度放慢,此时干燥速度,主要被支配于内部扩散抵抗。干燥速度主要受热空气与蚕茧表面的温度差及饱和水蒸气压力与干燥介质的水蒸气分压差(即湿度、风速)所支配。也就是说,在其他条件相同的情况下,提高干燥介质的温度,增大温差,或是降低湿度,合理增加风速,以减小干燥介质的水蒸气分压,增大压力差,均能增大干燥速度,促进干燥,提高干燥效率。

三、蚕茧干燥规律

蚕茧的干燥与一般固体颗粒状湿物料的干燥规律相似,整个干燥过程可划分为预热、等速和减速三个阶段,减速阶段中又可分为第一、第二两个阶段。

将鲜茧放在某一恒定的干燥条件下干燥,测定其烘率与时间的关系,便可得到干燥速度的变化规律。干燥规律是按三个阶段进行,用干燥曲线表示。现举国内外资料说明,如图 5-2 及表 5-4 所示。

（一）在定温条件下的干燥曲线

定温条件分 120℃、110℃、100℃及 90℃四区,其基本规律大致相似,但减速开始出现临界点的干燥程度不同;120℃区烘率为 61%;110℃区为 66%;100℃区为 65%;90℃区为 61%。同时到达平衡干燥程度所需时间也不同,120℃区只要 5.5h;110℃区需要 6h;100℃区需要 7.5h;90℃区则需要 9.5h。浙江丝绸科学院(1974)的测试结果如图 5-2 所示。

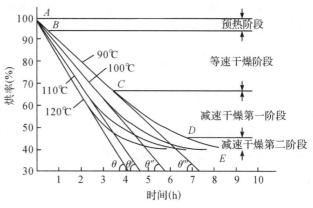

图 5-2 中的 AB 线段为预热阶段,鲜茧吸热主要用于提高本身温度,水分蒸发极少。BC 线段呈直线,其水分蒸发量与时间成正比例变化,为等速阶段。C 点为等速、减速两阶段的分界点,又称为临界点。CE 线段呈曲线,为减速干燥阶段,随着干燥时间增加,干燥速度逐渐变慢。A 点为干燥始点,D 点为由减速第一阶段转入第二阶段之点,E 点为干燥终点,即平衡烘率点。tgθ>tgθ′>tgθ″>tgθ‴,即干燥速度 120℃区>110℃区>100℃区>90℃区。

图 5-2　定温条件下干燥曲线

（二）蚕茧干燥速度试验

根据日本松本介进行的干燥速度试验(见表 5-4),取鲜茧 201.5g,在空气温度 75℃、相对湿度 8%、空气速度 3m/s 的条件下,进行定温干燥一直到平衡干燥后,茧重量为 80g,干量为 73.43g。

表 5-4　干燥速度试验

干燥时间 (h)	蒸发水分 (g/h)	鲜茧重量 (g)	干燥速度 (g/h·粒)	总蒸发水分 (g)	蛹体温度 (℃)	茧层温度 (℃)	茧腔温度 (℃)	干燥程度 (%)
0	0	201.5	0	0	34.0	52.0	43.0	100.0
1	23.0	178.5	0.2527	23.0	61.0	72.0	67.0	88.6
2	21.0	157.5	0.2308	44.0	61.0	72.0	67.0	78.2
3	21.0	136.5	0.2308	65.0	61.0	72.0	67.0	67.7
4	18.0	118.5	0.1978	83.0	62.5	73.5	69.0	58.8
5	15.0	103.5	0.1648	98.0	64.5	74.0	71.0	51.4
6	11.5	92.0	0.1268	109.5	68.0	74.5	73.0	45.7
7	7.5	84.5	0.0824	117.0	71.0	74.8	73.0	41.9
8	3.5	81.0	0.0385	120.5	73.0	75.0	74.0	40.2
9	1.0	80.0	0.0110	121.5	73.5	75.0	74.0	39.7

资料来源:松本介,1984。

以上试验说明:①1～3h,蒸发水分量最多,每小时的蒸发量也较接近,各为23g、21g、21g,差距不大,基本保持一定,所以称为等速干燥阶段;②4～6h,蒸发量开始转少,第4h已从第3h的21g减为18g,第5h减为15g,第6h减为11.5g,所以称减速干燥第一阶段;③7～9h,蒸发量最少,下降趋势更大,分别为7.5g、3.5g、1g,所以这阶段称为减速干燥第二阶段。

以上定温干燥曲线及干燥速度试验一致说明了整个干燥过程存在着预热、等速干燥及减速干燥三个阶段的规律,现将其各阶段的特点分述如下:

1. 预热阶段

鲜茧进入干燥室后,茧体受热升温,茧层水分随着升温逐渐开始蒸发。同时,热能通过茧层进入茧腔,达到一定温度后,烘死蛹体,破坏其表皮蜡质层组织,并使蛹体温度继续升高,蛹体内的水分不断扩散,水分蒸发逐渐进入旺盛期。此阶段的热量主要用于鲜茧的加热和烘死蚕蛹,直到传给茧体的热能与用于其水分扩散、汽化的热量间达到平衡为止,使干燥速度很快增加到某一个最大值。

2. 等速干燥阶段

此阶段蛹体水分很快在茧腔内汽化,并通过茧层向外蒸发,由于温度梯度与湿度梯度方向相反,使茧层表面附近处逐渐形成一层湿气膜,茧层水分的蒸发要消耗热量,故室温要高于茧层感温,茧层感温又高于蛹体温度,形成温度梯度。

等速干燥阶段的特点是水分发散很快,茧层表面的蒸汽压约等于液体表面的蒸汽压(它远远大于周围介质中的水汽分压)。它的蒸发速度与自由液面基本相似,此阶段蛹体水分能大量而迅速地供给茧层,保持着一定的湿度梯度,使其不至于失水过干。在此期间,热量几乎全部用于水分的蒸发。热量的流入速度,大致保持一定。而且鲜茧含水量的减少与时间成正比,即每一单位时间内的水分蒸发量,占整个干燥过程中水分蒸发总量的百分率大致相等,故称等速干燥阶段(也称恒率干燥阶段)。

3. 减速干燥阶段

随着鲜茧含水率的逐渐减少,蛹体水分的蒸发由表层逐渐深入到内部,扩散渐趋困难,蛹体内部扩散作用逐渐落后于茧体表面的蒸发速度,因而蚕茧的干燥速度,就随着时间的推移而逐渐转慢,干燥就进入减速阶段。

减速干燥阶段的特点是水分蒸发量和用于蒸发的热量消耗逐渐减少、湿度梯度逐渐减弱、茧层表面附近的湿气膜也逐渐开始消失。流入热量的一部分,则被用于蚕茧加热的显热部分,导致茧体温度逐步升高,而干燥速度却渐趋缓慢,以至蚕茧达到平衡水分时,室温、茧层和蛹体温度三者几乎趋向一致,干燥速度等于零。鲜茧的干燥经过曲线如图5-3所示。

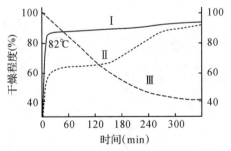

图5-3　鲜茧的干燥经过曲线

Ⅰ.茧层温度　Ⅱ.蛹体温度　Ⅲ.干燥温度

(成都纺织工业学校,1986)

此阶段干燥室内热空气的温度渐次降低、相对湿度渐次升高、风速渐次减小,以降低表面汽化速率,使水分的内部扩散与表面汽化基本平衡,相对湿度适当增加,使茧层不致处于过干状态,以缓和热能对茧丝的影响。由于这一阶段的水分蒸发量随着时间而渐减,每一单位时间内的水分蒸发量占干燥总失去水分量的百分率愈来愈少,所以又称为减率干燥阶段。减速阶段所占时间比等速阶段长而蒸发的水分量却很少。

鲜茧干燥的预热阶段约为半小时。等速阶段与减速阶段之间有一个明显的分界点,称为临界点。即其内部扩散作用逐渐落后于表面汽化速度、干燥速度也开始转慢时,一般在烘率到达 63% 左右出现,此时虽然蛹体内部仍然潮湿,但其表面已经开始干燥收缩而产生凹陷、曲翘等变形现象。在烘率到达 45% 左右时,减速干燥即由第一阶段转入第二阶段,这时干燥层增厚,干燥速度愈趋缓慢。目前,烘茧作业中的头冲阶段,一般就包括预热和等速两个阶段;二冲阶段就相当于减速阶段。

四、影响蚕茧干燥与茧质的因素

蚕茧干燥主要依赖干燥温度、湿度、气流,它们是决定蚕茧干燥速度和保全茧质的主要因素,因此也被称为蚕茧干燥"三要素"。除此之外,蚕茧干燥设备、铺茧的厚度和数量、加煤量、煤质以及茧处理等工艺条件也均会影响蚕茧干燥的均匀度和茧质。为了在不影响茧质的前提下达到蚕茧干燥,须结合蚕茧干燥各阶段的特点,正确、合理地使用三要素以及其他工艺条件。

(一)温度

1.温度对鲜茧干燥速度的影响

温度对鲜茧干燥速度的影响很大,在等速干燥阶段,如果热空气的热量完全用于蒸发水分,则蚕茧表面的水分蒸发量 dw 与传给蚕茧的热量 dQ 成正比,用微分公式表示如下:

$$dQ = rdw \qquad\qquad (1)$$

式中:Q 为传给蚕茧的热量(J);w 为被蒸发的水分量(kg);r 为水的汽化热(J/kg)。

根据热交换定律,传给蚕茧的热量 dQ 来自热空气,

则 $$dQ = \alpha F(T_{h \cdot a} - T_{c \cdot f})dt \qquad\qquad (2)$$

式中:α 为传热系数(W/m²·K);F 为蒸发面积(m²);$T_{h \cdot a}$ 为热空气温度(℃);$T_{c \cdot f}$ 为蚕茧表面温度(℃);t 为干燥时间(h)。

将(2)式代入(1)式可得:

$$dw = \frac{\alpha}{r}F(T_{h \cdot a} - T_{c \cdot f})dt \qquad\qquad (3)$$

因此,根据 $V = \dfrac{dw}{Fdt}$ 的公式可得干燥速度 V 为:

$$V = \frac{dw}{Fdt} = \frac{\alpha}{r}(T_{h \cdot a} - T_{c \cdot f}) \qquad\qquad (4)$$

以 $K_T = \dfrac{\alpha}{r}$ 为推动力用温度表示的汽化系数,则(4)式可写成:

$$V = K_T(T_{h \cdot a} - T_{c \cdot f}) \qquad\qquad (5)$$

由此可知,在其他条件(如湿度、风速等)相同情况下,干燥介质的温度 $T_{h \cdot a}$ 越高,相对湿度越低,水蒸气的分压也越低,蚕茧表面的水蒸气压力与空气中水蒸气分压的差距就增大,也即饱差增大,蚕茧表面的水分子更容易跃迁到空气之中,因而能加速干燥作用。但具体掌控温度时,应根据各阶段蛹体含水量的特点来确定。一般头冲以 105~110℃ 为宜,最高不超过 115℃,二冲以 90~100℃ 为宜。

蒸发水分一般有提高温度或降低湿度来增大饱差两种方法，尤以提高温度增大饱差的效果显著，能加速蚕茧干燥。但空气温度的升高是有限度的，必须与此同时降低水蒸气的分压，扩大压差，加速排湿与空气流动以提高干燥效率，加速干燥。即开大排气口排湿或加快风扇速度以增加空气流动。这是不可忽视的措施。空气温度与干燥速度的关系，见图5-4。空气温度越高，相对湿度越低，则干燥速度越快。干燥空气温度对蚕茧干燥速度的影响，在等速干燥阶段（曲线Ⅰ）非常明显，当进入减速干燥时最初阶段（曲线Ⅱ）是有相当大的影响，随着含水率的减少，其影响逐渐变得微弱（曲线Ⅲ）。

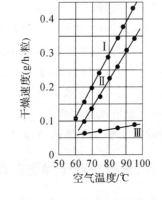

图5-4　空气温度与干燥速度
（松本介，1984）

图5-4中，曲线Ⅰ的自由含水率70%，曲线Ⅱ的自由含水率30%，曲线Ⅲ的自由含水率5%。

干燥室内的温度高低，关系到干燥速度及干燥效率的高低。在当前蚕茧干燥中，主要依靠在不损伤茧质的范围内，提高干燥空气的温度来达到目的，

烘茧温度在实践允许范围内，愈高则干燥速度就愈快，干燥时间也愈短。1973年晚秋期，浙江省烘茧科研小组用砖砌小土灶，利用自然温差换气进行试验，其结果见表5-5。

表5-5　温度对鲜茧干燥速度的影响

干燥速度指标	温度(℃)			
	120	110	100	90
到达烘率(%)	61	66.7	65.2	60.9
经过时间(h)	2	2	2.5	3.5
到达烘率(%)	40.1	39.9	40.3	40.1
经过时间(h)	4	5	6	7.5
到达平衡烘率(38.4%)所需时间(h)	5.5	6	7	9.5

资料来源：黄国瑞，1994。

表5-5中说明，到达平衡烘率38.4%所需时间，120℃高温区比90℃低温区要缩短4小时。因此，在不影响茧质的前提下，采用高温烘茧较好。但是鲜茧有其特殊性，如温度超过合理的范围，就会导致茧层丝胶的变性作用过大、影响解舒和降低结合水分、伤害丝素，影响茧质。据浙江省桐乡县洲泉茧站于1971年进行的秋茧试验，二冲煤灶壁温122～125℃，实烘3h25min，上层茧格的面层茧已经发黄，说明感温已达130℃以上，缫丝时落绪突增，解舒仅38.66%，比一般正常温度烘的茧，其解舒率降低20%以上，生丝也略带黄色，强伸力降低，影响生丝质量而降级。

2.干燥温度与茧质的关系

干燥温度的高低将对茧层丝胶发生变性作用，烘茧温度引起茧质变化大多是由等速干燥阶段的温度配置所决定，特别是湿热的影响在这一阶段比较显著。注意不要使茧层的通气性变坏。茧丝受热的高低、时间的长短，也决定变性的程度大小，温度越高，作用时间越长，丝胶变性越厉害，丝胶逐渐失去亲水性，减低溶解度，使茧的解舒率降低。如温度掌控适当，茧层丝胶受热后，其溶解度可适当抑制，增强煮茧的抵抗力，达到补正茧质的作用。

如低温烘茧,茧丝受低温作用,接触湿热时间过长,丝胶变性虽少,即所谓低温长烘,对茧质也有一定影响,而且设备利用率降低。

据日本松本介试验,使用高温区、普通区在热风式烘茧机与对照区在汽热式烘茧机进行头、二冲烘茧试验,分别用 6h、7h 及 7.5h 烘成适干茧。经缫丝后,其缫丝成绩摘录一部分见表5-6。

表 5-6　不同烘茧温度的缫丝成绩比较

试验区	茧丝长 (m)	解舒丝 长(cm)	解舒率 (%)	鲜茧出丝 率(%)	丝胶溶解 氮量(%)	洁净 (分)	强度 (gf/d)	伸长度 (%)	抱合 (次)
对照区 55～96℃(汽热式)	1196	892	74.9	17.94	0.50	92.1	3.78	20.6	75.0
普通区 55～96℃(热风式)	1216	951	78.5	18.28	0.65	90.9	3.85	21.0	88.3
高温区 51～104.5℃(热风式)	1208	929	77.2	18.16	0.57	92.3	3.85	20.7	85.7

注:①供试茧原料为日本晚秋茧;②普通区热风7h全干,高温区热风6h全干;③铺茧厚度2.5粒;④空气流速 0.15m/s;⑤按 gf/d=0.88CN/dtex 换算。

根据表5-6的缫丝成绩可知,烘茧温度普通区的茧解舒良好,洁净成绩差。即热风烘茧中如不用较高的温度,不能给予丝胶合理的变性,使茧质稳定,则不能减少颣节。因此在临界含水率的范围内,只要不损伤茧质,用高温进行烘茧对提高烘茧能力是有利的。且为了减少丝条故障,提高洁净成绩,日本有采用高温烘茧的倾向。在热风烘茧中,最高温度的界限可接触 115～120℃。汽热式烘茧时,由于辐射热关系会使茧质变性大,造成烘茧不匀,因此最高温度以 105℃左右为限。

3.干燥温度的配置

烘茧温度是使茧层丝胶产生热变性的最大因素,因此烘茧过程中必须充分考虑温度配置与烘茧时间的关系。浙江省烘茧科研小组于1973年和1974年,用特造小土灶(无风扇)对干燥温度的配置进行了头、二冲不同配温的试验,分 100—100℃、110—90℃、120—80℃ 三种配温,其解舒成绩以 110—90℃组较好,其次是 120—80℃,但 100—100℃较差。为什么头冲采用110℃及120℃高温的解舒成绩均表现较好,而100℃的较差呢?从蚕茧干燥特性看,在等速阶段(即生产上的头冲阶段),需要较多的潜热用于蒸发水分。使用较高的合理温度蒸发大量水分,这样做不仅可以消灭胖蛹,有利于提高干燥效率,不损伤茧质,而且能促进迅速排湿,减弱茧腔内湿热对丝胶蛋白质的变性作用,所以解舒比较优良。同时,此阶段排湿量大,湿空气带出热量也多,必须以允许范围内的高温不断补充热量,维持水分的等速蒸发。采用100℃组,对等速阶段来说似乎嫌低,而在减速阶段也采用100℃又嫌太高。这对茧的质量来说是不利的。因此,烘茧温度必须根据蚕茧干燥各个阶段的不同含水量和特性进行配置,按干燥规律进行为宜。

总之,烘茧温度的配置,既要避免高温急干,又要防止低温长烘,以保全茧质,使传热得到经济利用。烘茧温度应根据蚕茧干燥程度,合理配温。在等速阶段,应保持目的高温。根据我国现有的干燥设备条件,在等速阶段以 105～110℃实行平温烘茧,直到烘率达到 60% 时止。减速干燥阶段,水分已大部分蒸发,因此配温要逐渐降低,特别是烘率到达 45% 以下时,茧内自由水分已很少,温度更应逐渐降低。如分头冲与二冲烘茧,在二冲时半干茧经过还性,粒茧间含水率基本接近,含水率也还高,故进灶后可逐渐提高到100℃左右,接近烘率45%时,应由 100℃逐渐减为90℃左右,从 90℃左右到适干出灶,应逐渐降低到85℃,最好能降至

80℃以下。如热风式干燥设备则可略高 3～5℃,但减速干燥阶段必须降到 80～85℃,机灶出灶时应低至 65～70℃,以防丝胶变性加剧,解舒恶化。我国几种主要常用灶型的温度配置见表 5-7,供参考。

表 5-7　常用灶型的温度配置

冲别	阶段	73-1 型风扇灶	推进式烘茧灶	热风循环式烘茧灶
头冲(℃)	前阶段	102～107	110	105～110
	后阶段	102～107	100	100～105
二冲(℃)	前阶段	93～102	100	90～100
	后阶段	85～90	95	80～90
出灶	出灶前 0.5h	降到 85℃以下	降到 90℃以下	降到 75℃以下

日本几种干燥机的温度配置方面有偏高的倾向,认为使用高温干燥,对减少丝条故障,提高干燥能力和节约原料等均有利,在不过分影响茧质的前提下,可以提高干燥初期温度。日本干燥机的温度配置见表 5-8。

表 5-8　日本干燥机的温度配置

干燥机型	干燥温度(℃)			干燥时间 (h)	烘率 (%)
	干燥开始	干燥中	干燥终了		
大和式热风干燥机(10 段)	122	85	50	5:30	43.0
新田端式热风干燥机(10 段)	115～120	95	65～70	5:30	42.5
田端式蒸汽干燥机(8 段)	110	90	60	5:30	40.0

注:摘自日本松本介,《茧干燥理论和实态》中春期的干燥温度。

4.烘茧耗热量的概算和示例

见表 5-9。

表 5-9　烘茧耗热量概算和示例

计　算　式	示　例
1.蒸发水分耗热量(Q_1) 　　$Q_1 = G_3(i_2 - i_1)$ 　　$i_2 = 595 + 0.47t_2$ 　　$i_1 = Ct_1$ 式中:G_3 为蚕茧烘去水分量(kg)($G_3 = G - G'$); 　　G 为鲜茧重量(kg); 　　G' 为适干茧重量(kg); 　　i_1 为进灶温度时蚕茧水分的含热量(kcal/kg); 　　i_2 为烘茧温度时水蒸气的含热量(kcal/kg); 　　C 为水的比热(kcal/kg·℃); 　　t_1 为进灶温度(℃); 　　t_2 为烘茧温度(℃)。	以烘鲜茧 100kg 为例 $G_3 = 60$(烘率 40%) $C = 1$ $t_1 = 28$ $t_2 = 100$ $i_2 = 595 + 0.47 \times 100$ 　　$= 642$(kcal/kg) $i_1 = 28 \times 1 = 28$(kcal/kg) $Q_1 = 60(642 - 28)$ 　　$= 60 \times 614$ 　　$= 36840$(kcal)

续　表

计　算　式	示　例
2.蚕茧耗热量(Q_2) 　　$Q_2 = G_1 C_1 \Delta t + G_2 C_2 \Delta t$ 　　$\Delta t = t_2 - t_1$ 式中:G_1 为干茧重量(kg); 　　　C_1 为干茧比热(kcal/kg · ℃); 　　　Δt 为温差(℃); 　　　t_1 为进灶时灶内温度(℃); 　　　t_2 为出灶时灶内温度(℃); 　　　G_2 为适干茧含水分重量(kg); 　　　C_2 为水的比热(kcal/kg · ℃)。	$G_1 = 36$ $G_2 = 4$ $C_1 = 0.37$ $C_2 = 1$ $t_1 = 28$ $t_2 = 85$ $\Delta t = 85 - 28 = 57$ $Q_2 = 36 \times 0.37 \times 57 + 4 \times 1 \times 57 = 987$(kcal)
3.排气耗热量(Q_3) 　　$Q_3 = g C_3 \Delta t$ 　　$g = \dfrac{G_3}{\Delta d} \times 1000$ 　　$\Delta d = d_2 - d_1$ 式中:g 为换气量(kg); 　　　G_3 为蚕茧烘去水分量(kg); 　　　Δd 含湿量差(g/kg); 　　　d_1 为空气最初含湿量(g/kg); 　　　d_2 为空气最终含湿量(g/kg); 　　　C_3 为烟道气的比热(kcal/kg · ℃); 　　　Δt 为温差(℃)。	$G_3 = 60$ $d_1 = 16.28$($t_1 = 28℃$, $\varphi_1 = 70\%$) $d_2 = 72.34$($t_2 = 85℃$, $\varphi_2 = 70\%$) $\Delta d = 72.34 - 16.38 = 55.96$(g) $g = 60 \times 1000 \div 55.96$ 　$= 1072$(kg) $C_3 = 0.25$ $\Delta t = 57$ $Q_3 = 1072 \times 0.25 \times 57$ 　$= 15276$(kcal)
4.茧车耗热量(Q_4) 　　$Q_4 = G_4 C_4 \Delta t$ 式中:G_4 为茧车重量(kg); 　　　C_4 为茧车材料比热(kcal/kg · ℃); 　　　Δt 为温差(℃)。	$G_4 = 90$ $C_4 = 0.11$ $\Delta t = 57$ $Q_4 = 90 \times 0.11 \times 57$ 　$= 564$(kcal)
5.茧格耗热量(Q_5) 　　$Q_5 = G_5 C_5 \Delta t$ 式中:G_5 为茧格重量(kg); 　　　C_5 为茧格材料比热(kcal/kg · ℃); 　　　Δt 为温差(℃)。	$G_5 = 48$(每只茧格自重1.6kg,每车30只) $C_5 = 0.3$ $\Delta t = 57$ $Q_5 = 48 \times 0.3 \times 57 = 821$(kcal)
6.烘茧总耗热量($\sum Q$) 　　$\sum Q = (Q_1 + Q_2 + Q_3 + Q_4 + Q_5) \times (1+b)$ 式中:b 为热损失率(%)。	$b = 10\%$ $\sum Q = (36840 + 987 + 15276 + 564 + 821) \times 110\%$ 　$= 59937$(kcal)

　　注:①以上耗热量计算,对于干燥室四周传导热损失、密闭不严热损失、进出灶开门热损失、炉膛、地弄热损失等,都未列项目进行计算,一般可在热损失率中考虑。②以上耗热量计算单位中的千卡×4.1868即可换算成法定计量单位千焦耳。上述公式应根据热力学法定计量单位公式确定后再定。

　　资料来源:浙江省丝绸公司,1987。

（二）湿度

　　蒸发水分促进蚕茧减湿干燥,可以用提高温度和降低湿度两个办法来增大蚕茧表面的水蒸气压力与空气中水蒸气分压的差距(即饱差),使蚕茧表面的水分子便于跃迁至空气中,加速干燥作用。其中,提高温度加速干燥的效果较显著。湿度的降低可促使蛹体中水分大量扩散蒸发,透过茧层发散到干燥室内,对茧的干燥速度也起着重要作用,对茧质的影响也很大。

　　1.湿度与干燥速度

　　在蚕茧干燥中,空气的温度及速度一定,改变相对湿度进行干燥时,随着相对湿度的减少,在自由含水率还多的等速干燥阶段,湿度的影响显著,其水分蒸发呈直线状增加,在减速干燥第一阶段,湿度的影响逐渐减小,至减速干燥第二阶段其影响极微。如在同一干燥阶段,同样温度及风速的条件下,湿度是决定蚕茧干燥的主要因素,相对湿度低的,则蒸发速度快、干燥容易、烘茧能力提高;反之,干燥不易,烘率低。降低相对湿度可用升温与换气减湿两种方法来达到。对干燥速度而言,换气减湿的效果小于升温;但对茧质而言,湿度作用却大于温度。

　　在烘茧过程中,影响蚕茧干燥速度的另一个重要因素,可以蒸发温度相对应的饱和水蒸气压力(P_s)和干燥介质中水蒸气分压(P_d)的差值来表示,用微分式表示如下:

$$V=\frac{\mathrm{d}w}{F\mathrm{d}t}=K_p(P_s-P_d)$$

式中:K_p为推动力用水蒸气压力表示的汽化系数,P_s为饱和水蒸气压力,P_d为干燥介质中的水蒸气分压;P_s-P_d称为饱差,它和温差($T_{h\cdot a}-T_{c\cdot f}$)一样是提高干燥速度的另一因素。$P_s$随温度升高而异。温度高则$P_s$增大,温度低时$P_s$减小,但有限制。因此,开大排气筒排湿与加快风扇转速以增加空气流动,来降低P_d,增大P_s-P_d的饱差;如合理调节可提高干燥效果。在不同温湿度条件空气中的水蒸气分压大致如表5-10。

表 5-10　不同温湿度条件下空气中水蒸气的分压　　　　　　（单位:kPa）

温度	相对湿度(%)										
(℃)	100	90	80	70	60	50	40	30	20	10	0
0	0.61	0.55	0.49	0.43	0.37	0.31	0.24	0.18	0.12	0.06	0
60	19.93	17.94	15.95	13.95	11.96	9.97	7.97	5.98	3.98	1.99	0
70	31.20	28.08	24.96	21.84	18.72	15.60	12.48	9.36	6.24	3.12	0
80	57.80	42.60	37.86	33.13	28.40	23.66	18.93	14.20	9.47	4.73	0
85	70.13	52.02	46.24	40.46	34.68	28.90	23.12	17.34	11.56	5.78	0
90	84.53	63.12	56.10	49.09	42.08	35.06	28.05	21.04	14.03	7.01	0
95	84.53	76.07	67.62	59.17	50.72	42.26	33.81	25.36	16.91	8.46	0
100	101.33	81.19	81.06	70.93	60.80	50.66	40.53	30.40	20.27	10.14	0

从表 5-10 中可以查出：

温度(℃)	相对湿度(%)	饱差(kPa)
70	40	12.48
70	10	3.12
90	40	28.05

说明在上列温湿度不同条件下，当温度不变，湿度下降 30% 时，饱差为原来的 1.5 倍，如湿度不变，温度上升 20℃ 时，则饱差约为原来的 2.25 倍，证实要促使蚕茧干燥速度增快，用升高温度的办法比用降低湿度的办法效果来得好。但温度的升高，要考虑对茧质的影响，不能片面地升高，还须注意排湿。

鲜茧干燥初期，温度是主要矛盾，需先加热到一定程度，烘死蛹体，才能加快水分子汽化。随着温度的升高、时间的延长、汽化作用的加强，干燥室内的绝对湿度也随之增大，如不及时排湿，湿气膜加厚，湿度就上升为主要矛盾，室内呈多湿状态，甚至趋向饱和程度。这时，空气中水蒸气量多，减少了干燥作用。所以，除升温提高蚕茧的蒸汽压力外，还必须及时排除蒸发出的水分量，以降低空气中的蒸汽分压。同时，蚕茧表面存在"湿气膜"，此湿膜越厚、传热越慢、散湿也越少，大大影响干燥速度。所以，温度一定时，湿度的多少，对蚕茧干燥起着决定作用。当干燥室内接近饱和时，为了降低相对湿度，除提高空气温度外，还须不断地排除湿空气，补充干燥的热空气，以期合理地缩短烘茧时间，提高干燥效率，及保护茧质。

在相同温度、气流和时间的条件下，进行鲜茧干燥试验，使用空气的相对湿度愈低，鲜茧干燥速度则愈快，反之，则愈慢（表 5-11）。

表 5-11　相对湿度对鲜茧干燥速度的影响

条件	相对湿度(%)			
	6	10	15	20
经 2h 烘率(%)	77.04	79.31	80.80	82.83
经 4h 烘率(%)	57.28	60.84	63.50	66.92
经 6h 烘率(%)	43.95	47.54	49.80	52.78
经 8h 烘率(%)	39.90	40.86	41.40	44.44
试验条件	温度 75℃，空气流速 2m/s			

资料来源：松本介，1984。

由表 5-11 可知，相对湿度 6% 区与 20% 区比较，同样经 8h，后者烘率比前者约大 4.5%。

2.湿度的测定

利用干湿球温度计测定热空气的湿度，它可测定 100℃ 以上热空气的相对湿度。这是目前测湿法中最简单及经济的方法。空气的相对湿度 $RH(\%)$ 为：

$$RH(\%) = \frac{P_d}{P_s} \times 100$$

式中：P_d 为空气中水蒸气的分压(Pa)；P_s 为空气温度下水蒸气的饱和压力(Pa)。

在蚕茧干燥中，当空气温度超过大气压力下水的沸点时，P_s 则以大气压力代入之。空气中水蒸气的分压 P_d，一般不能直接用湿球温度计的读数相对应的饱和水蒸气压力代入，而应以下式计算：

$$P_d = P_w - A(t - t_w)$$

式中：P_w 为与湿球温度计读数相应的饱和水蒸气压力（Pa）；t、t_w 分别为干、湿球温度计读数（℃）；$(t-t_w)$ 为干湿球温度差数；A 为湿度计校正系数。

当空气流速 $V \geqslant 0.5\text{m/s}$ 时，校正系数 A 用下式计算为可靠：

$$A=0.00001\left(65+\frac{6.75}{V}\right)P$$

式中：V 为空气流速（m/s）；P 为大气压力（Pa）。

从式中可以看到，干湿球温度和大气压力一定的条件下，空气流速越高，校正系数 A 就越小，P_d 与 P_w 就越接近。其计算方法如下：

例如，干燥室内空气的干球温度为 95℃，湿球温度为 54℃、空气流速为 0.5m/s、大气压力为 101325Pa，由此可以求得：

$$A=0.00001\left(65+\frac{6.75}{0.5}\right)\times101325=79.54$$

$$P_w=15000\text{Pa}；P_s=84513\text{Pa}，t=95℃；$$

$$t_w=54℃$$

则

$$RH(\%)=\frac{P_w-A(t-t_w)}{P_s}\times100\%$$

$$=\frac{15000-79.54(95-54)}{84513}\times100\%$$

$$=13.89\%$$

按照上述计算方法，可以对不同风速、不同的干湿球示度制定出常用高温空气湿度表以便查阅。

3. 湿度与茧质

关于湿度对茧质的影响，多数蛋白质在 55~60℃ 开始略有变性，而丝胶蛋白质在 60~90℃ 的干燥状态时，影响较小；但在有水分存在时，则大大提高变性程度。故湿度在参与温度一起作用下较大，特别是等速干燥阶段，如不充分排湿，使水分子运动非常活泼，导致丝胶分子大量吸水，促进其大分子的空间结构更易变性。无论高温多湿还是低温多湿都会给茧质带来损害，并使茧层失去固有光泽，触感坚硬。反之，采用高温低湿是等速阶段的要求，它能缩短烘茧时间。但若延长到减速后阶段，蛹体水分扩散慢，容易造成茧层失水过多、过干。除增加温度对茧层的影响外，也浪费热量，多耗燃料。若用低温、低湿，虽然影响茧质较少，但时间延长，影响干燥效率，生产上不实用。因此，在烘茧过程中，必须根据鲜茧干燥规律，适时地调节干燥室内的相对湿度，使其随时都能与鲜茧干燥程度的进展相适应，达到干燥既快、丝胶变性又小的目的。

4. 湿度的控制

对湿度控制的原则，要尽量做到湿多多排、湿少少排，排除"湿"而不排"热"。故开排气的时间必须选择适当，太早会浪费热量，太迟又会导致高温多湿，影响茧质。一般鲜茧进灶约经15~20min，茧层水分已逐渐发散而趋旺盛，含水率降低 3%~4%。在此预热阶段内，干燥室内湿度还不高，尚不宜排湿，避免热量浪费。由于蛹体表皮层中蜡质层的熔点为 68℃。因此，当干燥室内空气升高到 82℃壁温时，才能破坏蜡质层表皮的紧密结构，烘死蛹体，体内水分开始大量蒸发。此时，为预热阶段结束和等速阶段的开始。在等速阶段中，由于蚕茧水分大量蒸发，茧层含水率又回升，并受温度梯度与湿度梯度相互反向流动影响，在茧层表面形成一层湿气膜,灶内热空气含湿量升高,相对湿度增大,趋向饱和状态。此时干燥速度受茧面蒸发速度控制,对茧质的影响也很大。因此,必须开足排气口充分排湿。如雨天外气多湿,影响排湿速度时,可以开灶门辅助排湿 1～2 次,时间为 1～3min,以换进较多的干燥空气、降低相对湿度、保持干燥效率。头冲控制在 8%～12%。进入减速阶段后,蚕茧的干燥作用逐渐转入取决于蛹体内部的扩散速度。由于蛹体水分逐渐减少,外表干燥层不断增厚,蒸发渐趋缓慢,蛹体内水分扩散作用往往落后于茧层表面蒸发作用,容易造成失水过干。特别是减速干燥后阶段,灶内空气应适当降温保湿,关闭排给气,使相对湿度保持在 20%～25%,以缓和热对茧丝的影响。

5.换气

在蚕茧干燥过程中,不断向干燥室内输入干热空气,传热给蚕茧,待热空气吸收蚕茧蒸发的水分,又将湿热空气排出室外,这个过程称为换气。如此连续不断地进行,逐渐达到干燥的目的。如果不将已吸湿降温的湿热空气及时排出室外,则室内空气含湿量上升,空气中的水蒸气分压逐渐增大,使饱差减小,干燥速度渐趋缓慢。当饱差为零时,干燥室内的空气就失去干燥能力。湿热空气还会恶化茧质,因此干燥过程中必须换气,控制适当的湿度。尽量做到多排除湿气,少损耗热空气。因此,应按各干燥阶段特点掌握换气量的大小。一般煤灶的换气主要利用风机的机械换气,换气量大小,借开关排给气调节,风扇车子煤灶具体使用方法如下:

(1)排气

头冲进灶 20～30min(壁温达到 82℃时)全开,出灶前全关,二冲进灶 20～30min 全开,后阶段关小,开 1/2,至出灶前 0.5h 全关。在头冲及二冲进灶 1.5h 左右,可视需要开灶门排湿 1～2min(风扇不停)。

(2)给气

头冲及二冲进灶 10min 左右全开,二冲后阶段改开 1/2。转车或出灶时均全关。

6.排气口面积的计算

一般的烘茧设备,干热空气都是由下部进入,通过干燥室内吸湿后由上部排出。在相同温度及压力下,换气量大、干燥作用强,反之则弱。故换气量必须根据各干燥阶段对湿度的要求加以控制,以开放排气口面积的大小来调节。如排气速度一定,换气量与排气面积成正比。关于蒸发水分量、排气量、排气速度及排气面积等的计算及示例,列于表 5-12。

表 5-12　排气量、排气速度及排气面积计算与示例

计　算　式	示　例	
	头　冲	二　冲
1.蒸发水分量(W) $W=(G-G')\times1000/t$ 式中:G 为进灶茧重量(kg); 　　　G' 为出灶茧重量(kg); 　　　t 为烘茧时间(s)。	G(鲜茧)=500 G'(半干茧)=320 $t=3\times60\times60=10800$ $W=(500-320)\times1000$ 　/10800=16.67(g/s)	G(半干茧)=320 G'(适干茧)=200 $t=10800$ $W=(320-200)\times1000$ 　/10800=11.11(g/s)

（续表）

计 算 式	示　例	
	头　冲	二　冲
2.排气的去湿能力(W') 　　$W'=(d_2×\psi_2)-(d_1×\psi_1)$ 式中:d_2 为筒内空气饱和时含湿量(g/m^3); 　　　d_1 为筒外空气饱和时含湿量(g/m^3); 　　　ψ_2 为筒内空气相对湿度(％); 　　　ψ_1 为筒外空气相对湿度(％)。	$\psi_1=70\%$ $\psi_2=16\%$ $d_1=27$(在 28℃时) $d_2=350$(在 85℃时) $W'=(350×16\%)-(27×70\%)=37.1(g/m^3)$	
3.排气量(Q) 　　$Q=W/W'$ 式中:W 为蒸发水分量(g/s); 　　　W' 为排气去湿能力(g/m^3)。	$W=16.67g/s$ $W'=37.1g/m^2$ $Q=16.67/37.1$ 　$=0.45(m^3/s)$	$W=11.11g/s$ $W'=37.1g/m^2$ $Q=11.11/37.1=0.30(m^3/s)$
4.排气速度(V) 　　$V=\dfrac{1}{C}\sqrt{\dfrac{2gH(T_1-T)}{T}}$ 式中:g 为重力加速度(m/s^2); 　　　H 为排气筒高度(m); 　　　T 为排气筒外空气绝对温度(K); 　　　T_1 为排气筒内空气绝对温度(K); 　　　C 为摩阻抵抗系数(一般取 2)。	$g=9.8$ $H=5$ $T=273+28=301$ $T_1=273+85=358$ $C=2$ $V=\dfrac{1}{2}\sqrt{\dfrac{2×9.8×5(358-301)}{301}}=2.15≈2.2(m/s)$	
5.排气面积(A) 　　$A=\dfrac{Q}{V}$ 式中:Q 为排气量(m^3/s); 　　　V 为排气速度(m/s)。	$Q=0.45$ $V=2.2$ $A=\dfrac{0.45}{2.2}$ 　$=0.205(m^2)$	$Q=0.30$ $V=2.2$ $A=\dfrac{0.30}{2.2}$ 　$=0.136(m^2)$

　　资料来源:浙江省丝绸公司,1987。

　　排气面积是以等速干燥阶段的最大换气量为依据确定的,故头冲可全开排气筒;二冲因使用的温度降低,排气速度相应减小,换气量也减小,故适当关小排气筒至二冲后阶段,排气筒可关小或全关。

　　设计排气筒的个数时,则应筒少口径大或筒多口径小,否则会造成干燥不匀,或减弱干燥能力之弊病,一般排气筒直径以 12～20cm 为宜。

（三）气流

　　蚕茧干燥中的气流,分为自然气流与强制气流两种。自然气流是在干燥室顶部和底部分别设置排给气口,由室内外的温度差和排给气口的高低差,使空气的密度不同,引起内外干湿空气的交换作用。例如,煤灶的换气形式,就存在着温度分布不匀和换气作用缓慢的弱点。强制气流是利用机械力,搅和干燥室内的热空气,或强制压送热风到干燥室内,加速茧堆内外和茧腔内外的热交换作用,以促进鲜茧的干燥均匀。目前生产中强制气流有风扇和风机两种。风扇又分直立式和横卧式两种,借顺转与倒转,改变空气流向。其作用一是吸入热量,打破茧层表面湿气膜的静态,排除茧堆中湿度,促进干燥作用;二是加速气流循环,拌匀热量,加快茧堆和茧腔内外气流交换,促进干燥均匀,保全茧质。直立式风扇的气流形式是左右循环,大部分气流与茧面平行,与水分自然蒸发方向垂直,能带走茧面水汽。横卧风扇的气流形式是上下循环,大部分气流是由上而下,或由下而上或斜向地穿透茧堆,以利于冲破茧堆湿气膜而带走水分,促进蚕茧的干燥和均匀。垂直气流与平行气流对干燥均匀的影响有不同,垂直气流效果好,不匀率低,蛹体适干率高。经初步试验,结果见表5-13。

表 5-13　气流流向与干燥均匀及干燥速度的关系

气流形式	平均烘率 (%)	失水量最大 开差(g)	蛹体适干率 (%)	不匀率 (%)	干燥速度 (水/鲜茧)
垂直气流	59.93	54.6	95.37	0.031	0.300
平行气流	69.39	74.9	87.50	0.057	0.230

资料来源:浙江供销学校,1983。

风机常用的是离心式引风机,具有较强的吸入热量,拌和冷热空气,压送到干燥室内,促进蚕茧受热和减湿等作用。根据气流形式,可分为隧道式平行进风和孔棚式垂直穿透送风两种。隧道式送风,如烟道气热风烘茧机,大部分是平行气流,对茧堆的穿透作用较弱,故铺茧量不宜过厚,并严格要求铺茧厚薄均匀,否则易增加上下与中间部位茧体的干燥差距,影响干燥均匀。孔棚式的送风设备如循环翻网热风烘茧机和多段型循环式热风烘茧机等。它的气流流向极大部分是由上而下和由下而上地强压穿透翻网成茧网上积叠的茧,促进茧堆内外和茧腔内外的气流交换,打破各层湿气膜,将不断增加吸湿量的湿润空气从干燥室的上层集中到中层或底层风道,再转向顶部排出室外。这皆具有较强的穿透茧堆能力,故铺茧量可视压强的大小适当增厚,其干燥效率和均匀程度也较高。使用这种风机的机型,均系采用外部预热式,采用风机压送热空气和排除湿空气。采用这种热风对流干燥可以减少或避免由于辐射热或传导热所带来对茧体干燥不匀的影响。这种以对流热为主的热风干燥,一般设备费用较高,热的损耗较大,现阶段只适用于集中产区的大中型茧站。

1.气流与干燥速度

在蚕茧干燥过程中,随着风速的增加,对蚕茧的热交换作用也加快。目前我国生产上,多数采用浙73-1型灶及同类型灶,其灶内装有风扇,能搅拌灶内热空气,使其循环回转,既能充分调和补充热能,又能驱散湿气膜以增加蒸发量,促进干燥速度。同时,由于风速的作用,与风扇正反转,使大部分茧体两面产生正负压现象,有利于促进茧腔湿气的排出,加快茧腔内外干湿空气的交换作用,进一步增进干燥效率,提高茧质。

采用强制送风时,蚕茧干燥速度随着风速的增大而逐渐加快,烘茧时间也随之缩短。浙江省烘茧科研小组用110℃平温直干,在垂直气流的条件下,以不同风速与干燥速度的关系进行试验,其结果见表5-14。

表 5-14　气流速度与干燥速度的关系

指标	风速（m/s）			
	1.8	1.2	0.6	自然通风
经过 1 小时到达烘率（%）	65.0	65.4	70.8	81.7
经过 2 小时到达烘率（%）	40.8	43.3	47.5	65.0
到达适干烘率（40.8%）所需时间（min）	120	135	154	260

注：每 500g 鲜茧为 282 粒，鲜茧茧层率为 20.4%，铺茧厚度为 6cm。

　　从表 5-14 可知，以风速 0.6m/s 区的效率高、时间短、经济效率最为合理，因效果比自然通风明显，节约时间而动力消耗也小，1.2m/s 区风量为 0.6m/s 区的 2 倍，风压大 4 倍。总之，在有效散湿和不降低温度的前提下，机械换气是烘茧作业中提高产量和质量的重要措施。

　　但是，风速过大，有时也会遇到蛹体水分扩散到茧层，跟不上茧层表面水分的蒸发速度，造成热量的损失、外层茧丝的受害。特别是减速干燥阶段，容易出现这种情况，故对温度要求逐渐减低外，风速也应适当逐渐减慢。

　　蚕茧干燥各阶段的水分蒸发量不同，风速对干燥速度的影响也不相同，一般是等速阶段所起的作用大，减速第一阶段次之，减速第二阶段最小。不同气流速度时，各干燥阶段的干燥速度也不同，见表 5-15。

表 5-15　不同气流速度时各干燥阶段的干燥速度　　　　（单位：g/h·粒）

空气速度（m/s）	自 由 含 水 率		
	100%	30%	5%
4	0.265	0.180	0.075
3	0.240	0.165	0.075
2	0.220	0.155	0.075
1	0.206	0.150	0.075
0.5	0.180	0.145	0.075

资料来源：松本介，1984。

　　气流速度与干燥速度的关系，可以用图 5-5 表示。

　　图 5-5 是相当于干燥速度三个阶段的三种含水率时，表示气流速度与干燥速度的关系曲线。曲线Ⅰ的自由含水率为 100%；曲线Ⅱ的自由含水率为 30%；曲线Ⅲ的自由含水率为 5%。

　　气流的温度和湿度保持一定，改变气流速度进行干燥时，随着气流速度的减小，在自由含水率还多的等速干燥阶段，气流速度的影响显著，其水分蒸发呈斜率大的直线状迅速增加，如图 5-6 所示。

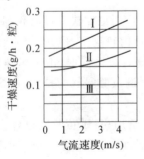

图 5-5　气流速度与干燥速度的关系

（松本介，1984）

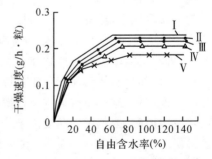

图 5-6　自由含水率与干燥速度的关系

（松本介，1984）

图 5-6 中曲线Ⅰ、Ⅱ、Ⅲ、Ⅳ、Ⅴ的气流速度分别为 4.0m/s、3.0m/s、2.0m/s、1.0m/s、0.5m/s。但在减速第一阶段，速度的影响逐渐减小，再至减速干燥第二阶段，其影响极为微弱，几乎看不出。但与温度、湿度的影响相比，气流速度的影响稍小。这一事实说明，干燥速度还受蚕茧的表面蒸发与内部扩散是否能取得平衡所约束。

2. 气流与茧质

空气的流速对茧层也有一定的影响，但没有温度与湿度对茧质的影响大，只要合理掌握，就有助于增强排湿和促进干燥室内热空气的分布均匀，提高干茧的干燥均匀程度，茧层各部位和茧体间热处理的比较一致性，以利保护解舒。但目前生产中采用茧格的灶型，不能自行翻动茧的位置，在整个干燥中，茧体各部位的气流交换形式就会始终存在着差异。因茧中的蛹体与茧层接触部位，主要靠直接热传导的形式传递热量，而另一部分未与蛹体接触部位的茧层则主要靠对流换热形式进行茧腔内外的热交换，所以在干燥蚕茧过程中不可避免地将产生程度不同的干燥斑，影响茧质。

蚕茧干燥各阶段的水分蒸发量不同，风速对干燥速度的影响也不同。一般是等速阶段所起的作用大，减速第一阶段次之，第二阶段最小，气流的流向必须能定时转向，使干燥室内左右二弄蚕茧接收到气流速度及流量相等，不致产生差异而影响均匀。合理的风速可提高解舒，经过试验发现，0.6m/s 风速所烘成的干茧解舒率，比自然通风区的高。因它能促使干燥速度快，排湿好，减轻高温湿热对丝胶变性的影响，干燥室内热量分布均匀，有利保护茧质。但应注意的是等速干燥阶段，风速可大些，减速干燥阶段，不应过大，否则使茧层失水过多，与蛹体水分的扩散不协调，也会损害茧质。

3. 气流的配置

浙 73-1 型灶风扇转速头冲为 450r/min，二冲为 250r/min，目前风扇使用方法如下：

鲜茧进灶关门后，即开风扇，在进出灶和转车当时，应先停风扇后开灶门；工作完毕后再开风扇，以求安全。风扇开动 15min 后，应转向一次，一般用倒顺开关，也有用"自动定时换向器"的。用倒顺开关时，须先扭转到"停"字上，待风扇停转后，再扭转至另一方，以免损坏，并防止调错方向。

根据以上所述，简要地归纳如下：

(1)各干燥阶段的温度、湿度和风速对干燥速度的影响

归纳如表 5-16 所示。

表 5-16　各干燥阶段的温度、湿度、风速对干燥速度的影响

阶段	鲜茧干燥处理	温度	湿度	风速
Ⅰ	等速干燥期同(水分大量蒸发期)	大	大	中
Ⅱ	减速干燥第一阶段(水分蒸发渐减期)	中	中	小
Ⅲ	减速干燥第二阶段(水分少而蒸发极少期)	小	小	甚小

(2)温度、湿度和风速的影响与保全茧质

根据众多文献研究结果，总结如下：

①干燥温度以随着干燥程度的进展而逐渐降低为宜。等速、减速第一、减速第二各阶段各有其适宜温度，特别是进入减速干燥期间后，若仍用高温，有害丝胶变性，故以逐渐减低温度为宜。

②湿度影响与温度同,多湿显著有害茧质与丝质。即鲜茧受到湿润加热时丝胶变性大,导致索绪效率恶变,内层落绪增多,解舒不良,降低丝质。特别在含水率大的恒速干燥期间很显著,进入减速干燥期即逐渐变成微弱。

③风速影响茧层表面水分蒸发,特别是在减速第二阶段,风速过快易使茧层过干,有害茧质。

第三节　蚕茧处理

蚕茧处理在整个烘茧过程中是不可缺少的重要环节,处理适当与否对调节烘力、提高设备利用率、保全茧质都具有十分重要的作用。鲜茧、半干茧、干茧由于含水量各不相同,因此具有不同的特点,处理方法也各有差异,但总的要求是防止蒸热、霉变和次下茧的发生,保全茧质,为缫丝工业提供优质原料茧,为达到优质高产、低耗创造有利条件。因此,在茧处理的全过程,都要以保全茧质为中心开展各项工作。

一、鲜茧处理

(一)鲜茧处理的目的和方法

鲜茧茧腔内的蛹体具有旺盛的呼吸作用,在呼吸过程中不断向外界发散出水分和热量。如处理不当,妨碍水分和热量的发散,将逐渐形成高温多湿而发生蒸热,影响茧的解舒,这是在处理鲜茧时必须解决的关键问题。鲜茧经过一定时间,就有出蛆、出蛾破坏茧层的危险,降低原料茧的使用价值,因此,必须认真做好鲜茧处理,其方法如下:

1. 做好鲜茧的运输和出售

采下的鲜茧如不立即出售,必须平摊于容器内,切忌堆积。

售茧途中装茧用具(如茧篰、茧筐等)不能装得过满,并插放气笼,使蛹体放出的大量湿热能即时发散,避免蒸热影响茧的解舒。运茧中做到轻装、轻运、轻放;防止蛹体受伤,增多次下茧,避免日晒雨淋损伤茧质。

2. 及时铺格(箔)、装篮、尽快进灶

鲜茧到站,应加快收茧进度,减少鲜茧的堆积时间,收进的鲜茧,除立即进灶外,其余一时不能进灶的茧,应立即采取以下方法处理。

(1)篮堆法

每篮约装茧3～4kg,茧篮中挖成凹形,以品字形堆积,据原浙江农业大学试验,鲜茧篮堆放高度与解舒有如表5-17所示关系。

表5-17　鲜茧篮堆放高度与茧解舒的关系

试验期	解舒率(%)	
	8层	10层
1989年春	73.5	69.9
1989年夏	69.4	61.5

从表5-17中可见茧篮堆放层数,低的比高的解舒要好,这是由于随着堆放层数增高,堆场空间变小,通风困难,蚕茧易发蒸热,而影响解舒。因此,茧篮堆放高度应偏低,以不超过8层为宜,每隔5～6行留一通道,四周离墙0.5m,以便于检查和通气。此种方法属于立体堆茧,茧与空气接触面大,每平方米约可堆茧50kg,容茧量多,虽多设备费用和装篮手续,但鲜茧不易受蒸热,对保护茧质十分有利。

(2)垄堆法

垄的宽度约为45～60cm,高约为30～45cm,垄中如插放气笼可稍高,在翻茧时以相邻两垄之一半合为一垄。此种方法堆茧量约为25kg/m²,容量少,茧与空气接触面小,同时也多费人力,易损伤茧质,但设备较简单。

(3)架插法

将鲜茧平摊于茧格内,然后将茧格插放在架子上,每格约可铺茧4kg,每立方米可铺茧60kg,也有的将茧在茧格内铺平后,以品字形一条龙的方式堆放,两端用搁架,高度不超过10层为宜。有条件的茧站用预备茧车在堆场搁茧,这样可随时进灶烘茧。此种方法的利弊与篮堆法同,但设备费用更大。

在茧处理中应提倡将不同品种和茧质的茧分别堆放,按进茧的先后次序,插上标记,以便依次处理,进行烘茧。

3.堆场选择

堆场应具备温度低、干燥通风、离烘房近、避免阳光直射、面积充足等条件。因为温度低,干燥通风可减少蒸热的发生。阳光直射,容易增高温度,特别是太阳西晒,更应避免。另外,鲜茧堆场因在短期要处理大量鲜茧,故更应通风良好。

4.经常检查

严防蒸热,发现问题及时处理。

鲜茧处理中要求鲜茧进站及时铺格,尽快进灶,随收随烘,先收先烘,尽量分品种烘茧。

在茧处理的全过程中都应认真做好"三轻""五拣"工作。"三轻"即运茧轻、倒茧轻、铺茧轻;要随手拣去印烂茧,"五拣"即鲜茧装篮、鲜茧铺格、半干茧装篮、半干茧铺格,干茧出灶时拣出印烂茧。

(二)鲜茧处理与茧质的关系

1.鲜茧蒸热与茧质

鲜茧要经过运输、烘茧整个处理过程,处理的好坏对以后缫丝影响较大。鲜茧茧层组织疏松,且具多孔性,活蛹又具有旺盛的呼吸作用,不断发散水分和热量,如处理不当,就会感到有明显湿热,即发生蒸热而影响茧质。在气温高、湿度大、通风差、茧堆厚、时间长等一种或几种情况下,鲜茧很容易发生蒸热。据原西南农业大学蚕学系调查,每100头健蛹,一昼夜发散的水分约1g以上,其发热量与蛹体重量减少的比率有相似的倾向,即上蔟后7～9日最旺盛,10日后逐渐减少;在运输中发热量更为显著,据调查,如在外温25℃,用布袋装蚕茧15h,茧堆温度约提高5℃,运输堆积40h,则提高10～15℃左右;据原浙江农业大学试验,鲜茧在茧站待烘时间延长,茧的解舒率有下降趋势(表5-18)。

表 5-18　鲜茧待烘时间与蚕茧解舒的关系

试验期	解舒率(%)				
	立即烘	24h	36h	78h	60h
1989 年春	66.9	66.9	66.3	66.7	59.0
1989 年中秋	89.0	90.9	94.0	89.4	88.3
1990 年春	75.2	70.5	/	70.42	/

另一方面,鲜茧在堆放过程中,一些受伤的蛹体死亡后污物流出,染及茧层,增多印烂茧。同时,部分蝇蛆逐渐成熟破坏茧层面,增多下茧率。因此,从保护上茧解舒率和减少鲜下茧率两方面考虑,鲜茧进站应当及时进灶,放置时间春茧不要超过 24h,夏秋茧不超过 16～18h 为宜。受蒸热的蚕茧,丝胶蛋白质发生变性作用,使易溶性丝胶向难溶性转变,降低其亲水性能,蒸热对茧质的影响程度视其情况而有不同,日本松本介认为鲜茧在堆放中,丝胶分子以松弛状态为主,在干燥中由于凝集作用,则会发生差异。如烘茧中排湿充分,从蛹体发散的水分仅仅通过茧层,而茧层的含水率约为 5％～6％,但鲜茧在堆放中由于吸湿、放湿,相对湿度可达 80％左右,茧层的吸湿率可达到 14％～15％,在堆放过程中,由于茧层含水率的增加,使松弛的丝胶分子在干燥室中产生凝集作用,茧层含水率愈高,松弛作用愈大,烘茧温度愈高,凝集速度愈快,因此,变性程度有所不同。

2.鲜茧受冲击与茧质

鲜茧在装运和堆放过程中,难免受到各种程度不同的冲击。一般来讲,鲜茧从 30cm 的高度落到地面会产生内印茧,增多中层、内层落绪,影响茧的解舒。这种冲击作用,从茧的外观往往难以发现。另外,鲜茧在运输过程中,也不可避免地受到震动和冲击。据试验,一般的震动对茧质没有不良影响,而冲击对蚕茧的影响较大(表 5-19)。

从试验可知,蚕茧受冲击后最外层受到损伤明显,因此,新茧索绪效率低,绪丝量增多,蛹衬量也增大。与此同时,由于鲜茧茧层受到一定损伤,内印茧增多,出丝率、解舒率均降低。

表 5-19　鲜茧冲击次数与缫丝成绩的关系

冲击次数	出丝率(%)	解舒率(%)	索绪效率(%)	小额(分)	一粒缫成绩				
					茧丝长(m)	缫丝量(g)	第一绪丝量(g)	第二绪丝量(g)	蛹衬量(g)
对照区	18.95	75.6	50.3	92.33	1.216	38.62	0.69	1.68	1.95
2000	18.44	75.7	41.0	71.42	1.176	36.28	0.57	2.53	2.05
4000	17.99	75.8	41.7	91.54	1.153	35.40	0.51	3.40	2.22
6000	18.08	76.0	43.3	92.08	1.144	35.49	0.48	3.48	2.18
8000	18.69	76.0	41.5	90.13	1.146	34.81	0.47	3.98	2.28
10000	17.45	76.6	39.3	91.67	1.111	34.33	0.42	4.62	2.32

注:鲜茧装入布袋中,在试制的冲击试验装置中进行,每冲击一次,落下的幅度为 70cm。

资料来源:西南农业大学,1986。

二、半干茧处理

(一)处理目的和方法

目前的烘茧工艺,多为"二次干"。"二次干"是经第一次干燥(头冲)将鲜茧杀蛹并发散大部分水分,达半干程度,出灶散热后,经过一定时日堆放还性,再进行第二次干燥处理后达到适干的干燥方法。

半干茧处理的目的是保全茧质,避免直干时可能给茧层带来高温急干的现象和各粒茧间及同粒茧内的干燥不匀情况,调剂烘力,充分发挥干燥设备的利用率,减少鲜茧长时间堆放。在堆放还性过程中,可自然发散一定水分和水分走匀,可缩小半干茧之间的水分开差,有利于二冲适干均匀,提高烘力。

(二)半干茧处理与茧质的关系

半干茧出灶,冷却到适温后,进行一定时间的堆放还性,在堆放过程中则起着物理、化学变化,处理方法合理,有利于茧的解舒,主要优点可概括为:

1. 缩小蛹体间含水量的差距

鲜茧在半干处理过程中,由于茧形大小、雌雄、化蛹老嫩以及烘茧中干燥条件及干燥设备的差异,因此造成半干茧含水量开差较大。出灶后,虽然感温降低,但水分仍在继续发散,烘得较嫩的蛹体,其水分的蒸发更为旺盛。据浙江省原纺织科学研究所试验,半干茧处理与水分发散速度的关系如表5-20所示。

表 5-20　半干茧处理对含水率变化试验

编号	头冲出灶时烘率(%)	二冲出灶时烘率(%)	处理中水分自然蒸发率(%)	堆放时间(h)	每昼夜平均水分蒸发率(%)
1	61.11	59.55	4.56	119	0.92
2	62.72	59.70	3.05	117	0.63
3	58.87	56.42	2.45	116	0.51

注:处理中水分自然蒸发率和每昼夜平均水分蒸发率均按烘率计。

半干茧若不经堆放、还性处理,在干燥设备及干燥条件相差较大的烘茧灶中直干下去,就容易造成干燥不匀,大部分已达适干程度的蛹体将向偏老方向发展,增大丝胶蛋白质的变性程度,恶化茧的解舒,如若出现嫩蛹也将造成仓储中发霉变质。因此,通过半干茧处理,可使茧与茧之间、茧层与蛹体之间、蛹体外层组织和蛹心之间的含水量来一个自然平衡,调剂后再进行二冲处理,对适干达到干燥均匀将起到一定的补正作用。

2. 缓和二冲温度对茧层丝胶的影响

适当还性的半干茧,在还性过程中和经过二冲进灶前的垄堆,使茧与茧之间、茧层与蛹体之间、茧堆表面茧和茧堆中心部位茧之间,水分相对走匀,给茧层吸湿补充了一定水分,这种湿润的茧层,在二冲进灶时,能减弱二冲高温对茧层丝胶蛋白的变性程度。如直干下去,茧层水分含量过少,蛹体水分扩散速度落后于茧层水分蒸发速度时,茧层将会很快失水过干,而增强茧层丝胶蛋白质的变性作用,缫丝中新茧无绪茧和外层落绪茧增多,解舒不良。另外,半干茧还性过程中,由于堆放高度的关系,对茧质亦有一定影响(表5-21)。

表5-21说明,第一层水分发散快,发散率最高,茧层含水率也少,茧的解舒率最低,仅有70.55%,而中层和底层水分发散率相对较少,其茧层含水率较高的解舒,均比茧层含水率低的上层好。特别是茧层干燥的上层茧,比中层和底层落绪分布率多1倍左右,因此,在半干茧堆放过程中,应采取相应的措施。

表 5-21　半干茧茧层含水率不同对解舒的影响

指标		茧篮堆放部位		
		上层(第一层)	中层(第三层)	底层(第五层)
茧丝长(m)		932.70	938.60	922.40
解舒丝长(m)		658.02	713.43	692.91
解舒率(%)		70.55	76.01	75.12
落绪分布率(%)	外层	12.19	6.06	7.25
	中层	3.56	5.81	5.65
	内层	26.00	19.61	20.19

资料来源:原浙江省收茧办事处调查。浙江农业大学,1989。

3.半干茧还性过度的危害

据原浙江省余杭县勾庄茧站调查(1971年),还性过度茧(RH89%的环境中堆放7日)比还性适度茧(条件相同,堆放3日),解舒率要降低4.3%。鲜茧经过头冲后,茧内水分虽大部分发散,但蛹体内仍含有不少水分,在一定的条件下,易生蒸热,蛹体变黑发生霉烂。这是由于在多湿环境中蚕蛹尸体最适于细菌的繁殖,特别是枯草杆菌、马铃薯杆菌等分泌一种酪氨酸酶,分解蛹体蛋白质中酪氨酸变成黑色素的关系,蛹体变黑后对丝色亦有不良影响。此外,微生物繁殖时分泌一种脂肪酶,将蛹体脂肪水解成甘油和脂肪酸,这些游离脂肪酸,在煮茧缫丝过程中,被吸入茧腔,使溶液 pH 值降低而呈弱酸性,愈近等电点,pH 值愈小,丝胶溶解性愈低,茧丝间的胶着力也愈大。因此,随着还性堆放时间的延长,游离脂肪酸增多,内层落绪也就不断增加,如发生蒸热与发霉变质将使茧质更加恶化。

(三)半干茧处理的技术措施

1.散热

刚出灶的半干茧充分散热后,再行装篮或垄堆还性,若不散热立即堆放还性,在湿热环境中对茧的解舒不利。原浙江省余杭茧站1970年早秋和中秋试验结果见表5-22。

表 5-22　半干茧出灶时处理与解舒的关系

项目	季节			
	早秋			中秋
处理方法	湿热发散后装篮5昼夜	湿热不发散,垄堆6h再装篮5昼夜	湿热发散后装篮6昼夜	湿热不发散垄堆24h再装篮6昼夜
解舒率(%)	62.88	52.09	84.39	71.24

资料来源:浙江农业大学,1989。

表5-22说明,半干茧出灶后冷却堆放还性的比不冷却立即垄堆还性的解舒率要高,其原因是由于湿热对丝胶蛋白质的变性作用所致。

2.堆放方法

堆放方法一般有篮堆、垄堆和架堆等,华东多用篮堆,西南地区多采用垄堆和架堆,现将几种方法简单介绍如下:

(1)篮堆法

茧篮装茧,品字形堆放,高度以八层为宜,底层倒放一层茧篮,中间留通道,保持空气适当流通,防止蒸热,便于检查。

（2）垄堆法

堆放时垄高不超过 66cm，垄宽不超过 1m，堆放的地面如系三合土或泥土地的应先铺上一层谷草或麦草，再铺垫席后堆放蚕茧，茧堆中央插放气笼。此种方法堆放的安全期短，占地面积大，其优点是还性快。

（3）架堆法

架堆法占地面积最少，能充分利用设备，一般架高 8～10 层，每层高 33cm 左右，每格堆茧高度 23～26cm，净空 7～10cm，格中略呈凹形，底层离地面 66cm。

几种堆放方法中，还性最快的为垄堆，最慢的为架堆法，后者比前者多 1/2 的时间。

3.还性时间的确定

半干茧出灶散热堆放当时，室温、茧堆表面茧温度、茧堆中心部位茧的温度、蛹体外层组织和蛹心部分温度、蛹体与茧层温度完全一致。头冲时，由于茧灶结构、蛹体大小以及茧层结构等原因，半干茧各部分含水量存在着一定差异。从半干茧堆放还性开始，则出现了水分多的部分向水分少的部分扩散，并逐步扩散到茧表面发散的现象，借此达到蛹心与蛹体表层、蛹体与茧层、茧与茧之间水分的平衡。同时，还性约一昼夜后，烘死蛹体内的有机质，在水分扩散时，也逐渐分解并产生热能，这些热能随着水分向外扩散的同时也向外扩散。因而出现蛹心温度高于蛹体表面温度，蛹体表面温度又高于茧层温度，茧堆中心部位茧层温度又高于茧堆表面茧层温度和室温的内高外低的温度梯度。但随着还性时间的延长，茧内、茧外、蛹心、蛹体表面的温度差也逐渐消失，水分发散与吸收持平衡状态时，则已达还性适度。半干茧还性时间应根据季节、气候、半干茧的干燥程度以及堆场条件等来确定。一般烘率 60%的半干茧，堆放时间约 3～5 日。在相同环境下，从堆放的还性时间上看，垄堆比篮堆稍短，篮堆比架堆短。达到还性适度应立即进灶，否则要调篮翻庄。还性适当与否，以手插进茧堆，如手感阴凉、茧层柔软、弹性弱为还性适度，如手感微热、茧层柔软而无弹性即为还性过度，如手感茧层干爽、未达湿润程度为还性不足。检查部位应在茧篮或茧堆中间的蚕茧。

4.二冲前垄堆

半干茧进行二冲处理前，可根据茧层潮湿情况适当垄堆一段时间，使半干茧茧层间的含水量进一步相对走匀，有利于保护茧质，原浙江省海宁县斜桥茧站春期试验结果如表5-23所示。

表 5-23　半干茧垄堆与茧解舒的关系

试验项目	解舒率（%）
不垄堆区原篮铺格	67.45
垄堆 6h	71.21
垄堆 12h	72.11

表 5-23 说明垄堆比不垄堆解舒好。垄堆时间在适当范围内稍短一些比长一些为好。但在气候较干燥的情况下，其效果又以较长一些为好。据原浙江农业大学试验，结果如表 5-24 所示。

表 5-24 说明，垄堆时间的长短应考虑当时堆场空气的相对湿度大小、温度高低。如：夏季气温高，垄堆时间长，蚕茧容易发生蒸热，垄堆时间短一些为好；气温低、干燥的季节垄堆时间可长一些，有利于蚕茧水分的走匀。总的来看，二冲进灶前垄堆时间以 3～6h 为宜。

表 5-24　半干茧垄堆时间与茧解舒率的关系　　　　　　　单位:%

试验期及温湿度	垄堆时间			
	3h	6h	9h	12h
1989 年春(30℃、71%)	76.5	74.0	71.0	67.35
1989 年中秋(20℃、74%)	90.3	92.0	91.4	88.5
1990 年春(25℃、70%)	72.9	69.9	68.4	72.4
平均	79.9	78.6	76.9	76.1

5.注意事项

(1)半干茧出灶后应散热堆放,以免湿热积压在茧堆中,影响茧的解舒。

(2)半干茧堆放时应加以标记,标明头冲出灶日期、烘率,以便按顺序二冲,对头冲干燥程度不同的半干茧,应标明分别堆放。

(3)勤检查,防止蒸热,注意通风,如达还性适度应立即进行二冲处理。如无法立即二冲时,须翻茧换篮,变动茧层及蛹体位置,垄堆也要定时翻茧,动作要轻,以免损伤茧质。

三、干茧处理

(一)干茧处理的目的和方法

干茧出灶后,茧体即行散热,温度逐渐下降,当茧腔内空气温度下降到露点温度以下时,其中一部分水分变成冷凝水被茧层所吸收,以达含水量的平衡,使茧腔内相对湿度成饱和状态。随着茧腔温度降低,茧腔内的湿空气势必与茧外的不饱和外气起交换作用。特别是偏嫩的蛹体,这种交换作用更强烈,所以刚出灶的干茧,必须经过散热冷却后,才可装袋。干茧处理的方法如下:

1.散堆

干茧出灶后,在茧格内或茧车上稍待冷却,有条件的可安装排气风扇,加速湿热的排除,然后再轻轻倒出,散堆于干燥通风场所,茧堆高度 0.66m 左右,冷却后可逐步堆高,最高不超过 1.7m,中间挖成凹形,或堆成波浪形,以利散热,四周离墙 0.66m,并留出一定通道,以方便操作。堆放时间以充分散热为准,一般不超过 24h。

2.打包

干茧充分冷却后打包,但堆放时间不宜过长,以免受潮,同时干茧出灶后,要防止压伤、压瘪茧层和重跌干茧,以免损伤茧丝,增多落绪,影响解舒。干茧打包时,每包装足 25kg,称准重量即时缝口,扎上标签,注明站别、季别、品种、毛重、净重等。

3.出运

成包后的干茧,应按预先订好的出运计划,及时发运到指定的茧库入库,发运前应做全面检查,发现问题立即处理,防止途中雨淋受潮等意外事故发生。

4.待运期间的处理

如需在茧站作短暂贮放的,应放于干茧堆场,四周离墙 0.66m,中间留一通道,便于检查、管理,如发现问题,立即处理。

5.干燥不匀茧的处理

如有少量偏嫩或老嫩不匀的干茧,需分别堆放打包,注明标记,分别出运,如有过嫩干茧,要在茧站低温复烘后达到适干,再打包出运,严禁混入适干茧中,以免影响干茧的安全保管。

6.各类茧分别处理

各类次茧、双宫茧及下脚茧的干茧,需分别堆放及打包,严禁混杂,茧包票签注明茧别、重量,分类编号出运。

有条件的茧站,提倡分品种收烘、打包和出运,以利缫制不同规格的生丝。

(二)干茧处理与茧质的关系

干茧有吸湿性强的特点。在处理过程中应以散热、防潮、防踏、防压等工作为重点。干茧出灶后,茧体向外散热的同时,也不断地向外散发水分,如干茧出灶后,不及时散热,即行打包,就会使余热和茧腔内形成的饱和湿空气长时间无法向外扩散,形成湿热状态,使茧层丝胶继续变性,恶化茧的解舒。干茧打热包对茧解舒的影响见表5-25。

表5-25　干茧打热包对解舒的影响

干茧处理方法		茧丝长(m)	解舒丝长(m)	解舒率(%)
打热包	春茧	935	548.5	58.6
	夏茧	1092.2	891.0	81.6
	秋茧	847	590.0	69.8
打冷包	春茧	965.9	657.8	76.6
	夏茧	1090.2	894.1	82.0
	秋茧	839	599.5	71.5

资料来源:浙江省丝绸公司,1987。

从表5-25中可见,干茧打热包解舒要下降9%左右。

在干茧堆放中,当堆场条件差,空气中湿度大,放置时间长,茧体吸收过多水分时,会造成蛹体吸湿、茧层变软,特别是偏嫩庄口,会导致仓储中发霉变质。因此,干茧冷却后要立即打包,防止吸潮。干茧在处理过程中,切忌踏瘪,因茧丝蛋白质分子在受到强大压力后,分子结构易受损伤,在缫丝中易切断,落绪茧多。据浙江省相关茧站1972年调查,热瘪茧比冷瘪茧解舒约有50%的降低(表5-26)。因此,在干茧处理过程中,要注意防踏、防压,在打包出运时避免用脚蹬、高楼丢包,以减少对茧质的损伤。

表5-26　干茧踏瘪对解舒的影响

区别	茧丝长(m)	解舒丝长(m)	解舒率(%)	解舒光折(kg)
对照区	1117.39	910.62	84.18	248.93
热瘪	732.01	250.64	34.24	384.54
冷瘪	1121.01	928.98	82.87	250.65

资料来源:浙江农业大学,1989。

第四节　蚕茧干燥设备

蚕茧干燥工程中,绝大部分干燥机具均是燃烧白煤或烟煤产生热能来干燥蚕茧。其机具主要分烘茧灶及烘茧机两大类。其装置由干燥室、热源装置、换气装置及传动装置等组成。干燥室内由于容茧的形式不同有定位式或移位式的茧架传送网带或板等。热源有火热式、汽热(蒸汽)式、热风式等区别。空气加热方式有内部给热式和外部预热式两种。一般烘茧灶(机)采用内部给热式,热风烘茧机采用外部预热式。

一、烘茧灶

早期是以燃烧木柴为热源的柴灶烘茧,后来改用无烟煤燃烧,所获热量干燥蚕茧,故统称煤灶。根据茧灶的结构不同,又可分茧架固定的大型煤灶(直接热式、间接热式)和茧架移位的风扇车子灶、风机煤灶及推进式灶等。本节介绍几种代表性的灶型。

(一)大型煤灶

1.间接热式

利用辐射热的间接加热煤灶,无风扇,依靠自然换气,用固定茧架放置茧格和半圆拱形长炉胆(筒)2 或 3 节(间有 4 节的)散热作热源。在其上方建造大小热室,下层为大热室,上层为小热室。外界冷空气经过给气口进入给气道(在后墙炉子两侧),流入大热室,被灼热的炉腰(筒)加热后,成为热空气经朝天放热口送入小热室。然后通过小热室两侧设立的多孔型放热孔,流入干燥室,起干燥作用。炉膛内的煤燃烧后都左右各一条,盘曲 1~2 道后延伸到两侧墙上成墙弄,在墙上也盘曲 2~3 道后再连接前端的烟囱通出屋顶(图 5-7)。

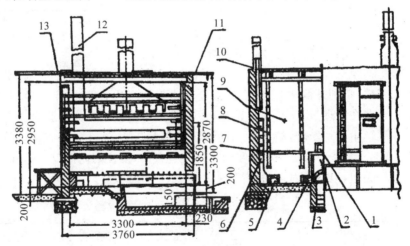

图 5-7　大型煤灶(辐射热式)

1.小热室　2.大热室　3.炉膛　4.给气口　5.地弄　6.墙弄　7.茧格　8.铆挡
9.温度计　10.排气筒　11.排气筒调节闸及拉杆　12.烟囱　13.烟囱闸门及拉杆

(浙江省丝绸公司,1987)

地弄和墙弄产生辐射热。加热空气因密度改变,从干燥室下方流向上方,因无风扇,故干燥室下部靠近热源的几档蚕茧受热较多,离热源远的上层及干燥室四角受热较少,干燥作用小。干燥室顶格因热空气向上升,故受热也较多,干燥快,待热空气在室内吸湿多而增重后,则湿热滞留在干燥室的中部,使中层茧格受热少,湿度重,干燥缓慢。由于以上原因热量分布不匀、干湿不一,中途须翻茧调格,热利用率低,铆挡设有8～11挡不等,烘茧量也少。

这种灶型的热源部分(图5-8),在炉胆上方建造热室,外界冷空气从给气口经给气道进入大热室,炉胆加热后经过大热室放热口进入小热室,成为均匀的热空气后,再从小热室放热孔流入干燥室放热吸湿,完成干燥过程。给气口有闸板,可调节进入给气道的风量,热室可使热空气混合均匀,防止炉胆辐射热直接作用于茧面。炉膛的烟道气,经炉膛前端的分热道(俗称分火墙),经地弄和墙弄汇集到前端烟囱排出室外。此种灶型比旧的柴灶虽稍有改进,但热损耗大,热利用率不高,干燥效率低,劳动强度大。这种灶型已基本淘汰。

2.四川N82型热风烘茧灶

这种灶型是在上述煤灶基础上改进而成(图5-9)。去掉全部大小热室,在炉膛内装设火管,由风机强制送入气流(室外干燥空气或回收吸湿后排出的湿空气)经过火管内壁被加热后,通过钳形导热管发散至干燥室中,进行减湿干燥。采用机械送风(热风)又增加空气流动与换气作用,干燥效果较好。

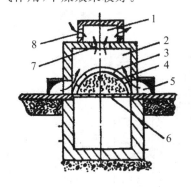 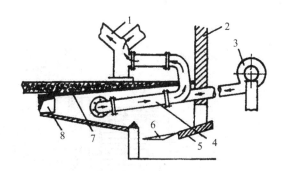

图5-8　间接加热煤灶热源部分示意图
1.小热室　2.大热室　3.炉胆　4.炉膛
5.给气道　6.炉栅　7.大热室放热口
8.小热室放热孔
(成都纺织工业学校,1986)

图5-9　火管加热方式示意图
1.钳形导热管　2.干燥室后墙　3.风机
4.火管　5.炉膛　6.炉栅　7.炉胆　8.地弄
(成都纺织工业学校,1986)

3.直接热式煤灶

直接热式煤灶用烟道气直接引入热室进行干燥,热损耗小,热能利用率高、煤耗低、烘力大。但对煤质要求高,必须是无烟煤块或煤屑,含硫量不超过1.5%,以防SO_2对茧丝质量产生影响。结构相比间接热式仅在灶中心线的第2～3节炉胆(筒)间增设了直接放热口结构。放热口大小为26cm×25cm。拆去小热室,在大热室上方装钳形导热管。从散热孔引进热空气流入干燥室中部,用风扇强制送入全室,与间接热室无大差异。效果是烘茧温度高,时间可缩短。

后来改成60型(60只茧格)煤灶。将固定式茧架改为茧车,并安装2轴3组横轴风扇。

后来进一步改成风机煤灶。在此基础上又以移动茧架的茧车替代旧的固定式茧架,称车子风扇灶,能调车换位,不翻茧调格,浙73-1型车子风扇灶就是这种灶型。

移动式茧架的主要灶型介绍于下:

(1)风机煤灶

风机煤灶是江苏省在大型煤灶(间接热式)基础上改进而成。热源改为直接热式,去掉小热室,在大热室上方安装钳形导热管后从散热孔将热空气散入干燥室中部,再由风扇送向茧格,在热室上方装有1～2组直轴风扇,强制进行热对流(图5-10)。

直接热的作用可提高干燥速度及烘茧能力。但由于风扇轴处于垂直状态,热室的上中下各部气流不能充分混合,层格之间差异依然存在,故仍需翻茧调格,劳动强度大。

(2)车子风扇灶

浙73-1型车子风扇灶,是浙江省在原间接热式煤灶基础上改进而成的,利用无烟煤烟道气的对流热为主要热源烘茧。它是现在江、浙、皖、鲁等省的主要烘茧灶,其结构见图5-11。

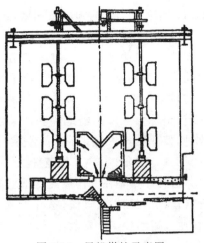

图5-10　风机煤灶示意图

(浙江省丝绸公司,1987)

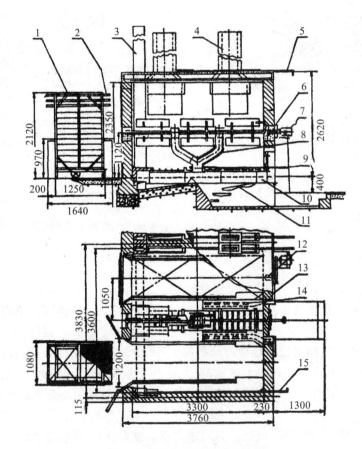

图5-11　浙73-1型车子风扇灶

1.茧车　2.茧格　3.烟囱　4.排气筒　5.排气筒调节闸门及拉杆　6.风扇轴

7.电动机　8.钳形导热管　9.放热口调节闸门及拉杆　10.铸铁鳍片炉

11.炉栅　12.温度计　13.给气口调节门　14.给气口　15.烟道闸门

(浙江省丝绸公司,1987)

①干燥室(灶身)

长方形砖砌干燥室,内设有炉胆(筒)、风扇及左右两侧备设茧车两部,两边侧墙设有排气装置等。

②热源装置

热源装置分炉子、直接热给热装置、烟道三部分。炉子:仍用原煤灶炉筒,铁铸拱形半圆长炉胆3节,安装在灶身正中,埋入灶底线下15cm。炉栅:采用三级炉栅或活络炉条,排成约15°的倾斜形。灰膛:长150～165cm,宽40cm,深度视炉栅排列情况确定,一般为60～80cm,以便于通风助燃。直接热给热装置:直接热的放热口设在灶中心的炉面上,第二节炉面开放热口一个,并在口上安装钳形导热管一套,左右导热分支管出口分别伸向中央一组风扇的两端空当处(图5-11)。距离两侧风扇片各1～5cm,以利搅拌热气流使其均匀放出。烟道:在第三节炉子前端下面挖深15cm,成倾斜形,离前墙15cm处向左右各砌一条横地弄,直通烟囱。

③换气装置

给气:灶后墙炉门两侧各设给气口一个,给气道沿炉脚两边伸到直接热出口处,放热口下端炉脚边,给气道设有小孔,以利加热及换气,促进干燥作用。排气:灶内两侧墙上方各设排气装置两个。由排气装置上口汇入排气筒通出灶顶屋面。下口砌成喇叭口形。排气筒上装有调节闸板,控制灶内排湿量。

④风扇和传动装置

风扇:装置在干燥室中间,有横式风扇,风扇叶有三组,每组四叶,风扇轴心离地平线112cm处安装平直的风扇轴。传动装置:动力用电动机或柴油机带动各灶风扇,每副灶一般配电动机1～1.5kW或柴油机1.5～2匹马力。传动装置设在灶后,每副灶安装自动控制的倒顺开关1只,使风扇自动定时转向,以利烘茧干燥均匀。

⑤轨道

轨道位于干燥室内两侧,轨道面与灶底线和穿堂面平,用混凝土浇成,并嵌进三角铁或扁铁,进出口处做成小喇叭形。

⑥茧车与茧格

茧车用钢材制,车底两侧装两只车轮,车底座前中央装小活络导轮一只(也有在前后中央各装一只),茧车共分14层(或15层)。每层前后各置茧格一只,每车装茧格28只,每灶四部车,共装茧格112只,茧格框用铁皮、竹或木制成,茧格片用铅丝网或竹篾编制,也有用钢皮网制成。

⑦温度计

装置在灶后墙两侧中心,左右各装曲柄温度计1只,曲柄(水银球)插入灶内10～18cm处,距离灶底线134cm,约在6～9档茧格中间的位置。

浙73-1型车子风扇灶结构简单,升温快,热利用率高,煤耗低,装风扇后不用翻茧调格,比原来的煤灶大大减轻劳动强度。

二、推进式烘茧灶(机)

推进式烘茧灶为一隧道式长方形砖砌体(干燥室),前后端有进、出口门,中央设有铁轨和风扇,两侧装有排给气装置。该结构比一般煤灶合理,容纳铁制茧车12～18台,车底座4只轮,沿水平方向移动前进,并被推出茧灶。每车分10～14层,可架插茧格20～28只。供热方式有火热式、汽热式、热风式等数种。温度分布是进口处高,出口处低。蚕茧铺在茧格内,间歇定时推进,到出口端完成干燥过程。该干燥设备结构简单,配温符合前高后低要求,换气系统也随干燥各区段的需要而配备,每台茧车均多次移动位置,不需翻茧调格,干燥质量较好,烘茧量大,热量使用充分,煤耗较低。适合较大的茧站使用,日烘茧量(全干茧)可达 5000～10000kg。

　　汽热式推进烘茧机是在两侧壁及底部装有蒸汽管,其排列疏密根据干燥室之前后面不同,一般前(进口部)密后(出口部)疏,室内温度分布符合前高后低的要求,室内温度由室外的总进气阀及两侧壁的小进气阀来控制蒸汽压力、调节温度。室内两侧墙的底部设有给气口 10个左右,供给干燥空气。两侧沿墙各装有风扇 8～11 只。空气进入室内经蒸汽管加热而成热空气,再上升至各茧车干燥蚕茧。蒸汽管的辐射热较强。室上方装有排气口,和风扇位置对应,以便调和热力及促使排湿。两侧墙边各装温度计 3～5 只。室底铸设轨道两列和室外轨道连接。烘茧时,茧车沿轨道自前向后推进,完成干燥。其结构见图 5-12,茧车分 12～14 层,一层可搁置 4 个茧格,室内有茧车 8～14 台(视机身长度而定),全机容茧量 1500～2000kg。汽热式推进烘茧机由于利用蒸汽加热,设备费用较大,一般烘茧站不易建造,故多改用推进式烘茧灶。其结构与推进式烘茧机大致相同,主要不同处为热源装置。它的热源装置与上述煤灶基本相同。在干燥室进口部的轨道下方中部设有铁炉子,炉子外砌砖墙封闭为热室,炉子的宽度和长度均大于煤灶,以供给干燥室足够的热量。两侧墙交错排列气流风扇,灶顶设排气筒。室外空气由给气口进入给气道,再经过热室加热后,由放热孔散入干燥室内以干燥蚕茧。这种型式为火热式推进灶。

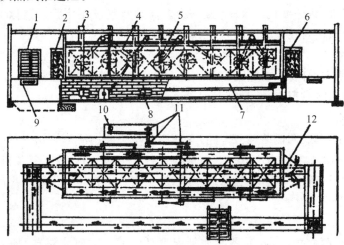

图 5-12　推进式烘茧机

1.茧车　2.进气口　3.排气筒　4.干燥室　5.风扇　6.进气门　7.加热室
8.给气口　9.搬运车　10.电动机　11.传动装置　12.轨道

　　另外,也可采用直接热(烟道气)干燥蚕茧的方式。结构上仅热源部分与火热式有些不同。在长形铁炉子上面开一个放热口,热量通过钳形导热管,发散至横轴风扇下面。经风扇上下均匀搅拌发散至灶内干燥蚕茧。两侧墙上装有排气筒。此为直接热推进式烘茧灶。

三、循环式烘茧机

循环式烘茧机是一种设计比较合理、结构完善、机械化自动化程度较高的烘茧机。为立式长方形干燥室,内装有 6 层、8 层、10 层茧网。按热源不同可分汽热式和热风式两种。

汽热循环式烘茧机,干燥室一般高约 4～5m,宽约 3.6～4.4m,长约 20～22m。两侧及出口端茧网下方装有风扇若干组;以完成换气及冷却即将出灶茧的温度与散湿。各层茧网各向相反方向运行移送蚕茧,使茧体段落移动,各粒茧又经过翻转均匀接触热能并翻转蛹体,代替旧式茧灶的翻茧调格,各层茧网间装有数量不等的蒸汽管供热。上层较多,中下层依次减少,使机内温度分布上高下低。下部设有给气装置。中上部有排气装置。在排气装置的斜对方装有风扇,使自然与机械结合进行换气。鲜茧由最上层铺茧处连续铺满茧网进入机内,逐渐转移送到末端,借移层装置引落到下一层茧网上,最后到达出口端完成干燥作用,并集中至输送槽引进茧袋中。该机容量大约为 2100～2800kg。图 5-13 为汽热循环式烘茧机示意图。

热风循环式烘茧机,有多段型、一段型、二段型几种类型。现介绍多段型烘茧机结构如下。其结构与汽热循环式烘茧机基本相同,主要不同处是在干燥室外设有加热器(蒸汽室或电热式火管加热),用风机通过导风管将热风送入干燥室内,以对流传热方式干燥蚕茧。其结构如图 5-14 所示。

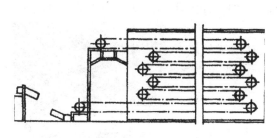

图 5-13　汽热循环式烘茧机示意图

(成都纺织工业学校,1986)

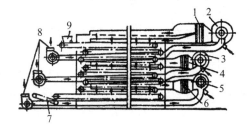

图 5-14　热风式烘茧机示意图

1.上层加热器　2.上层送风机　3.中层送风机
4.中层加热器　5.下层送风机　6.下层加热器
7.自动装袋装置　8.排风机　9.自动铺茧装置

(成都纺织工业学校,1986)

该机一般为六段型或八段型。干燥室内用隔板分成高温、中温和低温三区。如八段型的 1～2 层为高温区,3～5 层为中温区,6～8 层为低温区。在高温区的第 1 层由室外送风机以一定的风量及风速将加热器加热的热风送入。在第 3 层设排风机,将湿空气排出室外。中温和低温区同样有加热器、送风机、排气机等装置。干燥室内风速为 0.15～0.2m/s。

在各区还设有温度自动调节装置,按蚕茧干燥的工艺要求调节温湿度、风量和风速等。由于该机采用强制送热风干燥蚕茧,故烘茧速度快,干燥能力强,一般 5h 可达适干。热量大部分可循环利用、耗热量少;同时能排除辐射热的影响,工艺条件能自动调节、操作简便;茧的干燥程度均匀,烘茧质量好。该机机械化、自动化程度高,是比较理想的干燥设备。日本使用较普遍,在我国浙江、四川省等也有。

四、现代灶(机)

(一)热风回用煤灶

热风回用煤灶是四川省在煤灶基础上改建而成,利用原有的炉膛、烟道系统以及茧车轨道等进行如下改革:

(1)在热室顶盖上开一放热口,连接钳形输热管,导引热风到横轴风机处放出。

(2)在干燥室两侧安装三组四叶的横轴风扇,将回用放出的热风迅速均匀地分散到干燥室内上、下、左、右各处。

(3)在室顶的两排气筒内侧,各开一四方孔,抽取回风,用片砖砌成两条回风支管,与排气筒的四方孔连接,并汇合成回风总管,连接地面鼓风机进风口。经风管将热风引到炉门上方的热室吸气口使用。

热风回用煤灶由于横轴风扇强制送风,干燥介质穿透茧层的力量强,蚕蛹受热多,湿膜迅速被气流带走,增强了干燥效率,由于热风的流速大,排出的湿热空气也多。因此二次回用热风,收到较好的节能效果。日烘茧量比原煤灶提高200%,煤耗减少56%。

(二)双风扇双给气上外炉灶

浙江省在原有煤灶基础上改建为双风扇双给气的上外炉灶(图5-15),主要改革如下:

(1)炉胆脱离烘茧室

在烘茧室外的后墙处的地平面上,改用耐火砖砌成炉胆,炉子与烘茧室连接处,用耐火砖砌成22mm×22mm的导热管相连接。

(2)增加一层风扇

双层风扇,克服单层风扇只扇茧车中部茧格,而不能扇及整车上下茧格的缺陷,并取消了调向装置。改为双层风扇后,转速加快,加强烘茧室中气流量,使茧车各层受热均匀,排湿充分。

(3)给气增层增量

上下给气,下给气口的给气导管设在耐火砖炉胆壁处两侧。上给气设在烘茧室顶处,前后2根垂直管,将自然空气引至烘茧室,由于增设双层给气后增加烘茧的换气量,提高干燥效率,减少茧质过度热变性程度。

图5-15 双风扇双给气上
外炉灶(内部)

(4)其他改革

改造导热管口径、排气口高度、茧车增档增格等,加大铺茧量,具有干燥程度均匀、烘茧能力增大、干茧质量提高等优点。

(三)ZS85-Ⅱ型热风烘茧机

ZS85-Ⅱ型烘茧机是原浙江省丝绸科学研究院在自行设计研制的ZS85-Ⅰ型热风烘茧机的基础上,又进一步改进研制而成的。采用蒸汽预热空气后,经风道引入室内进行蚕茧干燥,对动力网板结构,选材及翻身机构等8个方面作了较大改进,提高了载茧运转的可靠性及耐用性。该机机械化程度高,可自动控制热量、风量、温度、湿度、烘茧时间及烘茧量等。整机由热交换系统、送排风系统、干燥室动力变速装置、载茧运转装置、进出茧装置、电气控制系统及保温设施等部分组成。

鲜茧通过进茧输送带进入干燥室,经载茧网板移动,并定时经八层翻落,最后移到出茧输送带,完成全部干燥作业。蚕茧在移动和翻落过程中,通过室外送入热风的吸湿干燥作用,达到干燥目的。整个干燥工序达到机械化、连续化和自动化的要求。

为了控制蚕茧干燥程度,除考虑当地、当时的气候条件及鲜茧本身的因素外,主要须控制进风温度、网板移动速度及铺茧厚度。热风温度可通过控温器加以设定。通过控制柜上电机调速器旋钮来调正网板移动速度。通过调节板及匀茧叶片的高低调整铺茧厚度与进茧口厚度。

(四)四川创艺系列自动循环热风烘茧机

创艺系列自动循环热风烘茧机是多级段落回转带式热风干燥设备,热风炉把风机送入的冷空气加热至需要的温度后,由热风系统按蚕茧干燥工艺要求分别从烘室的上部和中部送入,鲜茧经自动铺茧装置送入干燥室最上层茧网,沿水平方向做段落回转移动,经过高、中、低三个温区,被干燥的蚕茧最后由出茧机输出冷却装包。

(五)川西 CL 型热风循环自动烘茧机

川西 CL 型热风循环自动烘茧机也是多级段落回转带式热风干燥设备。热风炉抽烟风机自动控制运行,温度开差±5℃,变化较小。蚕茧翻转受热均匀,丝胶变性程度一致,蚕茧干燥程度均匀。按烘茧规程,操作简单。对司炉工和煤质的要求较高。烘工人数较少,节省人工费用。

(六)远红外线烘茧炉

广东省肇庆地区1985年根据本地能源特点试制而成。HD-D84 型远红外线电热烘茧炉的炉体结构是长方体,内积为 $3.84m^3$,壳厚 6cm,夹层内填保温材料。整个炉体外积为 $4.84m^3$。炉内左右各有 12 层铝片架,可插 24 只竹制茧筛,每筛为 85cm×95cm。每层横插红外管 6 条共 72 条,总功率为 28.8kW。排给气装置:在炉顶有两个排气口,上套排气管,伸出屋外。设在炉底的给气口有 4 只。另在炉的背后中部,伸入两条进气管。进排气管均有拉杆开关。使用 3 部 WMZK-01 型的温度自动控制仪,控制全炉温度的升降,热敏温度计分别插入第 1、5、11 层。

通过控温仪和进、排气口的适时开关调节炉内各部位热空气的温度和排湿快慢。能够一次烘干,不需中途出炉还性。在干燥过程中可采用四段配温、三段排湿的工艺方法,符合蚕茧干燥曲线的要求。一炉 24 筛可铺鲜茧 96kg。烘至适干需 5h。烘出干茧的质量与当地煤灶烘出的干茧质量相接近。解舒率烘后比烘前降低 2%～3%。

从经济效益看,可以节约燃料费用,同时又可节约维修费用,减少工耗。

五、几种烘茧机(灶)的主要技术参数

如表 5-27、表 5-28、表 5-29 所示。

表 5-27　烘茧灶主要技术参数

项目		单位	大型煤灶		风机煤灶	浙 73-1 型 车子风扇灶
			辐射热式	直接热式		
热源形式		—	辐射热	直接热	直接热	直接热
放热口尺寸及只数		mm(只)	—	250×250(1)	250×300(1)	250×250(1)
干燥室内侧尺寸 (长度×宽度×高度)		mm	3300×3600×2910	3300×3600×2910	3300×3710×3980	3300×3600×2650
排气口尺寸及只数		mm(只)	300×100(2)	300×100(2)	500×100(2)	400×150(4)
给气口尺寸及只数		mm(只)	150×150(2)	150×150(2)		150×150(2)
风扇结构	形式	—	—	—	直轴式	横轴式
	轴数	根	—	—	2	1
	每轴组数	组	—	—	3	3
	每组叶数	叶	—	—	4	4
	转速 头冲	r/min	—	—	410	350
	转速 二冲	r/min	—	—	410	300
盘架结构	形式	—	铆挡(固定盘架)	铆挡(固定盘架)	铆挡(固定盘架)	车子(移动盘架)
	挡数	挡	11	11	10	14
茧格规格	面积	m²	0.96	0.96	0.95	0.76
	每格可容鲜茧量	kg	4.5~5.0	5.0~5.5	6.5	4.0~4.5
	每格可容半干茧量	kg	3.0~3.5	3.25~3.75	4.45	2.5~3.0
每灶可容茧车数		台	—	—	—	2×2
每灶可容茧格数		只	60	66	60	112
每灶可容茧量	鲜茧	kg	300~330	300~365	390	450~500
	半干茧	kg	200~230	180~250	270	280~335
头冲干燥能力(鲜茧)		100kg/日	15.0~16.5	15.0~16.5	39	36~40
占地面积		m²	16	16	16.5	16

注:浙 73-1 型每灶配茧车 6 台、茧格 168 只。若单独一副茧灶时需配茧车 8 台、茧格 224 只以便周转。
资料来源:浙江省丝绸公司,1987。

表 5-28　推进式烘茧灶主要技术参数

项目	单位	直接热推进式	辐射热推进式
热源形式	—	直接热	辐射热
放热口尺寸及只数	mm(只)	180×270(3)	—
干燥室内侧尺寸(长度×宽度×高度)	mm	10000×3900×2250	14500×4100×2450
排气口尺寸及只数	mm(只)	400×150(10)	100×200(10)

续　表

项目		单位	直接热推进式	辐射热推进式
风扇结构	形式	—	横轴式	直轴式
	轴数	根	1	3
	每轴风扇组数	组	9	3
	每组风扇叶数	叶	4	3
	转数头、二冲	r/min	346	300～350
壁风扇结构	形式	—	—	横轴
	轴数	根	—	8
	每轴组数	组	—	1
	每组叶数	叶	—	3
	转速	r/min	—	300
茧车	挡数	挡	14	10
	每车茧格(茧箔)数	只	28	20
茧格	面积	m²	0.76	0.734
	每格可容茧量　鲜茧	kg	4.0～4.5	2.5～2.75
	每格可容茧量　半干茧	kg	3.5～2.75	2.0～2.25
全机可容茧车数		台	6×2	9×2
全机可容茧格数		只	336	360
全机可容茧量　鲜茧		kg	1350～1500	900～990
全机可容茧量　半干茧		kg	840～930	720～810
头冲干燥能力		100kg/日	115～135	62.5
占地面积		m²	57	81

表 5-29　循环机烘茧机主要技术参数

项目		单位	顶棚热风式 八段	顶棚热风式 六段	汽热式八段	热风式循环翻网四段八层
干燥室内侧尺寸	长度(L)	m	20.95	20.15	20.95	外侧尺寸 11.5
	宽度(B)	m	3.8	3.63	4.37	2.2
	高度(H)	m	4.47	2.75	4.58	3.3
网带	宽度(Bₛ)	m	3.4	3.52	3.4	—
	周长　内进茧层	m	42.96	41	42.86	—
	周长　中间层	m	41.2	39	41.2	—
	周长　出茧层	m	43.06	41	43.06	—
	使用长度	m	20	19.2	20	网板 456 块
	铺茧宽度	m	3.2	3.2	3.2	
	使用面积	m²	64	61.4	64	148
	使用总面积	m²	512	368	512	148
传动电动机功率		kW	3.7	4.5	3.7	总容量
鼓(引)风		kW	15	11.5	—	13.5
结构尺寸	外形尺寸　长度(L)	m	27	21.4	22	—
	外形尺寸　宽度(B)	m	4.1	4.25	5.65	—
	外形尺寸　高度(H)	m	5.65	3.57	5.28	—

第五节　蚕茧干燥工艺

一、干燥工艺条件

蚕茧干燥的工艺条件是以蚕茧干燥的基本原理及干燥曲线为依据,提高蚕茧的干燥速度和保护茧质为目的进行干燥的。蚕茧干燥过程中由于各阶段对干燥的温湿度及气流有不同的要求,因此在设计干燥工艺条件时,须按各阶段特点,选择合理的工艺参数。一般讲,等速干燥阶段主要是蒸发水分,着重考虑提高干燥速度;减速干燥阶段主要是保护茧质,避免干燥作用剧烈。

(一)五定烘茧

五定烘茧是根据鲜茧干燥过程中不同阶段的特点,通过调查研究,试烘测定,总结出客观规律,确定工艺参数,实行科学烘茧。

所谓"五定",即一定铺茧量、二定干燥程度(包括半干茧成数、适干茧出灶标准)、三定烘茧温度、四定加煤量、五定烘茧时间。

实行"五定"烘茧法时,应先将铺茧量、干燥程度按工艺标准,结合当时客观条件先确定好,然后再定温度、加煤量和时间。温度是烘茧过程中影响茧质、烘力、煤耗、安全的主要因素;运用鲜茧干燥曲线的理论规律,配好各个阶段合理温度。加煤量应根据温度的要求确定,定温必须定好煤量,煤量定不准,温度就无保证。定好以上四个要素,最后才好确定时间。

做好"五定"烘茧,关键在于做好"五定"内容的周密调查,例如茧质、煤质、天气晴雨、气温高低及烘茧灶的性能。这是做好"五定"烘茧的基础。

"五定"烘茧法的内容确定后,能否顺利进行,关键在于烧煤工作。烧煤工要技术熟练、责任心强。在烘茧过程中,如果遇到客观条件变化,除保持原定的烘茧温度和干燥程度外,还要机动灵活地掌握。如遇天气特殊变化,自然气温相差过大时,就要适当调整加煤量,以保证温度。又如收茧末期,因蚕品种不同,茧质变化大时,就要适当调整铺茧量,不能生搬硬套。

(二)灶性测定

测定灶性目的是了解干燥室内各层茧格的干燥差异情况及其性能,以便确定烘茧工艺条件以及对最干最湿的茧格,采取相应措施使其干燥均匀。在灶性测定前对于该地区的茧质及煤质的情况也应了解。根据茧灶性能、茧质及煤质等情况进一步修改、制定烘茧工艺是很必要的。因此,在正式烘茧前应做好以下几项工作:

1.选择有代表性的茧灶一副,待发灶后温度已达正常情况下,再测定灶性。

2.鲜茧茧质要有代表性,尽量统一。

3.测定前先要做好一切准备工作,如留点温度计、提秤及提篮重量的校对、记录表等。

4.每格鲜茧量均要称准,进灶后,不调车,不翻茧调格。

5.按原定烘茧温度、时间、排给气和风扇等使用方法进行试烘,并做好各项记载;同时观察烘茧煤层燃烧情况,到达规定时间出灶。

6.蚕茧出灶待冷后逐格称准半干茧重量,记录入表,算出半干茧干燥程度。如此重复测定两灶,进行对照分析,得出规律,再根据半干茧的干燥要求,结合煤质试烧情况,确定本期烘茧的工艺要求,或五定的烘茧方法。

灶性测定记录表见表 5-30。

表 5-30　灶性测定记录表　　　　　　年　月　日

茧站				灶号				茧别			品种	
气候				室外温度(℃)				风向				
鲜茧茧层率(%)				铺茧量(kg)				烘别				
出灶后重量								干燥名次排列	进灶时间		h/min	
左边茧格				档次	右边茧格				出灶时间		h/min	
外	中₁	中₂	内		内	中₂	中₁	外	实烘时间		h/min	
				1					加煤记录	第一次	加煤时间(h/min)	
				2							加煤量(kg)	
				3						第二次	加煤时间(h/min)	
				4							加煤量(kg)	
				5						合计用煤	kg	
				6					温度记录			
				7					左表(℃)	时间(h)	右表(℃)	
				8						进灶		
				9						0.5		
				10						1.0		
				11						1.5		
				12						2.0		
				13						2.5		
				14						3.0		
				15						3.5		
										4.0		
										4.5		
										5.0		
				小计						小计		
									鲜茧每 500g(粒)			
									半干茧每 500g(粒)			
									干茧每 500g(粒)			
进灶茧总量(kg):					出灶茧总量(kg):				干燥程度(%):			

(三)茧性调查

抽取一定量的样茧进行调查,估算适干烘率,便于烘茧时掌握。

1.烘验法

抽取鲜茧 50g,先进行切剖调查,然后将茧层和蛹体分别烘干,称得干壳量和干蛹量,再按照适干茧的回潮率为 11.5% ,用下式估算烘率:

$$烘率(\%)=\frac{[干壳量(g)+干蛹量(g)]\times 适干茧层回潮率}{鲜茧量(g)}\times 100$$

2.推算法

抽取一定数量鲜茧,测定鲜茧茧层率后,按经验数据推算求出适干茧烘率。

适干茧烘率=[鲜茧茧层率×茧层无水率(1+适干茧层回潮率)]+[(1-鲜茧茧层率)×蛹体无水率(1+适干蛹率)]

简单地可写为:

适干茧烘率=(鲜茧茧层率×适干茧层干燥率)+(蛹体率×适干蛹体干燥率)

根据 20 世纪 50 年代早期定出的经验数据,茧层烘至无水量(即茧层无水率)为 88%。适干茧层回潮率(即允许含水率)为 8%,故适干茧层干燥率一般定为 95%。蛹体烘至无水量(即蛹体无水率)约为 23%,适干蛹体回潮率 15%,故适干蛹体含水率一般定为 26.25%。再从实际测得鲜茧茧层率后,即可推算理论适干烘率。

现行的多丝量品种,由于蛹体大,蛹体无水率也比以前定的增加较多。据原浙江农业大学调查,蛹体无水率春用品种为 25%～26%,夏秋品种 23.5%～24%。蛹体适干干燥率也随之增大,春用种 29%～30%,夏秋种 27%～27.5%。至于适干茧层干燥率则变动较少,在95%～96%左右。

(四)煤质调查

煤有烟煤、白煤。机灶和推进灶一般用烟煤,大型煤灶、风机灶、车子灶等直接热煤灶用无烟煤,以防烟灰损害茧色,影响茧质。机制的煤屑须做成煤饼,最好能加工成蜂窝煤饼,则通风好、火力强。了解煤质好坏如煤屑黏结程度、含硫量多少、升温快慢等,定好拌黄泥、河池泥、水配比和煤量。如煤的含硫量多,超过控制范围 1.5%～2.5%,则应加石灰 2%以除硫为宜。

二、干燥工艺

以上四项工作调查完毕,就可确定进行烘茧工艺的五定内容,并且确定标准进行。干燥工艺标准介绍于下:

(一)铺茧量

铺茧是将蚕茧均匀铺在茧格或茧网(或网板)上,是正式烘茧的一项准备工作。铺茧量的多少关系到蚕茧干燥程度的均匀度和设备的利用率高低。铺茧过多,积叠太厚,表层和底层受热较多,水分容易发散;但茧格的中层受热较少,水分又不易发散,造成干燥不均匀。同时茧量过多,蒸发水汽量大,排湿困难,降低干燥速度,延长干燥时间,干燥均匀度也差,影响茧质。反之,铺茧量过少,茧易干燥,但易致粒间、粒内的不匀程度更重,影响茧质。如以干燥程度说,则头冲茧因鲜茧含水率高待散湿的多,可铺薄些。二冲因半干茧含水率低,散湿较少,则可铺得稍厚。茧层厚而茧层率高的,则单位面积的铺茧量应增加,铺得厚些。茧形大的蛹体也大,应稍薄,阴天稍薄、晴天可稍厚,蛹嫩稍薄,蛹老稍厚。铺茧量的一般标准见表 5-31。

表 5-31 铺茧量标准

项目	头冲	二冲
铺茧量(kg/m²)	5.0~6.0	3.25~3.75
厚度(粒)	2.0~2.5	2.5~3.0

（二）温度

烘茧温度本应以感温为主。但由于感温不易测定,故以室温与感温的差数而推测烘茧温度。在实际生产中一般又只观察壁温。先测定有代表性的室温,找出壁温与室温的差异程度,然后按照壁温来调节干燥温度。鲜茧进入干燥室后的20~30min间蛹未死,温度以90~95℃为宜。烘死蛹体后,温度可升高到100~110℃。烘率达到65%左右止。二冲开始温度控制在90℃左右,以后逐渐降低,最后机灶降至60~65℃。煤灶应降低到85℃以下,严禁出灶温度上翘。

（三）湿度

在干燥过程中必须根据鲜茧干燥规律,按各阶段不同情况,适时调节干燥室内的相对湿度,使其与鲜茧干燥程度的进展相适应,达到干燥快、丝胶变性少的目的。一般头冲控制相对湿度在8%~12%,二冲控制相对湿度在25%~35%。

（四）气流

蚕茧干燥中采甩强制送风,由于增大了热空气流速,有助于减少湿膜层厚度或破坏湿膜层,加强搅拌和对流传热作用,故能提高蚕茧的干燥速度。

自然通风因干燥室内气流缓慢,蚕茧表面的湿膜层较厚,热阻大,影响传热效果,干燥速度缓慢。

干燥室内设置风扇,推动室内热空气流动和减薄湿膜层厚度,降低水蒸气分压,增大饱差,增强热能蒸发减湿作用,使干燥室内热量分布均匀,提高蚕茧干燥效率及均匀度,有利于保护茧质,使用风速一般以0.6m/s为好。气流的配置应随干燥程度的进展,由快风速逐渐转向慢风速,头冲约400r/min,二冲约250r/min,避免风速过强损伤丝质又浪费能源。

（五）换气

在等速干燥阶段应加强换气,减速干燥阶段换气量应逐渐减少。煤灶烘茧中是自然换气和风机换气结合使用的。换气量的多少是以开关排给气口和直接热闸板来调节,将绝对湿度控制在0.03~0.04kg/m³。

（六）烧煤

蚕茧干燥所用的热源,目前我国都从煤的燃烧中获得。煤的燃烧,须具备可燃物、氧气及一定的着火温度,才能开始燃烧。要使其达到完全燃烧,必须要供给适量的空气,保持一定的温度,达到气体的着火温度,并要使空气与可燃物全面接触。煤渣要适时排出,以利通风。煤的燃烧好坏直接影响烘茧温度、时间、煤耗和烘茧质量,因此烧煤工作是烘好蚕茧的重要环节,是不可忽视的技术工作。

根据蚕茧干燥规律,各阶段要求的温度不同,则煤燃烧时也要相应配合。烧煤要服从烘茧温度的需要,一定要把煤的燃烧规律和烘茧温度按由高到低的要求结合起来。煤燃烧旺盛时,应控制在头、二冲的前阶段,而煤的预热阶段应控制在头、二冲的后阶段,使温度达到前高后低的要求。如需高温时,应加足煤量,延长旺盛燃烧阶段的时间,捅尽积灰,供给足够的空气,疏松煤层,使空气与可燃物全面接触。同时注意加煤时间,控制燃烧阶段,正好要求达到高温时,进灶时控制在燃烧阶段的初期。需要低温时可采取加一层煤,既可保持底火又可以压火缩短旺盛燃烧阶段时间,减弱火力达到降温的目的。

通灰与出灰:通灰在底火正常情况下,应先加煤后通灰。前面出灶,后面关好直接热闸板后通灰。正确掌握好出灶时间可以先通灰后加煤。通灰时先撬松灶底结块,再通出粒渣,轻轻勾平煤层。通灰后先外后内,逐段炉排通入。如系斜形炉栅则应见黑勾红,细致撬松煤层以防勾乱影响炉火。同时注意要勤出灰,避免积灰过多影响通风,约隔烘三灶出灰一次。冷却后拣出生煤屑,掺进原煤再用,节约用煤。加煤或通灰后,须把炉门及时关好,使空气由灰膛经炉栅通入炉膛以利燃烧。

(七)温度控制

机灶烘茧可通过锅炉蒸汽压力调节进气量或电流量的大小调节温度。煤灶烘茧则依靠烧煤工按目的温度掌握温度高低而做好烧煤工作。一般头冲鲜茧进灶后需要高温时应在出灶前20～30min加煤,到出灶时通灰;但后阶段需降温时,可加一层煤压火,以保持底火,又可降温。

二冲前阶段温度稍高,可用头冲出灶前一样的温度,后阶段可低些。为了降低温度,还可用缩短燃烧面积,以及使用发火力较低的杂质煤等措施。

(八)干燥时间

鲜茧烘到适干对所需的时间除受茧层厚薄、茧的干湿、灶身潮燥、天气晴雨等条件支配外,还因铺茧量、烘茧温度、换气等而不同。一般铺茧量多、温度低、换气作用弱时,干燥缓慢,烘茧时间延长;反之则短。就目前茧质与干燥设备来说,在有利于保护茧质和发挥烘茧能力的前提下,煤灶(有风扇)从鲜茧烘至适干约6～6.5h,机灶约5～5.5h。时间过短易形成"高温急干",时间过长又易形成"低温长烘",都对茧质有害,因此在烘茧温度配置上应掌握好达到出灶标准烘率预定的时间。

(九)干燥程度

干燥程度与茧的解舒好坏有相关系数0.5～0.8的正相关关系。烘率大于标准烘率的嫩烘茧,解舒虽较好,但对现在多丝量品种茧茧层较厚以及现行的缫丝方法煮茧偏熟来说,并不理想。解舒恶劣的茧,想依靠嫩烘茧,煮茧偏熟来解决,往往造成事与愿违的结果。因为嫩烘茧对易溶性丝胶的变性程度小,未达到烘茧的补正作用及增加煮茧抵抗力的要求。特别是使用直接热的煤灶,过量的SO_2对丝胶的促溶性,使外层的丝胶更易溶解,形成表煮,增加绪丝、绵条额、雪糕及汤茧等。为了防止外层过熟,内层偏生,防止环额、内层落绪、丝条故障的增多以及洁净成绩差,故烘茧干燥程度应比标准烘率偏老些。烘率偏小,给予茧层丝胶适当变性,使茧质稳定均匀。但也应为了保全茧质必须防止高温急干。烘得过干后烘率过小,特别二冲后阶段,温度高、相对湿度小时,会使茧质明显下降。现行多丝量蚕品种的蚕茧,蛹体大,蛹体干量重,故蛹体适干干燥率亦大。据原浙江农业大学蚕学系丝茧组在通过国家鉴定的国家75-46-1-2攻关课题中测试,春用品种的蛹体适干干燥率达29%～30%,夏秋用品种为27%～27.5%,由此可见,公正合理的标准烘率的确定,应当根据当地蚕品种,当时的茧层与蛹体的无水率和国家协商确定的适干茧的回潮率,经多方研究决定。对于决定标准回潮率应该是工业上利用的最佳值,充分发挥原料茧的使用价值,又不能使卖方效益受损。

（十）国内几种主要灶（机）型的干燥工艺条件

现将《制丝手册（第二版）》（1987年）几种主要灶（机）型的干燥工艺条件归纳为表5-32、表5-33、表5-34,供参考。

表 5-32 煤灶及浙 73-1 型风扇车子灶的干燥工艺条件

项目			大型煤灶		直接热煤灶		风机煤灶		浙 73-1 型车子风扇灶	
			头冲	二冲	头冲	二冲	头冲	二冲	头冲	二冲
铺茧量（kg）	每格茧量	0.76m²	5～6	3.5	4.5～5.5	3.5	5.0～6.0	3.5	4.0～4.5	2.75
		0.95m²								
		1.03m²	5.5～6.5	4.0	—	—	5.5～6.5	4.0		
	每 m² 铺茧量		5.5	3.5	5.5	3.5	5.5	3.5	5.5～6.0	3.75
烘茧温度（℃）	头冲	前阶段	107～110		107～110		104～110		102～107	
		后阶段	99～107		107～110		96～104		102～107	
	二冲	前阶段	93～99		104～107		98～104		93～102	
		前阶段	88～93		193～104 以下		82～93		88～93	
给气	头冲		进灶后 10min 全开		进灶后 10min 全开,出灶前全关		—		进灶后 30min 全开,出灶前全关	
	二冲		进灶后 10min 全开,后阶段开 1/2,出灶前全关		进灶后 10min 全开,后阶段开 1/2,出灶前全关		—		进灶后 30min 全开,后阶段开 1/2,出灶前 30min 全关	
排气	头冲		进灶后 30min（壁温 82℃）全开,出灶前全关		进灶后 30min（壁温 82℃）全开,出灶前全关		头二冲前阶段开大约 1～2min		进灶后 20～30min（壁温 82℃）全开,出灶前 20min 全关	
	二冲		进灶后 20min 全开,出灶前 30min 全关		进灶后 20min 全开,后阶段开 1/2,出灶前 30min 全关		排湿一次		开 1/2,出灶前 30min 全关	
调格翻茧或转车			烘茧一半时间		烘茧一半时间		烘茧一半时间		进灶后 1.5h 左右转车	
烘茧时间（h）	头冲		3.5～4.0		3.5～4.0		2.4～2.5		3.25～3.75	
	二冲		4.5～5.0		4.0～5.0		3.4～3.5		3.0～3.5	
加煤时间（min）	第一次		—		—		出灶前 10～15min		出灶前 10～20min	
	第二次		—		—		翻茧调格前 10min		进灶后 1.5h	
加煤量（kg）	第一次		—		—		20～25 二冲减少		25～27.5 二冲酌减	
	第二次		—		—		10～15 20%		7.5～10 10%～15%	

表 5-33　推进式烘茧机的干燥工艺条件

项目		单位	直接热推进式		辐射热推进式	
冲别			头冲	二冲	头冲	二冲
铺茧量	每格铺茧量	kg	4.0~4.5	2.75~3.0	5.0~5.5	3.5~4.0
	每 m² 铺茧量		5.0~6.0	3.5~4.0	—	—
入口→出口 各段烘茧温度	第一段(1~4 车)	℃	90~100	90~100	105~110	100~105
	第二段(5~6 车)		100~110	100~105	95~105	90~95
	第三段(7~8 车)		95~100	90~95	70~95	65~90
风扇转速 入口→出口各 段风扇速度	1	r/min			350	
	2		350		300	
	3				250	
换气	给气		利用导热管及出车时开大门		换气按大气温度及茧的 干燥程度决定	
	排气　1		全开			
	2		全开			
	3		全开(二冲 3/4)			
	4		3/4(二冲 1/2)			
	5		1/2(二冲 1/4)			
烘茧时间		h	3		3.5~4.0(头冲); 4.0~4.5(二冲)	
加煤时间		min	每次出车前 15min		每次出车前 15min	
加煤量		kg	17.5(头冲);12.5(二冲)		—	
进出车时间		min	30-35min 进出各两车		30min 进出一车	

表 5-34　循环式烘茧机干燥工艺条件

项目		单位	顶棚热风式				汽热式				热风循环翻网 式(四段八层)
			八段		六段		八段		六段		全干
			头冲	二冲	头冲	二冲	头冲	二冲	头冲	二冲	
每 m² 铺茧量		kg	5.25~ 5.75	3.25~ 3.5	5~ 5.5	3.25~ 3.5	5.25~ 5.75	3.25~ 3.5	5~ 5.5	3.25~ 3.5	每块网板铺 茧量 3kg
各段烘 茧温度	1~2	℃	105~95	100~90	103~93	98~88	90~95	85~90	95~100	90~95	上风机 120±5
	3~4	℃	95~85	90~80	93~83	88~80	90~88	85~75	95~85	90~80	下风机 95±5
	其余	℃	85~75	80~70	83~73	80~70	80~70	75~65	85~75	80~70	
	出口	℃	70	65	68	65	65	60	70	65	
茧网使用总长		m	160		115.2		160		106		148m²
网速(春茧)		m/min	0.98	0.95	0.8	0.75	0.98	0.95	0.81	0.71	0.27(网板转速)
烘茧时间		min	163	168	144	154	163	168	130	148	半干 150 直干 288
换气	给气	m³/h	全开	全开	全开	全开	3/4	1/2	2/3	1/3	热风量: 顶 2300~6600 中 1100~5500 底 500~1200
	排气		全开	3/4	全开	3/4	3/4	1/2	全开	3/4	
一昼夜全干 烘茧能力		kg	12000		6700		12000		6700		5000~6000

（十一）现代烘茧机(灶)的干燥工艺和操作规程

下面将目前应用的主要烘茧机(川西 CL 型、四川创艺系列自动循环热风烘茧机)、主要烘茧灶(浙 73-1 型灶、五通灶等)的干燥工艺条件和操作规程整理如表 5-35、表 5-36、表 5-37,以期优化烘茧工艺,达到规范化烘茧,提高烘茧质量和效率。

表 5-35　创艺牌自动循环热风烘茧机干燥工艺

烘茧方式	温度(℃)								
	送风口	一层	二层	三层	四层	五层	六层	七层	八层
直干	165±5	90	108	120	85	102	82	78	72
头冲	170±5	90	108	120	85	108	88	72	62
二冲	155±5	90	105	112	80	92	78	72	70
网速控制	启动茧网前,先将调速器调至零位,启动电机后,再慢慢调快调速器转速,直到达到设定网速,网速一经设定,一般不作调整。一次直干 550～600r/min;二次干头冲 1150r/min,二冲 1100r/min								
干燥检查	一次直干到第六网格要求达到 8～8.5 成左右;二次干头冲到第六网格要求达到 5.5 成左右,二冲到第六网格要求达到 9 成左右。出茧后 5min、10min,分左、中、右抽样 2 次,检查干燥程度是否均匀一致,是否符合要求								
干燥时间	头冲 2.5～3.0h,二冲 2.5～3.0h; 直干 5～6.5h								
出灶标准	头冲出灶 6～6.5 成干; 直干和二冲出灶以断浆成小片,重油而不腻								
铺茧厚度	直干和头冲 2.5～3 粒,约 6cm(滚筒与茧网间隙); 二冲 3～3.5 粒,约 6.5cm(滚筒与茧网间隙)								
气流控制	干燥室内气流速度控制在 0.4～1m/s								
湿度要求	采取强制排湿,并由高温区和中低温区分别排湿。干燥室内各温区的湿度要求:高温区为 6% 左右,中温区为 12% 左右,低温区 25%								
进茧出茧	1.运茧:鲜茧进站后要分类存放,分类进灶干燥。 2.进茧:倒茧宜用小茧篮,铺网均匀,拣出杂物;茧网中蚕茧有空缺处要及时补上;不同类型的蚕茧铺茧时在茧网上要相隔 1m 以上。 3.出茧:茧网末段开始出茧时启动传送带,及时选出各类下茧,然后装篮。 4.交接:交接前拣清落地茧,拣清干燥室挡板后漏挂茧,并告知相关情况								

表 5-36　川西牌自动循环热风烘茧机干燥工艺

烘茧方式	温度(℃)							
	主风温		一层	二层	三层	四层	五层	六层
	高温区	中温区						
直干	140±5	120±5	105±5	112±5	97±2	82	76	68
头冲	140±5	120±5	105±5	112±5	90±2	80	68	64
二冲	120±5	105±5	102±5	105±5	83±2	77	72	68
网速控制	启动茧网前,先将调速器调至零位,启动电机后,再慢慢调快调速器转速,直到达到设定网速,网速一经设定,一般不作调整。一次直干450r/min左右,二次干900r/min左右							
干燥检查	一次直干到第二网格末要求达到6.5成左右;二次干头冲到第二网格末要求达到4成左右,二冲到第二网格末要求达到8成左右。出茧后5min、10min,分左、中、右抽样2次,检查干燥程度是否均匀一致,是否符合要求							
干燥时间	头冲2.0~2.5h,二冲2.5~3.0h; 直干4.5~6.5h							
出灶标准	头冲出灶6~6.5成干; 直干和二冲出灶以断浆成小片,重油而不腻							
铺茧厚度	直干和头冲2.5~3粒,约6cm(滚筒与茧网间隙) 二冲3~3.5粒,约6.5cm(滚筒与茧网间隙)							
气流控制	干燥室内气流速度控制在1~0.4m/s							
湿度要求	采取强制排湿,并由高温区和中低温区分别排湿。干燥室内各温区的湿度一般要求:高温区在6%左右,中温区在12%左右,低温区25%							
进茧出茧	1.运茧:鲜茧进站后要分类存放,分类进灶干燥。 2.进茧:倒茧宜用小茧篮,铺网均匀,拣出杂物;茧网中蚕茧有空缺处要及时补上;不同类型的蚕茧铺茧时在茧网上要相隔1m以上。 3.出茧:茧网末段开始出茧时启动传送带,及时选出各类下茧,然后装篮。 4.交接:交接前拣清落地茧,拣清干燥室挡板后漏挂茧,并告知相关情况							

表 5-37　风扇车子灶干燥工艺

工艺	头冲	二冲
温度	110℃	100℃,后阶段90℃,出灶前30min降至80℃以下
干燥时间	2.5~3.0h	3.0h
调车时间	进灶后1.5h	进灶后1.5h
排气	进灶后温度达到82℃时开,出灶时关	进灶后温度达到82℃时开,调车后改开1/2,出灶前30min关
给气	温度超标准3℃以上配合高温闸板使用,开1/2或全开,温度恢复正常关	温度超标准时配合高温闸板使用,开1/2或全开,并按逐步降温需要确定关启量,出灶前30min降至80℃全关至出灶
风扇	头冲、二冲均在进灶后开风扇,头冲450r/min,二冲300r/min,每15min调向一次,进出灶和调车时关	
加煤	出灶前15min加煤28~30kg,调车前10min加煤7~10kg	出灶前5min加煤18~20kg,调车时如底火较差视情况加煤5~7kg
高温闸板	进灶后开,调车出灶时关,温度超标准3℃以上改开1/2,加煤捅灰时关	进灶后开,温度超标准3℃时改开1/2或全开,出灶前30min全关
烟囱闸板	发灶、加煤、捅灰时开,其余时间全关	
出灶	蛹体6.5~7成干	蛹体断浆成片,重油而不腻

三、造成干燥不匀的原因及防止措施

干燥不匀即干燥后有干燥斑存在。干燥不匀的表现主要是干茧残留水分不匀。干燥不匀分为"量"的不匀和"质"的不匀。"量"的不匀还有可能补救，"质"的不匀就无法纠正。它包括茧与茧间的不匀和一粒茧的茧层各部位不匀。干燥不匀对缫丝与贮藏均有不良影响。总的说虽然符合适干烘率要求，但各粒茧间总有过老过嫩或偏老偏嫩的情况，致使贮茧中易生霉变。缫丝时，同一批茧应用相同的煮茧与缫丝工艺条件。如茧与茧间的不匀，甚至一粒茧因部位而异，则煮茧中就发生了煮熟不匀的情况，缫丝中容易产生颣节，增加切断，给缫丝带来困难。故在烘茧进程中应防止干燥不匀的发生。现举例以不同烘率的蚕茧混合。按正常煮茧工艺煮茧，进行 400 粒缫，其结果见表 5-38。

表 5-38　干燥不匀茧的缫丝成绩

项目	煮熟度	解舒率（%）	有绪率（%）	落绪率（%）	缫折（kg）	清洁（分）	洁净（分）
烘率不同蚕混合区	偏生适熟过熟	61	60	8.32	325	86	82
对照区	适熟	75	64	3.85	291	92	91

注：烘率不同茧混合区计烘率为 50%、48%、46%、44%、42%、40%、38%、36% 各 50 粒混合后，用与对照区同样工艺条件与方法煮茧及缫丝。

资料来源：王天予，1983。

烘率不同，贮藏中嫩烘茧易发霉。煮茧中外层与内层不易均匀煮熟。在试验过程中，烘率在 40% 以上随着烘率的增加，茧质不稳定，煮茧抵抗小，过煮现象相应严重，丝条故障多。如烘率 48% 及 50% 的嫩烘茧大多数已接近崩溃，缫丝时多绵条颣成绩差，烘率 38% 的，特别是 36% 的过老茧，煮茧后茧层生硬，不易煮熟，索理绪困难，茧丝不易离解，缫丝成绩也差。

（一）干燥不匀原因

干燥不匀有给热不匀和受热状态不匀两种。前者系烘茧机结构机能上的缺点；后者是由于原料和技术上的问题。

1. 烘茧机结构方面

（1）气流的关系

干燥室内的气流构成状态，对烘茧程度的均匀与否起着重要作用。如自然及机械换气中，由于气流不匀或有死角造成干燥不匀。

（2）辐射热的关系

因辐射热系直线进行，故处在面对辐射热一面的受热多，背着辐射热一面的不易受热，易发生干燥斑。

（3）热源及热分配的关系

热源的位置、散热的路径、蒸气管的分布等情况，如果不完全合理或不符合设计标准，也易造成干燥不匀，形成干燥斑。根据一次干和二次干机灶的八段型和六段型，分别调查其干燥力，其干力强弱顺序如表 5-39 所示。

表 5-39　灶型和烘茧法的干燥力顺序

灶型及烘茧灶别		最强（段）	强（段）	弱（段）	最弱（段）
八段型	直干	4,3,5,2,1	6	7	8
	头冲	4,5,3,2	6,1	7	8
	二冲	3,2,4,5,1	6	7	8
六段型		2,3,1,4	5		6

资料来源：王天予，1983。

2.烘茧技术方面

（1）铺茧量及铺茧均匀

在一定面积内规定铺一定茧量，如有超过或不足都会产生干燥不匀，又因铺茧厚薄的不匀，也会造成干燥程度差异。

（2）不同茧质的茧同灶干燥

因蚕品种不同，茧形大小也有不同，茧层厚薄及茧层松紧也不一致。还有蚕蛹发育程度、茧层含水量等不同而使茧质均有不同。如将这些茧均放在同一灶内干燥，则必然造成干燥不匀。故不同类的茧应分别进灶干燥。

（二）适干均匀的措施

1.构造方面

采用移动茧体来变换位置：如水平直进移动和水平段落移动。推进式就是依赖茧架的水平直进移动，来变动蚕茧在容茧室中的位置，以达到均匀受热及排湿的目的。循环式就是利用茧网的前进而移动，同时上一段转移到下一段，使茧体从上一段翻动到下一段，彻底改变蚕茧的原来位置，使茧层各部受热均匀，以防干燥不匀。另外，可变动空气：利用风扇搅拌空气，人为地控制气流，促使形成湍流，使室中气流均匀，传热迅速，换气适当。同时，也可采用辐射热防止装置，如辐射热防止板可以防止辐射热影响茧质。在条件许可下，尽量改用热风烘茧灶（机），段落移动茧体位置。或将翻茧调格的灶改为风扇车子式煤灶，对干燥均匀方面略有改进。

2.烘茧技术方面

正确测定灶性，摸清灶性，采取措施，使灶内感温均匀。严格做到定量铺茧。有条件的实行按品种分别进灶。借半干茧适当还性，也可减少粒间或同粒茧各部位间的干燥不匀。半干茧按烘率不同，分别进灶二冲。二冲前适当垄堆，掌握好适干标准。烘茧温度应前高后低，适时排湿，烧火技术应严格按工艺条件进行，切忌时强时弱、烧偏火、烧吊火等烧火方法。

第六节　蚕茧干燥程度检验

干燥程度的检验，一般常采用以下三种方法：一是感官检验法，凭嗅觉、听觉以及手触感觉来鉴别的方法；二是重量检验法，以这种方法推算出适干茧的标准烘率进行出灶；三是蛹体检验法。第二、第三种方法在生产中采用较多。现分述如下：

一、重量检验

(一)烘率

烘率是指一定量鲜茧能烘成的适干茧量的百分比,计算式如下:

$$烘率(\%)=\frac{干茧重量}{鲜茧重量}\times100$$

(二)烘折

烘折是指烘一定量的干茧所需要的鲜茧量,计算式如下:

$$烘折(kg)=\frac{鲜茧重量}{干茧重量}\times100$$

烘折的单位有采用"千克"的,也有采用"‰"的,但习惯上常采用"千克"表示。

(三)几成干

所谓几成干,是指一定量鲜茧已烘去的水分量,占烘至适干茧时应烘去水分量的成数。

$$几成干=\frac{鲜茧重量-干茧到一定程度后的茧重量}{鲜茧重量-适干茧重量}$$

(四)烘率与烘折的换算

其方法如下:

$$烘率(\%)=\frac{100}{烘折}\times100$$

$$烘折(kg)=\frac{100}{烘率(\%)}$$

例:已知烘折为250kg,求烘率:

$$烘率(\%)=\frac{100}{250}\times100=40(\%)$$

已知烘率为40%,求烘折:

$$烘折(kg)=\frac{100}{40\%}=250(kg)$$

(五)标准烘率的确定

标准烘率可以根据鲜茧茧层率来进行估算与推算。

1.烘率的估算

抽取鲜茧50g切剖调查茧层率、干壳量及干蛹量,若按适干茧的回潮率11.5%计,可根据下式估算烘率。

$$鲜茧茧层率(\%)=\frac{50g鲜茧茧层量(g)}{50(g)}\times100$$

$$烘率(\%)=全茧无水率(\%)\times1.115$$

例:50g鲜茧茧层量为11.9g,烘得干壳量为10.53g,干蛹量为9.14g,则:

$$鲜茧茧层率(\%)=\frac{11.9}{50}\times100=23.8(\%)$$

$$全茧无水率(\%)=\frac{10.53+9.14}{50}\times100=39.34(\%)$$

$$适干茧的烘率(\%)=39.34\times1.115=43.86(\%)$$

$$或\ 39.34\times1.11=43.67(\%)$$

2. 烘率的推算

推算烘率主要是根据鲜茧茧层率来进行的,其具体做法是:抽取一定量(50g)鲜茧,测定鲜茧茧层率后,然后按照实测数据推算标准烘率。这样求得的烘率,误差较小。推算方法有多种,现介绍如下:

(1)日本松本介的烘率计算法

$$烘率(\%)=[(鲜茧茧层率\times茧层无水率)\times(1+0.11)]+$$

$$[(1-鲜茧茧层率)\times蛹体无水率\times(1+0.12)]$$

式中:0.11 为适干茧层回潮率,0.12 为适干蛹体回潮率。

(2)日本木村的烘率计算法

$$烘率(\%)=(C-0.0112P)x+1.12P$$

式中:P 为鲜茧的蛹体无水率,x 为鲜茧茧层率。

$$C=0.86\times(1+干茧茧层含水率)$$

$$=0.86\times\left(1+\frac{干茧茧层含水量}{茧层无水量}\right)$$

式中假定:鲜茧的茧层含水率为 14%,干茧的蛹体含水率为 12%,则 C 的值由干茧茧层含水率而定。

(3)根据国内目前多丝量品种及烘茧、缫丝的要求,提出如下的烘率计算法:

$$P(\%)=[(B\times B')+(B\times B'\times C_1))+[(1-B)\times b+(1-B)\times b\times C_2]\times100$$

$$=[B\times(B'+B'C_1)]+[(1-B)\times(b+bC_2)]\times100$$

式中:$P(\%)$ 为适干茧烘率;B 为鲜茧茧层率,$(1-B)$ 为蛹体率,B' 为茧层无水率,现定为 87%~89%,b 为蛹体无水率,现定为 24%~26%;C_1 为适干茧层回潮率,现定为 8%~11%;C_2 为适干蛹体回潮率,现定为 11%~15%。

根据以上公式及现在定的各经验数据代入公式及实测的鲜茧茧层率后,即可推算出标准的适干茧烘率。

例:现实测 B 为 23.8%;设 B' 为 88.5%,b 为 24%,C_1 为 11%,C_2 为 11.5%,求 P。代入公式

$$P(\%)=[B\times B'(1+C_1)+(1-B)\times b(1+C_2)]\times100$$

$$=[(0.238\times0.885\times1.11)+(0.762\times0.24\times1.115)]\times100$$

$$=43.77(\%)$$

以上计算方法与烘率的估算结果相差仅有 0.02%~0.1%,差距较小。总之,推算时可按蚕品种、茧层厚薄、蛹体大小等不同及各地区干湿情况在经验数据的范围内来确定最佳的茧层、蛹体的无水率和适干茧层及蛹体的回潮率。这样推算出烘率比较恰当,目的是便于掌握适时出灶及防止蚕茧发霉变质,有利于煮茧、缫丝。

二、蛹体检验

(一)半干茧蛹体干燥成数的鉴定

半干茧蛹体干燥成数,采用剖开茧层鉴别蛹体的方法,根据蛹体的形态特征,识别蛹体的干燥成数(表5-40)。

表5-40　干燥成数与蛹体形态

干燥成数	蛹体形态
1	蛹体已死。尾部略有收缩,翅未变形
2	尾部收缩明显,两翅收缩,隐约可见
3	两翅凹形明显,但翅梢未瘪,腹部无凹形
4	两翅深凹,翅梢已瘪,腹部初起凹形
5	腹部凹形明显,头胸部饱满而凸起,两翅未起边线
6	腹部深凹,两翅初起边线,呈瓢羹形
7	嘴翅连通边线,头胸部收缩明显,腹部尚软而滑动
8	腹部初检厚浆,轻捻腹部不易滑动
9	头部断浆,指揿腹部,微有软性
10	揿捏蛹体松脆,留油无腻性

注:嫩蛹、过老蛹、死蛹、病蛹等因体质关系,变形有异,在正常蛹中尚有尾部缩进腹内,使腹部无明显收缩;还有的尾部收缩极微,使腹部很快收缩变形等现象。

资料来源:浙江农业大学,1989。

(二)适干茧干燥程度检验

1.出灶适干蛹体检验

(1)适干

鼻闻微香,量轻而微湿,摇茧时有清脆声,揿捏蛹体已断浆成小片,重油而不腻为适干。

(2)偏嫩

鼻闻有馊味,手摸灶内蚕茧表面有水湿气,摇茧听其声重浊而带闷声,剖茧捻蛹成大片状,带腻性。

(3)过嫩

蛹体未断浆,破皮似牙膏状。

(4)偏老

鼻闻浓香,量轻而干爽,摇茧声音较尖脆,捻蛹成粉状,略见油。

(5)过老

鼻闻香味浓,摇茧轻爽,声音尖脆,捻蛹成小硬粒或硬块,断油。

风扇灶和热风灶干茧出灶时,主要以听觉、蛹体检验为依据。

出灶检验适干允许范围,一般规定为适干庄口的适干蛹率达85%以上,偏嫩偏老蛹体总数不超过15%的范围,其中偏嫩蛹8%以内,偏老蛹7%以内,俗称"7老8嫩",过老过嫩蛹均以一粒作两粒偏老偏嫩蛹计算(表5-41)。但现行烘茧机灶及工艺,适干茧应达到95%为宜。

表 5-41　庄口适干均匀程度标准

庄口名称	适干蛹(%)	偏嫩蛹(%)	偏老蛹(%)
适干庄口	85 及以上	8 以内	7 以内
偏嫩庄口	—	8.1~12	7 以内
偏老庄口	—	8 以内	7.1~11
过嫩庄口	—	12.1 以上	7 以内
过老庄口	—	8 以内	11.1 以上
老嫩不匀庄口	—	8.1~12	7.1~11
	—	12.1 以上	11.1 以上
重老嫩不匀庄口	—	8.1~12	11.1 以上
	—	12 以上	7.1~11

注:①过老或过嫩蛹一粒均作两粒偏老或偏嫩蛹计算。②小数以一位为限,以下四舍五入。③四川省规定适干庄口要求适干蛹不低于 85%;偏嫩、过嫩蛹春茧不超过 8%,秋茧不超过 7%,偏老,过老蛹春茧不超过 7%,秋茧不超过 8%。

资料来源:浙江省丝绸公司,1987。

2.干茧入库检验

干茧入库检验一般是在出灶后 2d 至 20d 内进行,因蛹体已发生一定变化,检验标准也有所变动,其标准如下。

(1)适干

蛹体留油,稍用力揿捏,碎成小片或酥粒状,捻之卷成线香条,手指上染油。

(2)偏嫩

蛹体重油,揿捏成薄片或软块,带有腻性。

(3)过嫩

蛹体软,未断浆,揿捏成饼状或破皮即见厚浆。

(4)偏老

蛹体揿捏成粉状,手指上不染油(纸上有油),捻之不能成线香条。

(5)过老

蛹体硬,断油,不易揿碎,用力重捏,碎成硬块或硬粒。

如蛹体多油不腻,揿捏成小片或酥粒状的可属适干蛹体,所谓捻蛹成线香条,不能用重力或多次反复捻。如蛹体虽能捻成线香条,但手指不染油的,仍属偏老蛹。如蛹体稍用力揿捏,手感松脆,不成粉状,捻碎后成小片或酥粒,色泽黄亮,虽指上无油,也可作适干。

三、干茧出站检验方法

为了确保安全进仓,干茧的干燥程度应以出站时或入库时检验为准,因此,必须根据检验标准认真做好出站检验工作。检验方法如下:

(一)干茧出运前抽样切剖

根据蛹体干燥标准及庄口适干均匀标准进行检验,以决定是否出运和办理填表及上报手续。检验结果如发现重嫩,应在茧站内进行低温复烘处理,如有部分过老、老嫩不匀、受潮等茧包,均需分别抽样,分别检验,分别堆放,注明标记,分别运交仓库。混在上茧中的印烂茧不能超过 0.7%。

(二)预检方法

以手拍茧包或取茧摇动,检查其声音,以鼻嗅茧,检查其香味;用手插入茧包或茧堆,检查有否发热及茧层受潮发软等现象,检查干茧(特别要削剖印烂茧观察)有否发霉现象,检查有否老嫩不同的混杂情况等。

(三)剖茧检验蛹体的方法

1.抽样方法

每 3～5 茧包中任择一包,在其头、中、尾或四周抽干茧 200g(如未打包则在 500kg 全干茧官堆中抽 0.5kg),如此抽出的干茧达若干公斤后,打匀官堆,划成四份。每份抽取 200g,用秤共称准 0.5kg,然后在 0.5kg 样茧内,数清干茧粒数,平铺桌上选出印烂茧,得出印烂茧的百分率。

2.剖茧检验

将 0.5kg 样茧分成两区,从每区中(剔出双宫、薄皮茧)抽出 140 粒,共 280 粒(干茧包数在 200 包以下者,粒数减半)。其中 80 粒作为预备样茧,将 200 粒蚕茧逐粒剖开,取出蛹体,如发现有僵蚕(蛹),毛脚等不正常蛹体则在预备茧中补定,然后按蛹体干燥程度标准逐粒检验,取得一致意见后计算出老嫩蛹百分率,得出适干蛹体百分率,并将结果详细填入干茧出站检验记录表中。

庄口适干程度计算方法举例如下:

如某庄口春茧检验蛹体 200 粒,其结果是:过老蛹 4 粒,偏老蛹 12 粒,偏嫩蛹 4 粒,适干蛹 180 粒,则:

偏老蛹:$12+(4×2)=20$(粒)

偏老蛹百分率为:$20÷(200+4)×100\%=9.8\%$

偏嫩蛹百分率为:$4÷(200+4)×100\%=1.96\%$

适干蛹百分率为:$180÷(200+4)×100\%=88.24\%$

根据以上计算结果,偏嫩蛹虽在 8% ,但偏老蛹超过 7% ,所以,该庄口为偏老庄口。

对不安全庄口的处理,应分别情况,采取适当措施,干茧茧层合理回潮率为 10.5%～11.5% 为宜,超过 13% 以上,就容易发霉变质。因此,凡受潮、淋雨、发霉、嫩烘茧、老嫩不匀茧等,其回潮率都超过 13% ,手插入茧包中都有阴湿感,用鼻闻茧,有湿味。应根据当时的具体情况、气候和设备条件以及工厂的生产安排,采取适当措施进行处理,以防止扩大损失,对有问题的原料,也不能轻易复烘,防止造成过老,应根据不同情况采取措施。

(1)轻潮茧

只是茧包表面受潮而没有影响到内部时,可采取整包进行敞晒或换袋改装,排除湿气。

(2)重潮茧

茧包内外均受潮,如程度轻,可采取开包摊晒散潮,如需日晒的,则要盖上白布,避免阳光直射;如手感到茧袋中部发热,茧层湿润带黏,应以 50℃ 的低温复烘。

(3)嫩烘茧

对嫩烘茧除有特殊规定外,一般过嫩茧 15% 的,可采取低温复烘;在 15% 以下的,应提前缫丝;在5%左右的,茧包内蚕茧不过分潮湿可以贮放,应仔细检查,分情况进行处理。

(4)老嫩不匀茧

对老嫩不匀茧,主要应加强入库后的管理工作,堆在库内干燥通风的地方,并经常翻包检查,或提前安排缫丝。

四、干燥程度与茧质的关系

半干茧和全干茧的干燥程度与茧质均有密切关系。半干茧的干燥程度对热能的利用率和干燥速度等都有一定程度的影响,同一批鲜茧中,半干茧干燥成数是否一致,与烘好全干茧关系很大。全干茧的干燥程度,直接影响到缫丝的产量、质量、缫折和仓储。

因此,对半干茧要求缩小蛹体间的干燥开差,对全干茧则要求达到适干均匀。现将半干茧的干燥程度、全干茧适干均匀与茧质的关系分述如下:

(一)半干茧干燥程度与茧质的关系

半干茧干燥程度,现行的标准,春夏茧6.5成干左右、秋茧6成干左右。确定这样的干燥程度有利于半干茧干燥成数的接近,堆放还性期中,水分自然平衡,二冲时容易达到适干均匀。其原因是:

1.有利于消灭大型蛹

蚕茧干燥到达等速干燥阶段的末期,绝大部分蚕茧已达6成干,由于蚕品种、蛹的雌雄、化蛹老嫩以及干燥室内位置等不同,造成干燥程度有差异。从干燥规律讲,等速干燥阶段蛹体水分的蒸发速度基本接近,但到6～6.5成干时,其干燥程度就会发生明显差异,不到6成干的少数大型蛹,仍处在等速干燥阶段,干燥速度快;而干燥程度超过6成干的蛹体,这时已进入减速阶段,水分的蒸发速度逐渐缓慢。在含水量较多的蛹体加速蒸发;含水量较少的蛹体减慢蒸发的情况下,就有利于缩小半干茧的干燥开差,取得半干茧干燥成数较接近后,再进行二冲,使全干茧干燥均匀有良好基础。

2.有利于二冲降低温度

半干茧的干燥成数已达6.5成左右,经过半干茧的还性处理,水分相对走匀并部分蒸发,这时进入二冲的半干茧的干燥程度就会超过6.5成,6成以下的大型蛹相对减少,二冲的温度可适当地降低,即保持在减速干燥第一阶段的温度并逐步达到目标温度。这样,有利于达到既不延长干燥时间,又能干燥均匀、保全茧质的目的。

(二)全干茧适干均匀与茧质

全干茧干燥程度的老嫩均匀与否,与缫丝生产和干茧贮藏有着密切关系。

1.嫩烘茧与茧质

蚕茧在减速干燥阶段中,茧层含水率在烘率45%是一个转折点。45%以下时随着干燥程度的进展,茧层含水率急速减少,这时丝胶对水的溶解性、色素的吸着性、丝胶溶液的黏度、曲折率、界面张力、混浊度、扩散性等变性现象,也就随之明显起来。因此,烘茧程度偏嫩的,解舒率有提高的倾向,嫩烘茧蛹体内留有较多水分,出灶前,水分仍在不断扩散、蒸发,能缓冲干热对茧层丝胶的刺激,不致影响茧层丝胶的结合水,丝胶变性作用较轻,有利于茧的解舒。但在仓储过程中易生霉变,另一方面,茧层丝胶不稳定,缺乏煮茧抵抗,缫丝时丝条易生故障,生丝的清洁、洁净成绩差。因此,从有利于仓储和缫丝两方面考虑,干茧的回潮率大体应保持在 11％左右为宜。

2.老烘茧与茧质

蚕茧如在出灶前蛹体水分蒸发殆尽,茧层已是过干,就会增大丝胶的变性程度。特别是增多外层落绪而影响茧的解舒。干燥程度过老,丝胶变性程度愈重,茧质也就愈劣。干燥程度偏老的茧,有安全贮藏、减少丝条故障和颣节的倾向(表5-42)。

表 5-42　干燥程度对茧质的影响

干燥程度	烘率(%)	茧丝长(m)	解舒率(%)	清洁(分)	洁净(分)
适干茧	41.7	1031.5	86.15	97.00	94.5
偏老茧	39.7	1026.5	84.25	98.00	94.5
偏嫩茧	44.0	1022.4	88.25	97.25	91.9

注:①浙江省临海县洋度茧站 1977 年调查;②用平温 100℃,直干试验;头冲风速 450r/s,二冲 250r/s。

3.老嫩不匀茧与茧质

所谓老嫩不匀茧,是指在同一批茧中存在着各种不同干燥程度的过老、过嫩、偏老、偏嫩等蛹体的茧,其含水率的开差较大,由于老、嫩蛹所占的百分率以及茧层受热变性程度的不同,致使茧质混杂,这将给煮茧、缫丝增加困难,故障多,丝质差,在仓储过程中也易霉变,难以贮藏。

4.适干茧与茧质

适干茧既考虑了缫丝、又考虑了贮藏两方面的要求和条件,这种茧蛹体和茧层都已基本烘干,但又保留了允许存在的少量水分,既能保护茧层,又有利于安全贮藏。

从表 5-42 中可见,适干茧的茧丝长、解舒率、清洁、洁净等成绩均优于偏老茧、偏嫩茧;偏嫩茧的解舒率虽较适干茧、偏老茧好,但生丝的洁净成绩较差,对生丝的品质影响较大,也不耐贮藏。偏老茧缫出的生丝,清洁、洁净成绩虽较好,但茧的解舒率低,也不利于缫丝。

第七节　蚕茧干燥和贮藏新技术

一、远红外线干燥

红外线是一种电磁波,红外线和可见光的区别在于波长不同。红外线是介于可见光与微波之间,波长范围在 0.72～1000μm。为了区别不同波长范围内红外线的不同特性,可进一步划分:波长在 0.72～1.5μm 为近红外线,在 1.5～5.6μm 为中红外线,在 5.6～25μm 为远红外线,在 25～1000μm 为超远红外线。

远红外线加热,就是利用能够辐射远红外线的热元件对物料进行加热。不同物质由于元素和分子结构不同,故对不同波长红外线的吸收也各不相同。即使是同一物质,由于组成物质的分子、原子能量变化的关系,对红外线的吸收也具有选择性。只有当红外线的波长与被加热物质固有的振动频率相匹配时,被加热的物质才能强烈地吸收红外线,引起物质内部原子、分子的强烈共振,使被加热物质在一定深度内,内外同时均匀加热。随着光学分光技术的发展,人们测得诸如水、有机物和高分子材料等对波长 $5.6\mu m$ 以上的远红外波段,具有宽而强烈的吸收带。因此,能够利用远红外线的元件对物料进行加热,而且达到快速、高效、优质、低耗的效果。远红外线干燥的优点有:①传播速度快(3×10^5km/s),按光速进行,不受空气阻碍,能够达到加热迅速的目的。②能量的传播不需要媒介,不必将周围空气加热,因而能经济地利用热能。③热效应高,根据波茨曼定律,辐射能和绝对温度的四次方成正比。据实验,红外线辐射的热效率大于对流热 30 倍。长波红外线与对流热的干燥时间之比为 15:100,即用红外线干燥可缩短 85% 的时间。④能量的传播能直线进行,直接穿透茧层,干燥蛹体,符合烘茧主要是烘去蛹体中水分、而不损伤茧丝品质的目的。

远红外线技术在蚕茧干燥工程中的利用,是近年来发展起来的一种新技术,具有成本低、效果好的特点。据试验,远红外干燥蚕茧,有泛黄现象。

二、微波干燥

微波是一种由电磁振荡而产生的频率很高、波长很短的电磁波,其频率在 300MHz 到 300GHz 之间,其波长范围为 1m 至 1mm。

微波加热的过程是微波能量与被干燥物质茧层和蛹体作用后,茧层和蛹体吸收微波而产生热效应的过程,这里所讲的物质仅限于电解质,特别是由极性分子组成的吸收性电解质。微波在物质中传播时,该物质中的水、油脂等均以每秒 20 多亿次振荡,磁场正负极把水分子中阳离子、阴离子夺走而进行干燥。各种电解质对微波吸收的能力不相同,水对微波具有较强的吸收能力,因此,一般含水量较多的物质都是吸收性电解质,最适宜用微波加热,鲜茧含有大量水分,一般含水率在 59% 以上,其中茧层含水率在 13%～16%,蛹体含水率高达 73%～77%,因而可以把蚕茧视为含有较多水分子的固态电解质,适宜微波加热干燥。

微波烘茧有加热均匀迅速、穿透力强的优点,微波加热实质上是能量的转换过程,即把微波的能量转换成热能。这是由于含有许多水分子的蛹体作为固有电解质分子的固有电场极矩,按外场方向取向(称为取向极化),在微波的交变电场作用下,如果电解质的极化属于取向极化,极化由于需要较长时间才能建立,而落后于交变电场的变化,此时就有热量放出。强极性液体以及含有极性分子或有极性基的液态、固态电解质,都有这种现象。

微波加热是由于分子的取向极化加热,能使茧堆表里同时加热。蛹体由于含水多,吸收微波能量亦多,而形成内高外低的温度状况,使温度梯度和湿度梯度一致,有利于水分向外扩散。由于热量大,因此干燥速度快,鲜茧可以在几秒钟内达到全干。另外,由于茧层温度低,微波对茧层丝胶和丝素也不会发生变性作用,因此微波干燥技术有利于保护茧层。

但微波烘茧耗电量较多,设备费用高,价格比较昂贵,因此推广使用尚有困难。微波烘茧的适干率还不够高,如控制不当蛹体还会被热击穿而破裂,使蛹体内蛋白质和脂肪外溢而增多油茧。

三、空气能烘茧

小型空气能自动烘茧机利用空气能与电子自动控制技术进行烘茧。烘茧机体积小,烘茧过程实现电器化自动控制,操作简单,质量稳定,解舒率与洁净较好。可供养蚕大户或蚕农合作组织使用。

四、智能化烘茧

电热式热风循环智能化烘茧机可解决现有烘茧设备体积大、占地面积大,仅适用于产茧多而集中的大面积密集蚕区的烘茧问题,为生产蚕茧量相对较少的专业合作社和养蚕大户提供一种轻简化烘茧机。

（一）烘茧机结构

烘茧机为一长方形立体设备,包括鲜茧传送装置、机内输茧装置、加热区、加热器、温度控制器、温度检测器。烘茧机由金属板从上至下依次分为高温、中高温、中低温、低温四个温区,分隔为加热一区、加热二区、加热三区、加热四区。

（二）支承框架

支承框架上从上到下依次设有加热一区、加热二区、加热三区、加热四区。

（三）鲜茧传送、加茧斗和输茧带

烘茧机内,加茧斗上方设有倾斜设置的输茧带,输茧带设在输茧装置内,输茧装置通过支架固定,输茧带的下端设有鲜茧斗,输茧带连接有输茧辊筒,输茧辊筒通过传送链连接传送电机。

上述蚕茧输送带上,包括茧带丝网,茧带丝网绕卷在茧带辊筒上,茧带辊筒通过传动齿轮、齿轮轴连接减速箱,减速箱连接主电机。

（四）烘茧机特点

烘茧机内呈阶梯式温区分布,将蚕茧从相对高温的温区送入相对低温的温区,相对高温区的循环热风与相对低温区的加热风机送出的热风结合,只需短时间的加热即可达到设定的温度,节约了能源和加热时间,提高了热能利用率和烘茧效率,整个烘茧机体积小,适用于蚕农自行烘茧加工,以及蚕品种选育单位的少量多批次烘茧,结构简单、合理。智能化烘茧机结构如图 5-16 所示。

鲜茧(包括半干茧)传送装置如图 5-17 所示。

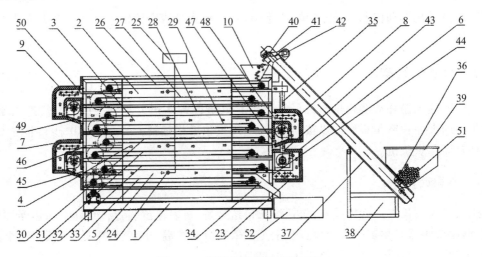

图 5-16　智能化烘茧机结构示意

1.支承框架　2.加热一区　3.加热二区　4.加热三区　5.加热四区　6.第一加热器

7.第二加热器　8.第三加热器　9.第四加热器　10.加茧斗　11.第一壳体　12.第一加热腔体

13.第一电加热管　14.第一低温腔体　15.第一风机　16.第一风机口　17.第二壳体

18.第二加热腔体　19.第二电加热管　20.第二低温腔体　21.第二风机　22.第二风机口

23.保温层　24.温度检测器　25.温度控制器　26.一区上茧带　27.一区下茧带　28.二区上茧带

29.二区下茧带　30.三区上茧带　31.三区下茧带　32.四区上茧带　33.四区下茧带　34.出茧斗

35.回风管　36.输茧带　37.输茧装置　38.支架　39.鲜茧斗　40.输茧辊筒　41.传送链

42.传送电机　43.第一加热器回风口　44.第一加热器出风口　45.第二加热器回风口

46.第二加热器出风口　47.第三加热器回风口　48.第三加热器出风口　49.第四加热器回风口

50.第四加热器出风口　51.蚕茧　52.接茧斗

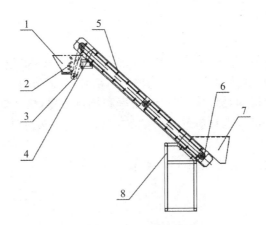

图 5-17　鲜茧传送装置结构示意

1.接茧斗　2.鲜茧　3.传动链　4.输茧带　5.送茧条

6.传动辊筒　7.储茧斗　8.支架

五、冷藏蚕茧

冷藏蚕茧在日本研究较早，它是利用低温冷冻杀蛹和冷藏蚕茧，使其达到保持鲜茧状态的方法。据试验，温度在 $-10℃$ 下，经 6h；$-12℃$ 下，经 4h；$-15℃$ 下，经 2h；或 $0\sim2℃$ 下，经 30 日均可冻杀蛹体。在 $2\sim4℃$ 冷藏，则可抑止蚕蛹发育，20 日后其完全失去羽化能力。蚕茧经冷冻杀蛹后的长期冷藏温度，一般采用 $0℃$ 左右为宜，也可采用 $4\sim5℃$ 进行冷藏，还有采用 $-10℃$ 以下的冷冻蚕茧。只要采取适当措施，温度在 $5℃$ 以下，湿度保持 80% 以内，可免遭霉害。

近年来，在我国广西等主要产茧区，采用冷藏蚕茧后，直接进行鲜茧缫丝。

冷冻蚕蛹和冷藏蚕茧是一种新工艺，也可简化煮茧工序。据试验，冷藏处理蚕茧一个月后，解冻缫丝，其解舒率可提高 $8\%\sim10\%$，生丝量可增加 $2\%\sim2.5\%$。但冷藏处理蚕茧需要特有的冷库和冷藏设备。

第六章　茧站管理

第一节　茧站设置与管理

一、茧站设置

蚕茧收购站的设置,是为了有利于蚕桑生产的发展,及时地做好鲜茧收购和加工,方便蚕农投售蚕茧,提高蚕茧收烘质量,达到保全茧质的目的。

茧站的设置布局要合理,这不仅关系到国家基建投资的利用率,而且与保全茧质、节省费用,充分利用财力、物力、人力等方面有着密切关系。因此,茧站的设置应本着"统一规划,合理布局,方便群众,保证质量"的方针,实行"挖潜与建站并重"的原则。

茧站地址应选择位于蚕区的中心,场地平整,交通运输方便,水电设施配套,以及具备必要的通信设施,有利于生产期的调度。

新茧站的建立必须有长远规划和短期安排,纳入地方基建计划后实施。

(一)茧站的规模

茧站的规模主要根据可供收购茧量而定,蚕茧生产有强烈的季节性,各收茧期间均有旺期或特旺期的出现。因此,茧站的规模应按最高日收茧量的多少来确定。若日收茧量确定过高,则会出现堆场、干燥设备、资金、人力等的浪费;假若日收茧量确定过低,则配备的堆场、干燥设备等不够用,造成鲜茧久贮,影响茧质。因此,确定日收茧量必须准确。

根据经验,最高日收茧量应是全年产量的 $10\% \sim 15\%$,或是春茧产量的 $20\% \sim 25\%$,以此作为考虑茧站规模依据的基数。四川省丝绸公司蚕茧部与四川省纺织工业设计院联合设计的"四川省茧站通用图"中有关茧站主要设施的配置,如表 6-1 所示,可供参考。

表 6-1　四川省茧站规模参考表

每期茧量 (kg)	茧站总面积(m²)	炕房(烘房)(m²)	晾场(堆场)(m²)	售茧场(称场)(m²)	生活用房(m²)	消防池(m²)	炕灶(茧灶)(副)	占地面积(a)
50000	1314	328	536	200	200	20	推进式1 热风式1	26.67
40000	1056	420	420	180	170	20	推进式1 热风式1	26.67
30000	842	330	330	150	170	15	热风式2	16.67～20
20000	698	250	250	150	170	10	热风式2	16.67～20

资料来源:黄国瑞,1994。

（二）收烘设备的配置

茧站最高日收茧量和春茧全期可收茧量确定以后,应根据最高日收茧量选择灶型和春茧全期收茧量来计算堆场等主要设备的配备。茧站收烘设备配备数量如表 6-2 所示,可供参考。

表 6-2　不同规模茧站收烘设备配备数量

	设备名称及规格	单位	配备数量			备注
			400 (100kg/期)	800 (100kg/期)	1600 (100kg/期)	
主要设备	干壳量检验台	套	1	1	2	机型自选
	烘茧灶（机）	副	2	4	8	
辅助设备	倒茧架（台）	只	1	1	2	
	小秤篮,容量 5kg	只	8	10	16	称少量鲜茧用
	小手提秤（或小台秤）,称量 10kg	把	2	2	4	称少量鲜茧及测定灶性专用
	评茧样茧篮（容量 3kg）	只	20	30	40	
	手提盘秤,称量 500g	把	2	2	4	评茧用
	评茧操作台	张	1	1	2	
	两扭子秤,头扭 10～50g,二扭 0～10g	把	2	2	4	评茧用
	运茧箩,容量 40kg	只	40	60	80	
	运茧车,容纳 2 只运茧箩	辆	1	2	3	
	茧篮（上口 $\varnothing$460mm,下口 $\varnothing$356mm,高 240mm）	只	8000～9600	16000～19200	32000～38400	按计划收购鲜茧量每 100kg 配 20～24 只计
	杠箩	只	16	20	40	
	台秤,称量 500kg	台	2	2	4	收茧及称煤用
	台秤,称量 50kg	台	1	2	2	定量铺茧用
	烧火工具（煤钩、煤耙、小煤锹、通条）	套	2	4	8	根据烘茧机型确定
	600mm 排风扇,功率 0.5kW	台	1	2	3	茧处理用
	曲柄温度计（15～130℃）	只	4	8	16	与茧灶配套
	灭火机,MP11 型酸碱手提式,10L	只	10	16	24	
	消防桶（容水量 10kg）	只	4	8	16	
	消防水缸（水池）	只	2	2	4	
	备用茧格	只	16	32	64	根据烘茧机型确定
茧站部分面积	称场	m²	100	130	200	
	烘场	m²	150	250～300	450～500	
	堆场（以 1.3m²/每 100kg 鲜茧计算）	m²	520	1040	2080	

注:①部分摘自《制丝手册（第二版）》(浙江省丝绸公司,1987);②手提盘秤、两扭子秤等,已改为电子秤。

二、茧站管理

蚕茧收烘在桑蚕茧丝绸产业链中,前接蚕茧生产,为蚕农服务,后接缫丝生产,为工厂提供量多质优的原料茧服务,通过流通和蚕茧干燥过程,把农业生产的鲜茧变成工业原料茧,承担着产前、产中、产后服务的重要任务。茧站的管理,就是按照茧站的性质,在一定范围内,把提高茧丝行业的经济效益作为工作的出发点,努力提高茧站人员的素质,有效地利用人力、物力、财力,谋求以尽可能少的资金,取得最大的经济效益。茧站管理的好坏,直接影响到原料茧质量和生丝成本,对出口创汇等都有较大的影响。因此,丝绸行业必须切实抓好茧站管理工作,收好、烘好、运贮好蚕茧,运交茧库或工厂,加工成高品质生丝,以期获得更多的效益。

(一)茧站的组织

我国的茧丝绸行业,从 1986 年国务院决定撤销中国丝绸公司后,蚕桑生产、蚕种制造划归农业部,蚕茧收购及初加工划归全国供销合作总社,丝绸生产划归纺织部,丝绸外销划归经贸部,丝绸内销划归商业部。1987 年又将蚕茧收购和厂丝业务改为由中国丝绸进出口总公司统一管理。蚕茧收烘经营工作属于蚕茧商品的流通环节,全国各地的管理体制也不尽相同,有的省由丝绸公司统一经营管理,有的省由外贸系统管理,也有的省委托省供销部门代收、代烘、代运。全国体制不一,如四川省丝绸公司是农、工、商、贸组成一条龙的政企合一的专业公司,统一经营管理栽桑、养蚕、制种、蚕茧收烘、丝绸生产等业务。浙江省德清县丝绸管理委员会,统一管理桑、蚕、种、茧、丝、绸等业务,改变过去代收、代烘的状况,这样有利于丝厂加强蚕茧收烘指导工作。江苏省有的县由蚕农组建养蚕联合体,自办烘茧站,或与乡多种经营公司联营,逐步向丝厂出售干茧,做到产销见面,减少中间环节,有利于提高原料茧品质。目前多由企业、缫丝厂自行收烘蚕茧。

茧站是蚕茧收购的基层单位,其参加生产,组织收购,执行茧价政策,将鲜茧加工成干茧,完成收烘任务,同时也是合理掌握资金、节约费用的执行者。在茧站内部设有收购和烘茧两个部门,在茧站站长的统一领导下,按照工作性质分工,收购部门有评茧(主、助评及烘箱员)、杂工(倒、运、装茧工)、文职(司称、统计、付款、复核)、总务等;烘茧部门有烘工组长、堆场管理员、烧煤工、烘工、机电保全工等,根据收烘任务,决定开灶数,进行合理配备。

由于收烘工作带有突击性、季节性、政策性和技术性的特点,因此,除少数固定职工编制外,其余多数人员都属临时雇用,为利于技术队伍的相对稳定,一般都签订较为长期的合同,茧站职工编制按有关部门规定执行。如四川省茧站人员编制定额按每期收茧量而定:在30000kg 以下的,编制固定职工 2～3 人;30000kg 至 80000kg 的 3～5 人;80000kg 以上的5～7人。其他各省也有具体规定。

(二)建立岗位责任制

建立和健全岗位责任制,对充分调动收烘人员的积极性,实行科学分工,各尽其责,确保蚕茧收烘工作保质保量顺利完成,具有很大的促进作用。茧站主要工种的职责如下:

1.站长

负责全站蚕茧收烘业务,正确执行各项收购政策,合理组织收烘,确保蚕茧收烘任务的完成;组织收烘人员学习党和政府的方针、政策和收烘业务、技术,严格执行评茧和烘茧标准及操作规程,抓好经营管理,加强经济核算,正确编报资金、费用和物资计划,合理审核费用开支等。

2.会计

协助站长加强经济核算,改善经营管理,认真负责编报、落实收购资金和费用计划,确保资金不脱节、不积压，严格执行财经纪律、财会制度，认真审核财务和有关凭证，合理掌握开支标准；及时编报和办理结算手续等。

3. 总务

负责后勤，落实维修费用，确保材物料（燃料）及时调运到站。做好设备维修、添置、保养组织工作，会同站长，安排落实收烘人员，编报运茧计划，做好安全出运的准备工作，领用茧袋、绳、包装物料及收购表、报、凭证，调换和配好消防设备；办好食堂；做好茧站财产、设备的保管，定期组织财产盘点，造册列表上报。

4. 主评

正确贯彻执行茧价政策，切实按照评茧操作规程，认真掌握评茧标准；深入农村宣传茧价政策和三不售茧，了解蚕讯，调查茧质，坚持原则，按照操作规程，正确决定提、退级，认真评定各类次、下茧及抽样复验等。

5. 助评

经常校正评茧仪器，加强下脚茧复验和统一目光。

6. 计算

认真统计和复核茧量、茧价；正确计算茧价金额；正确编报收茧日报和期终结束报表。

7. 付款

认真复核茧量、茧价、茧款，正确支付茧款金额，保管好现金、支票，逐日结清茧款和票证，盘存检点，收购结束及时办理结算，交会计公布。

8. 烘茧组长

协助站长合理安排收烘计划，安排分工编组，领导烘房全面工作，督促烘工、煤工坚持烘茧操作规程，组织工艺操作技术训练，测定灶性，确定和调整"五定烘茧"的具体工艺参数；帮助茧处理工，妥善安排堆场，随时检查，督促处理，保护蚕茧，经常检查煤工、烘工的工作情况，坚持半干、全干茧出灶标准，务求适干均匀，收购结束后带领烘工做好财产盘点、交接工作。

9. 茧处理工

合理安排使用堆场，严格按茧处理技术规定处理蚕茧；及时检查，防止出蛆、出蛾、蒸热霉变以及干茧受潮等事故发生，达到安全进仓。

10. 烧煤工

做好煤的过筛分档工作，摸清煤质，改进操作技术；按配温要求，合理掌握烘茧温度，逐灶记录，合理开关排、给气。掌握使用好风扇，定量用煤，降低煤耗。

11. 烘工

坚持质量第一，严格按烘茧工艺操作规程办事，勤练基本功，提高操作技术水平，坚持定量铺茧，操作轻快，认真细致，保证茧质；爱惜蚕茧，密切协作。

12. 机电保全工

负责装配检修全站、电力、机具传动等方面的工作，检修结束后应注意保养。

（三）茧站管理制度

为了搞好茧站的管理，必须加强制度管理，茧站的管理制度很多，综合各地管理制度的特点，大致可分为业务技术管理（包括质量管理、计划管理）、财务管理和劳动管理。综合各地茧站管理制度分述如下：

1. 计划管理

计划管理是搞好综合平衡、组织茧站正常经营活动的核心,通过各项计划的实施使茧站内部的各项管理工作能有条不紊地进行。

2. 收购管理

收购管理包括蚕讯调查、收茧组织、收购结算等内容,但其重点是执行好茧质标准和茧价政策,搞好服务,调节生产。

3. 烘茧管理

严格贯彻执行蚕茧干燥技术操作规程,达到保全茧质的目的。

4. 技术管理

按照现代化管理的要求,用科学技术的最新成果装备和改造茧站,同时不断地提高专业技术人员的素质。

5. 质量管理

形成一整套质量管理的制度,每日调查茧层率(干壳量)、上车茧率和次茧情况、茧层和蛹体无水率,估计推算标准烘率,以便做到心中有数,合理确定烘茧标准,确保蚕茧质量和茧价的执行。

6. 物资管理

做好物资供应工作,保证茧站经营活动的进行。

7. 工资管理

按照茧站经营活动的规模,合理地组织人力,并实行按劳分配的原则。

8. 财务管理

包括茧站经营蚕茧所需要的各种资金的供应、分配、计划和组织工作,对茧站整个经济活动进行综合性的管理。财经管理是茧站管理的重要组成部分,也是促进茧站改善经营管理、提高经济效益的重要手段。

9. 安全管理

其目的是避免给国家和人民的生命财产造成损失,保证茧站各项工作顺利地进行。

10. 目标管理

茧站目标管理是茧站经营管理活动的重要依据,茧站的各项经营管理活动都是围绕茧站目标的实现而进行的。

以上十方面的管理制度是互相联系的,构成了一个完整的茧站活动管理体系。

第二节　干茧进仓检验

干茧是缫丝工业的原料,主要销售给全国各地的缫丝厂。干茧进仓前必须进行进仓验收工作,然后再对各庄口干茧进行抽样、试样及作价等。

一、干茧进仓验收方法

每批茧包进仓,先了解品种、数量、包数、出站检验的干燥程度和运输途中的情况,再进行初验、检查茧包内外有无霉变、印烂茧多少、茧的干燥程度等,然后抽取样茧进行蛹体检验和印烂茧比例检验。

1. 蛹体检验

干茧进仓时,每隔5～6包中抽取1包,发现有潮湿情况要每包抽样,要求内、外、四周均匀抽取,进行拌和。削取正常蛹体100粒(如庄口茧量在200包及以下的,可削50粒),以手捻,观察蛹体形态,鉴别其烘干程度。对照庄口适干均匀程度标准进行评定。

2. 印烂茧比例检验

将已打好官堆的样茧抽取1kg,拣出印烂茧,称准重量(以g为计算单位),算出比例,通常以千分之几表示。如印烂茧有发霉的,应记明数量和程度。

二、干茧抽样

1. 抽样目的

干茧抽样是为了搞好干茧茧质调查,收集制订合理的工艺设计时所需的一切数据,做好核定干茧价格的工作。抽样时,要严格按照抽样的包数,并在上、中、下各部分抽取样茧,充分拌匀官堆,使样茧具有代表性。

2. 抽样方法

(1)蚕品种、蔟具、蚕茧收购期(茧期)、养殖地域(庄口)相同的桑蚕干茧货批作为抽样单位,抽样单位货批质量不大于25000kg。

(2)货批总包数200包以下时,采取逐包方式抽取;200包及以上应采用系统抽样方法进行,抽样包数比例不低于总包数的30%,且抽样总包数不少于200包。采用系统抽样方法时,抽样间隔包数应一致。

(3)每包抽取样品质量应均匀且不少于200g,抽取样品总质量不少于15kg。

(4)抽取结束后,随即称准混茧前样品总质量,然后在光洁的平面上反复拌匀至少3次,称准混茧后样品总质量。

①按公式(6-1)计算抽样余亏率:

$$P=\frac{W_1-W_0}{W_0}\times100 \tag{6-1}$$

式中:P 为抽样余亏率(%);

　　W_1 为混茧后样品总质量(kg);

　　W_0 为混茧前样品总质量(kg)。

②按照公式(6-2)和样茧规定质量5000g计算样茧实称质量:

$$m_s=m_D\times(1+P) \tag{6-2}$$

式中:m_s 为样茧实称质量(kg);

　　m_D 为样茧规定质量,$m_D=5000$g;

　　P 为抽样余亏率(%)。

(5)从已抽取的样品中按样茧实称质量称准两个样品,一个作为试验样品,一个作为备用样品。

3. 抽样要求

(1)抽样应具有代表性。

(2)抽样时发现被抽桑蚕干茧受潮、霉变、蛹体过嫩等情况,在未经妥善处理前,不予抽样。

①抽样不得在日晒、潮湿等环境中进行。

②抽样时应顾及茧包的不同部位。

③抽样余亏率的绝对值应不大于 2％,若超过 2％,应重新抽取。

4.样品处置

(1)填写样品标签,注明样品编号、养殖地域、蚕茧收购期、抽样人员、抽样时间和抽样地点等信息。标签一式两份,一份放入样茧袋内,另一份封系在样茧袋袋口处,标签应明确、清楚、耐久,便于识别。

(2)将两份样品分别装入样茧袋内,扎紧袋口,做上封记。

(3)样品在传递、保管过程中,应防止错乱、霉变、日晒、雨淋、挤压和鼠咬虫害等现象产生。

三、干茧的试缫

桑蚕干茧质量的考核验收,是根据国家标准(GB/T 9111—2015 桑蚕干茧试验方法、GB/T 9176—2016 桑蚕干茧),在统一技术标准和固定条件下进行试缫检验,对蚕茧内在和外观质量进行全面检查,通过试缫检验为合理核定茧价提出依据,为蚕桑生产、蚕茧收烘经营管理以及缫丝工业生产提供技术资料。

1.相关术语

(1)桑蚕干茧:经干燥处理后达到规定适干程度的桑蚕茧。

(2)万米吊糙:在缫丝过程中,根据所缫生丝的规格,每缫得 10000m 生丝所发生的吊糙次数。

(3)洁净:生丝丝条上的小型糙疵情况。

(4)解舒率:缫丝茧粒数占添绪次数的百分数。

(5)毛脚茧率:毛脚茧粒数占受检样品总粒数的百分数。

(6)霉茧率:霉茧质量占剥选后样茧总质量的百分数。

(7)毛茧出丝率:缫得丝的质量占供试毛茧质量的百分数。

(8)解舒丝长:平均每粒茧添绪一次所能缫得的茧丝长度。

(9)统茧:蚕品种、蔟具、蚕茧收购期(茧期)、养殖地域(庄口)混杂的桑蚕干茧。

2.技术要求

技术要求由万米吊糙、洁净、毛茧出丝率、解舒率、毛脚茧率、霉茧率和解舒丝长 7 项技术指标组成。

四、干茧分级

1.基本级

(1)根据桑蚕干茧万米吊糙、洁净、毛茧出丝率、解舒率、毛脚茧率和霉茧率最低一项指标确定基本级,从高到低分为 1 级、2 级、3 级、4 级、5 级和 6 级,共 6 个级。

(2)桑蚕干茧基本级指标规定见表 6-3。

(3)桑蚕干茧为统茧的,基本级一律降为 6 级。

表 6-3　桑蚕干茧基本级技术指标规定

检验项目	计量单位	基本级					
		1	2	3	4	5	6
万米吊糙	次	≤2.0	>2.0 且≤4.0	>4.0 且≤6.0	>6.0 且≤8.0	>8.0 且≤10.0	>10.0
洁净	分	≥94.00	≥92.00 且<94.00	≥90.00 且<92.00	≥88.00 且<90.00	≥86.00 且<88.00	<86.00
毛茧出丝率	%	≥38.00	≥35.00 且<38.00	≥32.00 且<35.00	≥28.00 且<32.00	≥24.00 且<28.00	<24.00
解舒率	%	≥70.00	≥55.00 且<70.00		≥40.00 且<55.00		<40.00
毛脚茧率	%	≤10.00			>10.00 且≤20.00		>20.00
霉茧率	%	≤2.00			>2.00 且≤6.00		>6.00

2.分级分型

（1）洁净

洁净采用分级方法，洁净指标的级别按表 6-3 执行。根据洁净的级别条件分为 7 个级别，即 6A、5A、4A、3A、2A、A 级和级外品（级外品以 A̲ 表示），具体级别条件见表 6-4。

（2）解舒丝长

解舒丝长采用分型方法，根据解舒丝长的分型条件分为三种型，即解舒丝长大于或等于 800.0m 时表示为 TC；小于 350.0m 时表示为 TD；大于或等于 350.0m 且小于 800.0m 时表示为 ZC，ZC 具体表示方法为用解舒丝长试验结果的百位数和十位数的数值表示，具体规定见表 6-4。

（3）万米吊糙

万米吊糙采用分型方法，根据万米吊糙指标的分型条件分为五种型，即Ⅰ至Ⅴ。具体规定见表 6-4。

（4）毛茧出丝率

毛茧出丝率根据 GB/T 9111—2015 的试验结果，按照 GB/T 8170—2008 将试验结果修约至整数表示。

表 6-4　洁净、解舒丝长、万米吊糙指标分级分型规定

级别	洁净（分）	型号	解舒丝长（m）	型号	万米吊糙（次）
6A	≥95.00	TC	≥800.0	Ⅰ	≤2.0
5A	≥94.00 且<95.00			Ⅱ	>2.0 且≤4.0
4A	≥92.00 且<94.00	ZC	≥350.0 且<800.0	Ⅲ	>4.0 且≤6.0
3A	≥90.00 且<92.00			Ⅳ	>6.0 且≤8.0
2A	≥88.00 且<90.00	TD	<350.0	Ⅴ	>8.0
A	≥86.00 且<88.00				
A̲	<86.00				

3.质量标志

（1）桑蚕干茧质量标志由基本级、洁净等级、毛茧出丝率、解舒丝长和万米吊糙组成。

（2）桑蚕干茧质量标志的标示方法及代号见图 6-1。

4.定级顺序

（1）先由 6 项指标确定基本级。

（2）根据分型规定调整茧级。

（3）确定茧级。

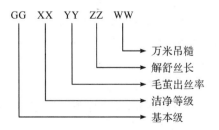

图 6-1　桑蚕干茧质量标志

5.标志实例

某庄口桑蚕干茧经试验结果如下:毛脚茧率为 8.5%,霉茧率为 0.10%,洁净为 91.30 分,毛茧出丝率为 34.29%,解舒丝长为 703.2m,解舒率为 62.16%,万米吊糙为 3.6 次。

(1)先定基本级

从分级表查得:万米吊糙 3.6 次,为 3 级;洁净 91.30 分,为 3 级;毛茧出丝率 34.29%,为 3 级;解舒率 62.16%,为 2～3 级;毛脚茧率 8.5%,为 1～3 级;霉茧率 0.10%,为 1～3 级。以上 6 项,最低为 3 级,因此,该庄口桑蚕干茧的基本级为 3 级。

(2)根据分型调整茧级

洁净 91.30 分,为 3A 级;毛茧出丝率 34.29%,修约为整数 34;解舒丝长 703.2m,其相应的分型为 ZC,其百位数和十位数分别为 7 和 0,标示为 70;万米吊糙 3.6 次,其分型为 Ⅱ。

(3)确定茧级

根据基本级和分型,该庄口桑蚕干茧的质量标志为 33A3470Ⅱ。

五、干茧价格

干茧的价格根据桑蚕鲜茧收购价格和质量水平结合收烘成本等实际情况确定。

第三节 干茧贮运

鲜茧经干燥成适干茧后,茧层具有潮湿环境中容易吸湿、干燥环境中又容易散湿的特点。同时,若仓储条件差,或者保管不妥,容易造成霉烂变质,如多次吸湿放湿,将会导致丝胶变性。如环境过干,也易增大茧层丝胶的胶着力,降低丝胶的溶解性能,使解舒变差。因此,一般都应将干茧立即运往缫丝厂的茧库贮藏,保证丝厂原料茧常年缫丝之用。干茧的贮藏,要求防止霉变,消灭虫鼠危害,达到安全贮藏,尽可能地保全蚕茧固有的经济价值。

一、干茧运输

干茧的特点是容易受潮发生霉变,恶化茧质而降低茧的经济价值。另处,干茧的体积庞大,运送时间又多在梅雨季节,如果工作稍有疏忽,容易造成意外事故,因此,在运输途中必须注意保持茧质。

从收茧开始,就要做好干茧运输计划,确定出运日期与数量;出运前,要严格检查防雨设备,对包装不善的茧包应立即改装缝补,扎紧绳子,吊牢标签;按发运茧别、上茧、次茧、下茧的包数分别装运,先装上茧,再装次、下茧,填好运输联单,交押运员;在运输途中防止雨淋,做到安全出运。

干茧到茧库后,应立即进仓,对少数受潮茧、老嫩不匀茧、偏嫩茧等应向茧库管理员讲清情况,另行堆放,及时处理,以免造成不必要的损失。

二、干茧贮藏

（一）干茧贮藏要求

干茧的贮藏应认真贯彻"以防为主"的贮藏方针,在干茧进仓前,应充分做好各项准备工作,以防患于未然,对干茧贮藏总的要求是"防止霉烂,消灭虫鼠危害;做到科学管理,使干茧在长期贮藏中不变质,或少变质"。在具体工作中,由于干茧具有易吸湿和散湿的特点,在高温多湿环境下,蚕茧容易吸湿,如不立即采取措施,通风排湿,有酿成霉害的危险。因此,茧库的管理应根据茧库的条件、茧库的结构等情况合理掌握好温湿度条件,同时,要严防虫鼠的危害。

（二）干茧堆放方法

干茧的堆放是否合理,与茧库的合理使用、干茧的安全贮藏等均有密切关系。堆放的方法,应分庄口堆放,即使同一庄口的干茧也要做到按期别、品种堆放,不能混堆。对干茧堆放的具体要求是:

1. 堆放安全

提高仓位的使用效率,方便出库检查、清点。

2. 堆放高度

应根据仓库的高度灵活掌握,楼上不宜超过大梁,一般以十层为宜,堆放时间长的要注意将写明庄口名称、重量、总包数等的标签的一面一律朝上或朝下,作为翻包时的标记,使茧层和蛹体相互调换接触面。茧包离墙 0.7m,走道以 1.2m 为宜。

3. 堆放方法

目前主要是井字形通风垛和紧密大垛两种方式(图 6-2)。井字形通风垛有利于通风散湿,防止蒸热变质,便于检查,但占用仓位较大,这种堆放方法适用于偏嫩或轻度受潮庄口以及需要进行通风排湿的茧包堆放。紧密大垛有容量大、仓位利用率高、能减少茧包与空气的接触面、防止干茧受潮的优点。但对偏嫩或受潮茧包,易酿成蒸热霉变。这种堆垛方式主要适用于安全茧包或者茧质已转入正常的安全茧包。在生产中可根据具体情况选择采用。

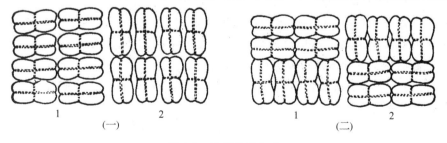

图 6-2　茧库堆垛方式

（一）井字通风垛:1.底层　2.二层　　　　　　（二）紧密大垛:1.底层　2.二层

（范顺高等,1981）

三、茧库的管理

干茧在贮藏过程中,常因外界环境变化,而有不断吸湿和散湿的现象,造成茧层丝胶的变性,降低丝胶的溶解性能。因此,干茧有随着贮藏时间的延长,解舒下降,茧质变差的趋势(表6-5)。

表 6-5　贮藏时间与缫丝成绩的关系

项目	贮茧时间					
	0.5 个月	2 个月	5 个月	7 个月	9 个月	12 个月
解舒丝长(m)	1085	1050	1033	1024	999	976
解舒率(%)	87.1	85.1	83.7	82.4	78.6	78.0
鲜茧出丝率(%)	19.12	19.12	19.06	19.06	19.00	18.96
洁净(分)	93.6	92.8	92.6	92.5	91.5	91.4

资料来源:松本介,1984。

因此,为了保全茧质,茧库内温湿度的管理十分重要,应尽可能做到少受外界气温和湿度的影响,防止茧层霉变和茧质下降。

(一)茧库温湿度管理

蚕茧发生霉变是由于有适合霉菌生存的温湿度条件,便于霉菌滋生繁殖而造成的。实践证明,蛹体的安全回潮率为 15%,超过 16%,就会发生霉变。因此,要使蛹体的回潮率控制在 15%以下,茧库的相对湿度应经常保持在 65%~75%恒湿状态为适当,库内相对湿度过低,茧层回潮率如小于 7.0%~8.0%,对茧的解舒将带来不良影响;在具体调节上,应根据大气含湿量的高低而定,如大气含湿量高的地区,库内的相对湿度可适当偏低为宜,控制在 65%~70%的范围为宜。干茧的回潮率应控制在 10.5%~12.0%较为安全。大气含湿量较低的地区,大气中含水相对减少,库内相对湿度可稍偏高些,蚕茧的安全回潮率为 10.5%~11.5%的范围。蛹体和茧层在相同的相对湿度条件下,具有不同的平衡含水率。

据测定,在相对湿度较低的情况下,茧层的平衡含水率高于蛹体;但在相对湿度 65%以上时,随着相对湿度的增高,则蛹体的平衡水分迅速增加,出现蛹体的平衡含水率高于茧层的现象。因此在相对湿度较高的情况下蛹体是霉菌生长、繁殖的良好场所,霉菌的发生总是从蛹体开始,然后再波及茧层。茧层和蛹体的平衡含水率曲线均呈 S 形,如图 6-3 所示。

茧库的管理,主要工作是根据不同季节、气候的变化,利用自然气流或者使用排风扇,做好温湿度的调节,具体方法是:

1.春季气候转暖

大气温度升高,要经常检查底层茧包,如发现

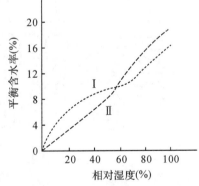

图 6-3　茧层和蛹体的平衡含水率曲线
(空气温度为 30℃)

Ⅰ.茧层　Ⅱ.蛹体

(松本介,1984)

问题要及时处理,天气晴朗可增加通风排湿,库内相对湿度应保持在 70% 以下,翻包要彻底,做到里外上下彻底互换位置,以求安全。

2.夏季高温湿重

在管理工作中应以散热排湿为主,在梅雨季节对不安全庄口要抓紧处理,要防止湿气侵袭茧库。开门窗的条件是库内外温度相同,而库内湿度高于库外,或者库内外湿度相同而库内温度高于库外时,则应开门窗。如果库外的温度高于库内,则可采用排风扇排除湿气,梅雨季节库内湿度较高,在不能采用开窗排湿时,可用生石灰、木炭、酸性白土等吸湿材料吸湿,或关门翻庄,改变堆垛方式,使蛹体在茧腔里翻身,避免长期接触茧层某一部位,导致茧霉发生。若已发现茧霉,应尽量提前缫丝,以免茧质继续恶化。

3.秋季空气中饱和水分相差很大

秋季必须根据不同情况分别处理。当初秋高温多湿,茧易受霉菌侵入,应对库外湿度较高的情况,采取迟开早关、轮换交错开窗的办法,并在库内也要加强防潮措施。深秋由于冷空气南下,空气比较干燥,库内湿度降低,则以防止蚕茧过度干燥为主,不宜多开门窗。

4.冬季以防干为主

寒冷季节低温干燥,由于地温下降,楼下仓库也易干燥,应注意仓库密闭,采取集中仓位堆紧密大垛为好,以缩小茧包与空气接触面,避免气候变化对干茧的刺激。必要时用布袋覆盖,少开窗,防止蚕茧过干。有时为了缓和库内干燥程度也开窗。据浙江省测定,10 月份以后,茧层回潮率下降到 8.5% 左右,库内湿度应控制在 75% 左右,如外界环境相对湿度在 80% 左右时,可在日中开窗 1～2h 即关闭。如遇阴天或多云天气,则不宜开窗或少开窗。若遇连绵阴雨,要经常检查仓库。

(二)茧霉防除

茧霉发生的原因,主要是茧的干燥程度偏嫩,茧包中混有出血蛹茧等下茧,或者茧库结构不良,密封防潮差,外气容易侵入等因素造成霉菌繁殖和生存的条件。茧霉发生后,传播十分迅速,对茧的品质危害甚大,主要表现在解舒差、丝量减少、色变差、颣节增多、强度降低等,据调查如表 6-6 所示。

表 6-6　茧霉对生丝质量的危害情况

茧种类	产量指数	丝量指数	屑物量指数	颣节(个)	强度(gf)	伸长度(%)	丝色
无霉茧	100	100	100	73	51	20.8	优,无差异
内霉茧	100	93	124	70	45	21.0	良好,略有差异
外霉茧	112	68	196	106	45	22.0	良好,有差异

资料来源:西南农业大学,1986。

在蚕茧中危害较多的霉菌主要有:

1.曲霉菌

曲霉菌又可分成曲霉Ⅰ和曲霉Ⅱ。曲霉Ⅰ寄生后其特点是茧层表面呈现淡灰绿色斑点,蛹体发生黛黄或莺黄的菌丝,时间久了变成暗褐色。曲霉Ⅱ寄生时,初期茧层上呈现淡黄色污斑,时间久了,渐渐变成黄褐色,乃至黑褐色;蛹体菌丛,初期呈青绿,渐变灰绿,久则成污褐色。

2.青霉

青霉寄生时,茧呈黄褐色,犹如油迹污染,这种霉菌除寄生蚕茧外,还可寄生在生丝和长吐上。

3.白霉

白霉寄生后,传播非常迅速,其特征是在茧层上菌丝突出、包蔽如绵。特别是干燥不充分的蚕茧,经过长久堆放或者是密闭于桶、罐内极易发生白霉。此种菌也能寄生在生丝上,生丝被白霉寄生后,则出现与生丝不同的白色斑点。

霉菌对湿热、干热和阳光的抵抗力均强,按表 6-7 所列温度须接触 2h 以上;或强烈日光曝晒 8h 以下,才能将其杀灭。

表 6-7　常见霉菌的热杀温度

霉菌种类	湿热(℃)	干热(℃)
曲霉(Ⅰ)	63	95
曲霉(Ⅱ)	55	90
青霉	50	80

资料来源:西南农业大学,1986。

预防霉菌,以减湿法较有效,在相对湿度 70% 以下,霉菌能停止繁殖;温度在 8℃ 以下,也可抑制霉菌繁殖。

(三)加强检查

贮藏在茧库的干茧,应经常检查有无质的变化,如有无茧霉发生、虫鼠的危害等,发现问题应及时处理,以减少危害。常采用的方法主要有:

1.拆包检查

一般翻小庄抽底层茧包进行检查,特别要注意检查靠窗边的茧包外围的印烂茧的情况,如干燥的为安全庄口,潮湿的为不安全庄口,对不安全庄口应立即采取措施进行排湿。

2.手感检查

将手插入茧包内,如手感茧层滑爽,则为安全庄口;若带有潮腻,茧层缺乏弹性,则为不安全庄口;若茧层潮湿并有微热,或发现包内已有印烂茧发霉,属危险庄口,必须立即处理。

3.耳听检查

干茧入库或者翻庄后几天,人走过通风道时,听到茧内蛹体受震动而带有"窸窣"声响时,为正常庄口;如声音闷浊,偏嫩蛹约在 8%～12%,重嫩蛹在 10% 以内,属偏嫩庄口,应该提前安排缫丝。对不安全庄口,在处理过程中应注意凡是能够保管的,要尽量缩小处理范围,以免扩大损失。

4.不安全庄口

不安全庄口的特征和处理方法如下:

(1)过嫩庄口

检查蛹体,不断浆的重嫩蛹占 3%,有馊味或者已发生蒸热。处理方法采取低温复烘或先行缫丝。

（2）过老嫩不匀庄口

偏嫩蛹在12.1%以上,同时偏老蛹在11.1%以上,处理的方法是逐包检查,对严重部分,按前述过嫩庄口处理,先行缫丝。

（3）发霉庄口

茧包发热,茧已霉变,其处理方法可打开茧包,拣尽霉茧,进行通风排湿,茧包要松灌,堆放高燥仓位,对霉茧严重的部分尽快缫丝。

（4）受潮庄口

手触茧层湿软,轻的仅及茧包表面,重的则深达茧包中心部位蚕茧,如是茧包表面受潮,可采取直竖茧包,或堆成通风垛,开窗通风排湿,若是受潮严重,应打开茧包,取出潮茧,进行通风排湿或摊晾排湿。

（5）偏嫩庄口

偏嫩蛹体含水分较多,其偏嫩蛹体所占的比例在8.1%～12%,重嫩蛹占1%,其处理方法可采取堆放高燥仓位,解口松包,堆通风垛,增加翻庄次数。

四、茧库的虫害防治

茧库中咬破茧层、咀食蛹体的害虫很多,危害最重的是鞘翅目的鳃节虫,即皮蠹类,如黑飞皮蠹、红毛皮蠹、花圆皮蠹、大谷盗、姬圆皮蠹、秃皮蠹以及属于鳞翅目的棉花红铃虫、米缟衣蛾等。茧库主要害虫如图6-4所示。

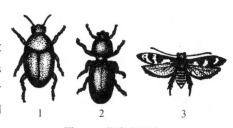

图6-4 茧库主要害虫
1.黑皮蠹 2.大谷盗 3.棉花红铃虫
（苏州丝绸工学院,浙江丝绸工学院,1993）

（一）皮蠹类害虫

属于完全变态,以成虫和幼虫为害,黑飞皮蠹有一化和二化之分,每代需6个月至3年,一般能活10年左右,以幼虫越冬。卵期5～24d,幼虫期55～130d(一年二化),一年一化的为222～472d,蛹期5～18d,成虫长期到处飞翔,危害甚大,一般最初飞集于死笼茧等下脚茧,再危害好茧,喜欢聚集暗处,咀嚼茧层,产卵于茧内,一次几粒至几十粒,幼虫孵化后即以蚕蛹为食,逐粒咀食蛹体,化蛹时,又寻找坚硬物作掩护场所繁殖后代,常隐藏在蚕蛹内部、仓内壁隅、地板、砖石缝隙以及灰尘杂物之中。

（二）大谷盗

属完全变态,卵期7d,幼虫期48d,蛹期10d,适温下每代约65d,若温湿度和食物不适宜,也可长达3年半,以幼虫或成虫态越冬。此虫常藏身于木板、蛀屑或包装用品的缝隙中。成虫喜爬行,性凶猛,常自相残杀,或捕食其他虫类,破坏包装用品,咀食茧层和蛹体。

（三）棉花红铃虫

往往在危害棉花后又危害蚕茧。属完全变态,卵期3～12d,幼虫期6～21d,蛹期8～23d,一个世代一般约20～66d,每年2～4代。以幼虫为害,常常潜伏于仓库梁柱、墙壁、运输工具以及包装用品等的缝隙之中。红铃虫的越冬幼虫,先在茧内咀食干蛹,然后在茧的薄头处钻出小孔,其孔径比蛆孔茧小。棉花红铃虫在棉区较多。

虫鼠危害以预防为主,如已滋生则应进行杀灭。

皮蠹类的害虫,如在丝库、茧库周围栽有白色、略白色、粉红色之类的素色花时,将会群集室内产卵。另外,在茧库、丝库内如装放有臭气的臭鱼干、死笼茧之类的物品,也可成为害虫飞集的目标,成虫飞集室内暗处产卵繁殖后代。因此,茧库、丝库周围不能栽植素色的花草,库内不要装放有臭味的物品。预防的方法概述如下:

1.茧库的窗户装设纱窗。

2.干茧在出灶散热后,要尽快入库贮藏,以免害虫潜入。

3.下脚茧要分别贮藏,以免害虫闻其臭味后飞集库内产卵。

4.在害虫繁殖的旺季,四、五、六月份,抓紧时机清除茧库害虫,以沸水洗涤地板,煤油注入壁缝和小孔隙,杀灭害虫。

5.春茧入库前,即害虫交尾产卵前,先用硫黄烟熏,再用辣椒、皂角混合熏杀,都具有较好效果,熏杀的方法很多,还有:

二硫化碳(CS_2)每 $100m^3$ 用 $4.63\sim7.57kg$,熏 $24\sim36h$;

硝基三氯甲烷$[CCl_3(NO_3)]$每 $100m^3$ 用 $150\sim183g$,熏 $2\sim4$ 昼夜;

氰气(CN_2),温度 $22℃$,RH60% 条件下,每 $100m^3$ 用 $69.3g$ 熏 $7h$,$46.2g$ 熏 $10h$,$34.6g$ 熏 $15h$;

采用溴甲烷烟熏,每 $100m^3$ 用 $50.12g$,封闭 $2d$。

贮茧中应注意防止鼠害,仓库的建筑应坚实无洞;如发现鼠洞,应立即堵塞,平时对茧库及周围环境要加强灭鼠活动。

五、蚕茧贮藏防霉方法

将茧库所有门窗关闭成"全封闭式",然后在库内铺设倾斜状的角钢,在其上面堆置茧包。库内配置去湿机和鼓风机,每日定时去湿通风,茧库内相对湿度控制在 65%~75%,干茧回潮率稳定在 10.0%~12.0%,达到既防霉变,又不降低干茧内在质量。该方法的优点是库底不垫砻糠、纸板等物料,经黄梅、高温、秋霉三个危险期也可不翻庄,干茧无霉变,茧质无变化;同时可减轻劳动强度,茧库保管不必多次翻庄倒垛,减少了繁重的体力劳动;又可节省开支,保持仓库清洁,虫害减少。该方法为原浙江省丝绸公司进行试验的创新成果,已经推广应用。

第七章　混剥选茧

本章参考课件

第一节　混茧

一、目的与要求

制丝原料的来源分布各地,通常把同一个收烘茧站的干茧,称为庄口茧。不同庄口的蚕茧因品种、气候、饲育环境、饲养技术以及烘茧条件等不同,所产的蚕茧质量也有差异。如茧形大小、茧的色泽、茧丝长短与纤度粗细、茧的解舒好坏,等等。如果单庄口进行煮茧缫丝,生产中需要经常调换庄口,工艺设计频繁,工人不易熟悉原料茧性能,影响操作及生产质量的提高,给缫丝生产带来许多困难。为此各厂均采用了混茧的办法,把两个或两个以上庄口的茧均匀混合起来,称为混茧,俗称"打官堆"。

混茧的目的,首先是扩大茧批,即将符合并庄条件的庄口按一定的比例进行混合。通过混茧可使大庄口带动小庄口,较好的茧带动较次的茧,扩大茧批,平衡茧质和统一丝色。稳定操作,进行大庄口缫丝生产。

再者,定粒缫丝机要求茧丝纤度能符合目的纤度要求,便于定粒缫丝。但由于蚕茧品种繁多,往往出现尴尬纤度。混茧也是解决尴尬纤度的方法之一。例如欲缫制目的纤度为21den(23.33dtex)规格的生丝,而某庄口茧的茧丝纤度以 7 粒定粒偏细,8 粒定粒偏粗,只有将此庄口的茧和另一个茧丝纤度较细的庄口茧按比例混合起来,使其茧丝平均纤度可按 8 粒定粒缫丝;同理,也可将此庄口的茧和另一个纤度较粗的庄口按一定比例混合起来,使茧丝平均纤度按 7 粒定粒缫丝,达到符合目的纤度要求的批量蚕茧。

混茧时要求混合均匀,不损伤茧层,生产效率高,劳动强度小,同时,混茧必须注意各庄口的条件。

两个庄口混茧的要求如下:

(1)茧色基本接近,如茧色不匀易造成丝色不齐或夹花丝,影响生丝质量。

(2)茧丝纤度差异不能过大,一般掌握的标准:4A 级不超过 0.3den(0.33dtex),3A 级不超过 0.4den(0.44dtex),2A 级不超过 0.5den(0.55dtex)。

(3)要求春秋茧不混,新陈不混。

(4)茧丝长不能相差过大,一般最长不超过 200m。

(5)解舒率、洁净和丝胶溶失率的差距要小,一般解舒率应在 10% 以内,洁净相差不超过2 分,丝胶溶失率在 1.5% 以内。

(6)茧层率要比较接近,各庄口差异不宜超过2%。

二、混茧方法

混茧方法有毛茧与光茧混茧两种。光茧混茧比较均匀,但容易损伤茧层。毛茧因附茧衣混茧不易均匀,但对茧层损伤较少。目前一般是采用毛茧混茧并庄。若为解决尴尬纤度多采用光茧混茧。混茧尽量一次完成。混茧操作有人工和机械两种。人工混茧劳动强度大,并且不够均匀。机械混茧有毛茧混茧机和光茧混茧机两种。

(一)毛茧混茧机

采用电动机拖动的两级伞形毛茧混茧机,如图 7-1 所示。该机在一根竖向垂直的立轴上装两个伞形圆盘(也叫混茧伞),待混合的茧倒在回转的伞顶上,茧靠离心力的作用先后上下两次抛向四周得到混合。该机的生产能力为 800～1350kg/台·h。

(二)光茧混茧机

光茧混茧机采用光茧混茧,有三只贮茧箱,将混茧庄口的茧经计算茧量按比例倒入箱内,茧从箱底出口处落到混茧传送带上送入集茧斗,进入上茧袋,使各只贮茧箱送入的茧得到混合,结构如图 7-2 所示。该机的生产能力为 540～600kg/台·h。

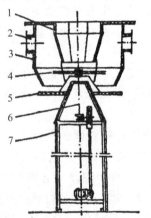

图 7-1　混茧机示意图(WA212 型)

1.落茧斗　2.吸尘风道　3.罩壳
4.第一级混茧伞　5.第二级混茧伞
6.转动主轴　7.机架

(苏州丝绸工学院,浙江丝绸工学院,1993)

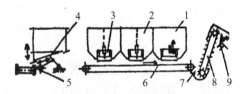

图 7-2　混茧机示意图(SWD211 型)

1.贮茧箱　2.可隔贮茧箱　3.调节闸门　4.往复底板
5.偏心盘　6.混茧帆布带　7.集茧斗　8.上袋机
9.活络舌板

(苏州丝绸工学院,浙江丝绸工学院,1993)

为了使混茧后的茧丝纤度符合定粒缫丝的要求,混茧时必须根据茧丝纤度和丝长的情况,按比例混合才能达到预期的目的。关于混茧比例的计算:为简化计算方法,茧丝长度不予考虑,只考虑茧丝纤度和重量的比例。

举例如下:

设有甲、乙、丙三庄口,茧丝平均纤度和原料茧包数如表 7-1 所列。如分别单独缫丝,属于尴尬纤度,缫制21den(23.33dtex)生丝 7 粒或 8 粒均不合适,且茧量太少。通过混茧达到茧丝平均纤度为2.93den(3.255dtex)。如果甲、乙庄口的茧量不变,则丙庄口的混茧包数可按下式计算,设 S_0 为平均纤度,则:

$$R_3(S_3 - S_0) = R_1(S_0 - S_1) + R_2(S_0 - S_2)$$

$$R_3 = \frac{R_1(S_0 - S_1) + R_2(S_0 - S_2)}{S_3 - S_0}$$

$$= \frac{400(2.93 - 2.87) + 500(2.93 - 2.91)}{3.10 - 2.93}$$

$$= 200(包)$$

计算结果,在丙庄口内取200包茧和甲、乙两庄口混合,就可达到茧丝平均纤度2.93den的要求。

表7-1 混茧比例计算实例

庄口	茧丝纤度		包数	
	代号	den(dtex)	代号	包
甲	S_1	2.87(3.189)	R_1	400
乙	S_2	2.91(3.233)	R_2	500
丙	S_3	3.10(3.544)	R_3	待计算
混合	S_0	2.93(3.255)	—	—

资料来源:浙江农业大学,1989。

第二节 剥茧

一、目的和要求

剥茧就是剥去茧层外面浮松的茧衣。茧衣纤维细而脆弱,丝胶含量多,丝缕紊乱,不能缫丝。如缫丝前不剥去,会给选茧、煮茧、缫丝带来困难。剥茧后便于选茧,称量正确,煮熟较匀,也易鉴别煮熟程度,有利于生丝质量的提高。剥茧时注意不宜剥得太光(会增大缫折)或太毛。一般春茧的茧衣量占全茧量的2%,秋茧占1.8%左右。

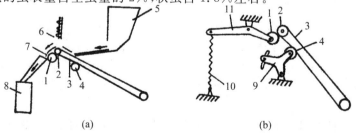

图7-3 剥茧机示意图

1.剥茧辊 2.主动辊 3.剥茧带 4.压辊 5.毛茧斗 6.刮刀 7.挡茧板

8.光茧袋 9.压辊调节杠杆 10.弹簧 11.剥茧辊加压杠杆

(成都纺织工业学校,1986)

二、剥茧机

剥茧机有 D031A 型、F223 型、SS101 型、ZD102 型等多种型式。根据喂茧方式剥茧机分为人工喂茧机和机械喂茧机两类,其工作原理基本相同。人工喂茧机由毛茧箱、竹帘、剥茧刮刀、剥茧布带、辊筒和吸尘器等组成,如图 7-3(a)所示。机械喂茧机由喂茧和剥茧两个部分组成,如图 7-3(b)所示。喂茧部分由毛茧斗、抓茧辊、调节闸门和毛茧输送带组成。剥茧部分与人工喂茧机相同。剥茧带的运转速度会影响剥茧产质量,过快过慢都会降低剥光率,增加瘪茧率,一般春茧 3.6m/s 左右,夏秋茧 4m/s 左右,一般生产能力 F223 型为 120~210kg/台·h,ZD102 型为 530~690kg/台·h。

第三节　选茧

一、目的和要求

煮茧之前,原料茧按不同生丝等级的缫丝工艺要求进行逐一分选,选除混在光茧中不能缫丝的下茧,或按茧质进行分级,这道工序称选茧。在蚕茧生产中,由于蚕体质、饲育条件、上蔟环境等有差异,以及收烘、运输等因素的影响,运到缫丝厂的原料茧即使是同一庄口,蚕茧的质量也仍有差异,如茧形大小、茧层厚薄、色泽不同等,甚至在原料茧中还混有下茧,均须经过选茧后才能符合缫丝工艺的要求。因此,选茧是一项重要工序,要求操作正确,尽量避免误选。

二、选茧分类标准

光茧按其质量可分为两大类,即上车茧和下茧。

1. 上车茧

可以缫正品生丝的蚕茧,分为上茧和次茧两种。

(1)上茧

茧形、茧色、茧层厚薄及缩皱均正常,无疵点的茧。

(2)次茧

有疵点,但不属于下茧的茧。

2. 下茧

有严重疵点,不能缫丝或很难缫正品生丝的茧。它又分为以下数种:

(1)双宫茧

茧内有两粒或两粒以上蚕蛹,茧形大,茧层特厚,缩皱特粗。能特制双宫丝。

(2)口茧

茧层有孔,包括蛾口、鼠口、削口、蛆孔等。

(3)黄斑茧

茧层有严重黄色斑渍的茧。黄色斑渍分为尿黄、夹黄、靠黄、老黄、硬块黄五种。

尿黄,蚕尿深入茧层 1/3 以上,蚕尿污染处明显发软或浮松,蚕尿污染总面积超过 0.5cm^2。夹黄,蚕尿污染到茧层之中,表面可见。靠黄,污斑深入茧层 1/3 以上,或污斑总面积超过 1cm^2 以上。老黄,茧层黄色深浓,缩皱异常,黄色总面积占茧体表面积 1/3 以上。硬块黄,茧层有黄色硬块胶结。

(4)柴印茧

茧层有严重印痕的蚕茧,分为单条柴印、多条柴印、钉点柴印、平板柴印四种。单条柴印,竖柴印的印痕深入茧层的 1/2 以上,横斜柴印的印痕深入茧层 1/3 以上。多条柴印,两条及两条以上印痕,其中一条深入茧层 1/3 以上或虽未超过 1/3,但茧已变形。钉点柴印,一点柴印深入到茧层 1/2 以上或虽未超过 1/2,但有两点及以上。平板柴印,茧层平板无缩皱,总面积超过 0.5cm^2。

(5)油茧

茧层表面油斑总面积超过 0.2cm^2。

(6)薄头(腰)茧

茧层头(腰)薄,光线反射暗淡。

(7)薄皮茧

茧层薄,茧层重量不到同批茧平均重量的 1/2。

(8)异色茧

深米色、深绿色,红僵和红斑等严重的有色茧。

(9)瘪茧

茧层一侧压瘪并沾有污物或蛹油,也有两头压瘪。

(10)畸形茧

茧形特畸,包括多角和严重尖头等。

(11)绵茧

茧层浮松,缩皱模糊,手触软绵。

(12)特小茧

茧形特小,粒茧重量不到同批茧的平均粒茧重量的 1/2。

(13)多疵点茧

茧层表面有三种及以上疵点。

(14)霉茧

茧层霉,总面积超过 0.2cm^2,或表面有由内部引起的霉。

(15)印头茧

污渍印出茧层的一端或两端。

(16)烂茧

污渍印出严重,面积超过 0.5cm^2。

(17)其他下茧

不属于上述范围的下茧。

三、选茧方法

选茧设备有板选和传送带选茧机两种,板选效率低,生产上一般采用传送带选茧机选茧。

传送带选茧机主要由贮茧箱、调节闸门、选茧传送带、传动装置、单机停车装置、上袋机等组成(图7-4)。贮茧箱中的光茧从出口落到选茧传送带上。传送带的速度为3~5m/min,把茧送到选茧工作台进行选茧。有的备有灯光选茧装置,以便选出内印茧。目前生产中一般采用单面传送带选茧,每台配4~6人。生产能力春茧为50~60kg/条·h,秋茧为20~30kg/条·h。

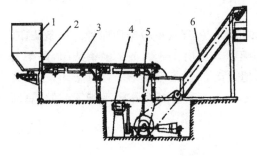

图7-4 转送带选茧机示意图

1.贮茧箱 2.调节闸门 3.选茧传送带
4.传动装置 5.单机停车装置 6上袋机
(成都纺织工业学校,1986)

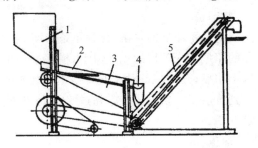

图7-5 平面式筛茧机示意图

1.贮茧箱 2.筛框 3.小型茧集茧槽 4.大型茧集茧槽
5.上袋机(大、小型茧各一只并排联动)
(成都纺织工业学校,1986)

四、选茧分型

选茧分型是解决尴尬纤度的一个方法,有人工和机械两种。人工分型是根据工艺设计,按分型标准与选茧结合进行。机械分型用筛茧机,如茧丝嫌粗可以筛去大型茧;有的茧形过小或茧丝嫌细,可筛去小型茧。为了避免工作盲目性,分型前应进行分型试验调查工作。分型一般分5档为宜。即将5kg样茧分选5档,每档比例均为20%,然后对每型进行解舒调查,得出各型茧丝纤度,最后根据茧丝纤度情况,决定剔除蚕茧的比例。

分型采用的筛茧机,有滚筒式和平面式两种。一般都用平面式筛茧机(图7-5)。该机是往复运动的筛茧机,其茧筛有竹制或铜、铝金属制两种。筛条间距随茧形大小要求而不同,一般为15.5~19.5mm,筛框的装置略倾斜。筛框摆动速度为120次/min,生产能力平均为160kg/台·h。

第四节 混、剥、选茧输送连续化

近年来,人们对混、剥、选茧工作进行了技术改造,采用带式输茧机和风力输茧相结合的输茧装置,形成一条生产流水线,如图7-6所示。

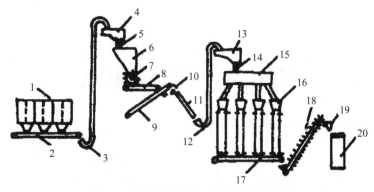

图 7-6　混剥选茧生产流水线工艺流程

1.混茧机　2.毛茧输送带　3.毛茧进料带　4.毛茧沉降室　5.毛茧卸料斗

6.毛茧箱　7.抓茧辊　8.铺茧带　9.剥茧带　10.刮刀　11.接茧板

12.光茧进料器　13.光茧沉降室　14.光茧卸料器　15.光茧箱　16.选茧台

17.集茧输送带　18.上袋机　19.自动计量器　20.茧袋

（成都纺织工业学校,1986）

　　毛茧从混茧机下部的毛茧输送带输出,被毛茧进料器吸至毛茧沉降室,经毛茧卸料斗进入毛茧箱。该箱下部的抓茧辊将毛茧抓入铺茧带,喂入剥茧带进行剥茧。此时,光茧越过刮刀,落入接茧板,随即被光茧进料器吸至光茧沉降室。经光茧卸料器进入光茧箱,然后分送至各选茧台,选出次茧、下茧后,上茧由集茧输送带送到上袋机,通过自动计量器,装入茧袋,或在自动计量器出口处安装风力输送机,将上茧送至煮茧机进行煮茧。

第八章　制丝用水

第一节　水质与指标

制丝是耗水量很多的工业,生产每吨生丝需要用水 800～1000 吨,锅炉、煮茧、缫丝、复摇等用水占生产用水 35％,空调用水占 53％,生活用水占 12％。

制丝用水的质量直接与生丝的产质量以及原料茧的消耗有密切关系。因为水中含有某些杂质,若被生丝吸附后对生丝的质量、丝胶的膨润、溶解和蚕茧的解舒都有影响。水中含有的钙、镁等盐类会使锅炉产生锅垢,如不及时处理会发生事故。因此,制丝用水必须经过处理后方可使用。

一、天然水中的杂质

自然界中的水都不纯净,天然水中都含有不定量的杂质。杂质分散在水中,按其颗粒大小可分为悬浮杂质、胶体杂质和溶解性杂质三类。

悬浮杂质是指悬浮在水中的泥沙、黏土、煤烟、尘埃及少量的有机体如藻类、植物的碎片、微生物等。这些杂质颗粒较大,其直径大于 100nm。悬浮杂质使水质浑浊,经静置后可自行下沉。这类杂质若黏附在丝条上,会使生丝手感粗糙,色泽不一,影响生丝质量。

胶体杂质主要是溶胶,如硅酸、铁、铝的某些化合物,如腐殖质胶体等高分子化合物。其颗粒较微小,直径为 1～100nm。胶体颗粒带有电荷。由于电荷相同彼此相互排斥,故胶体杂质不会自行在水中沉淀,用过滤方法也无法除去。但加热可使胶体破坏,产生沉淀。制丝用水中所含的胶体杂质有可能被吸附在丝条上,产生丝色不齐、夹花丝等次品,故使用前必须加入混凝剂进行处理,如硫酸铝、明矾等,使胶体杂质沉淀,然后进行过滤、净化。

溶解杂质是指以分子或离子状态(如盐类)分散在水中的氧、氮和二氧化碳等气体,以及钙、镁、钾、钠、铁、氯根、碳酸根和硫酸根离子等,其颗粒直径小于 1nm。这些物质在水中很稳定,一般用化学物质才能除去。但溶解于水中的气体,通过曝晒或加热可以除去一部分,但水的 pH 值会有变化,且加热后水的总碱度和总硬度也会有变化。

二、水质的指标

水中的杂质对制丝生产有一定的影响,为此对制丝用水的水质有一定要求。制丝用水的水质指标大致有以下几方面:

(一)浑浊度(透明度)

清洁的水是无色透明的,若水中含有非溶解物质能使水浑浊,降低水的透明度。浑浊度表示浑浊的程度,浑浊度是指水中含有这些物质后,阻碍光透过的程度。如 0.5kg 蒸馏水中含有 1mg 白陶土和高岭土时所产生的浑浊度称作 1 浑浊度,它的单位用 mg/L 表示。透明度也是指水的清浊程度,最简便的测定方法是十字法目测,即透过一定厚度的水层来观察目标(白底板上的黑十字)以刚刚能看清目标时的水层厚度(单位:cm)来表示水的透明度。透明度为 100 以上的水一般可以认为已相当透明。

(二)色度

水除去悬浮物质后,由于其中尚存某些溶解物质或胶体物质,使水具有一定的颜色,其程度用色度表示。凡是黄色色调的水,用氯铂酸钾和氯化钴配成标准溶液进行对比,如每升水中含有相当于 1ml 铂所造成的色度,就称为 1 色度单位。

(三)pH 值

pH 值表示水中氢离子的浓度。在常温下纯水的 pH 值约为 7,呈中性;低于 7 时为酸性,大于 7 时则为碱性。天然水远非纯水,溶解于水中的杂质主要有 CO_2、HCO_3^- 和 CO_3^-,能够明显影响水的 pH 值。一般河水的 pH 值约为 6.9~7.2,接近中性。但当温度高时,溶解于水中的 CO_2 逸出,重碳酸盐的分解会使水的 pH 值升高,其上升程度随水中所含成分多少而异。因此,水的 pH 值虽然相同,但因含盐情况不同,升温后的 pH 值有的为 8.0 左右,有的高达 9.2。所以,丝厂用水时必须注意升温后的 pH 值。

(四)硬度

硬度是反映水中所含盐的特性的一种指标。原则上,除碱金属以外的金属离子都可以构成水的硬度。天然水中钙、镁离子的含量远高于其他离子,所以通常以钙、镁离子的含量来计算水的硬度。

钙、镁离子在天然水中以碳酸盐、重碳酸盐、硫酸盐和氯化物等形式存在,故水的硬度又可分为碳酸盐硬度和非碳酸盐硬度两类。碳酸盐硬度主要是由碳、镁的重碳酸盐构成,也包含少量碳酸盐。由于水煮沸时,钙和镁的重碳酸盐将转化为相应的碳酸盐,而碳酸盐的溶解度甚小,很易沉淀而离开液相。这种硬度可通过简单煮沸而去除,故也称为暂时硬度。非碳酸盐硬度主要是由钙和镁的硫酸盐、硝酸盐和氯化物组成。它们不能通过简单煮沸而去除,故也称永久硬度。水的总硬度指碳酸盐硬度和非碳酸盐硬度之和。

表示硬度常用的单位为毫克当量/升(mg-N/L)。此外,还有用"德度"(德国硬度,代号 °dH)和 ppm$CaCO_3$(又称美国硬度)作硬度单位。1 德度是指 1 升水中含有与 10mg 氧化钙相当的硬度物质。ppm 为百万分率,常温下水的比重接近 1,即 1 升水重 1 千克(1000g),而 1mg 为 1/1000g,故每升水中如含 1mg 杂质,即为 $\frac{1}{1000\times1000}=1/1000000$(百万分之一)。所以 1mg/L 几乎与 1ppm 相等。当一百万份水中含有一份相当于 $CaCO_3$ 的硬度物质时,便称为 1ppm $CaCO_3$ 硬度。以上的硬度单位可以相互换算,当钙镁等硬度物质以 $CaCO_3$ 来表示时,

因为 $CaCO_3$ 的当量为 50，所以 1mg-N/L 硬度物质换算成 $ppmCaCO_3$ 时应乘 50，即 1mg-N/L $=50ppmCaCO_3$，又因为 CaO_3 的当量是 28.04（或近似视作 28），根据 $°dH$ 的含义，有 1mg-N/L 硬度$=\dfrac{1\times28}{10}°dH=2.8°dH$。

所以这些单位相互之间的关系是：

1mg-N/L$=2.8°dH=50ppm\ CaCO_3$

$1°dH=17.9ppm\ CaCO_3=0.357mg\text{-}N/L$

$1ppm\ CaCO_3=0.02mg\text{-}N/L=0.056°dH$

表 8-1 所示的硬度等级只是一般的划分，并不表示硬度为 0～50ppm 的水适用于任何场合而无软化处理。对于制丝来说表中所列出的软水和中软水是适合的，略硬的水尚可使用，而中硬以上的水应进行软化处理。制丝用水以总硬度 3°dH 以下（一般以 1～5°dH，即 0.36～1.79mg-N/L 为宜）的软水，pH 值为 6.8～7.4，煮沸后的 pH 值为 8.4～9.2 比较理想。

表 8-1　水的硬度等级

硬度范围			硬度等级
mg-N/L	ppm CaCO₃	°dH	
0～1	0～50	0～2.8	软
1～2	50～100	2.8～5.6	中软
2～3	100～150	5.6～8.4	略软
3～4	150～200	8.4～11.2	中硬
4～6	200～300	11.2～16.8	硬
>6	>300	>16.8	极硬

（五）碱度

碱度是指水中含有能与强酸（盐酸、硫酸）相作用的全部物质的含量，也即是能与氢离子化合的物质的量。水的碱度主要是由碱土金属、碱金属重碳酸盐、碳酸盐及氢氧化物的存在而形成的。硼酸盐、磷酸盐和硅酸盐也会产生一些碱度，但在天然水中含量很少，可忽略不计。

碱度可分为氢氧化物碱度、重碳酸盐碱度和碳酸盐碱度，其总和称为总碱度。总碱度的单位以 mg-N/L 最为适宜，但习惯上，通常把碱度单位用 ppm CaCO₃ 表示，由于考察制丝用水的水质时，总碱度数值与总硬度数值的相对大小具有重要意义，故也常用硬度的德度（°dH）单位表示总碱度，每 1mg-N/L 的总碱度，即相当于 2.8°dH。制丝用水要求总碱度标准为 4°dH，许可范围 2～8°dH，即 0.71～2.86mg-N/L。

硬度是指水中的某些正离子，而碱度是指水中的某些负离子。这些正负离子间有着一定的关系，所以一般通过对硬度和碱度的测定，可以推算水的某些指标。

（六）需氧量（耗氧量）

需氧量是指 1L 水中还原性物质（有机物或者无机物中的 S^{2-}、Fe^{2+}、NO_2^- 等）在一定条件下被氧化时所需氧的毫克数。

天然水的需氧量测定采用高锰酸钾作为氧化剂，需氧量以 O_2 mg/L 为单位，称为高锰酸钾需氧量。工业污水中的有机物含量大，需氧量测定是采用重铬酸钾作为氧化剂，需氧量仍

以 O_2 mg/L 为单位,称为重铬酸钾需氧量。

第二节　水质与制丝的关系

一、硬度与制丝

制丝用水中硬度物质的存在,对缫丝生产影响很明显。因硬水内的钙、镁离子或它的沉淀物质被丝条吸附后,会导致生丝品质下降,手感粗糙,染色不匀。暂时硬水大的制丝用水,加热后产生的沉淀物可以堵塞管道,使水的流量减少,缫丝用水浓度不一,易产生夹花丝,对自动缫丝机来讲,由于丝胶和钙、镁离子层积于隔距片上,降低其灵敏度,影响生丝的纤度和匀度。

目前许多丝厂都采用离子交换器处理软水煮茧。软水煮茧效果要看原来水中总碱度的数值大小而异。对于原水碱度较低,硬度略高者,水处理效果较明显。如果原来的碱度和硬度都很低,软水和原水在水质上差别不大,使用软水的效果不明显。这种水对丝胶溶解不够时,要适当使用添加剂。假若原来的碱度和硬度都很高,软水的负硬度值极大,煮茧时可能使丝胶大量溶解流失。丝胶溶失率大,影响煮茧效果,用作缫丝汤,则出现缫折大、颣节多等不良现象。煮茧时用的水除对杂质有一定要求外,一般要求水质要稳定。

二、pH 值与制丝

缫丝用水较适宜的 pH 值一般为 6.8~7.2。因丝胶的等电点的 pH 值为 3.8~4.5,在此范围内或接近等电点,其溶解度最小;远离此值时丝胶溶解率会增加。同时该 pH 值为 3.5~4.0 时,生丝对铁的吸收能最大,pH 值小于 5.9 时的室温条件下,生丝立即能锈蚀铁,温度升高时,其锈蚀速度增大。当 pH 值大于 10 时,不但丝胶迅速膨润溶解,甚至会影响丝素,降低生丝强度,使茧丝发脆。

在煮茧缫丝过程中,溶解于茧汤中的丝胶和蛹体的可溶物对 pH 值有影响。当水加热后,由于 CO_2 的逸出和重碳酸盐的分解,煮沸后的水的 pH 值会随所含杂质量而上升。因此,除 pH 值外,还必须注意水中所含的溶解物质的变化。

三、碱度与制丝

水的碱度对制丝生产也有一定影响。如水的总碱度指标和茧层丝胶溶解率呈线性关系,即水的总碱度数值每提高 1°dH,茧层丝胶溶解率即提高 60% 左右。因为总碱度的大小不能被室温下的 pH 值所反映,但加温时 CO_2 被驱除,此时总碱度的大小就将决定 pH 值。由此可见,水的总碱度指标是影响丝胶溶解能力的主要因素。随着总碱度的提高,对解舒差的原料,解舒率迅速提高;但随着总碱度数值的不断增大,每增加单位碱度所导致的解舒率增加值逐渐减小,以致曲线渐渐与横轴平行。同时,总碱度对缫折有直接影响。在一定碱度条件下,对解舒率差的原料,缫折可降至最小值。对于一般原料会因丝胶溶解性过大,解舒提高也大,易使表煮或过熟,增加颣节,降低洁净,并使抱合不良。为了使丝胶膨润溶解适当,一般要求制丝用水的碱度保持在 4°dH(即 1.43mg-N/L)左右。

四、酸度与制丝

水的酸度主要是因含有游离的 CO_2、有机酸、无机酸和强酸弱碱生成的盐所造成的。可用酸碱中和的方法,采用不同的指示剂分别测出造成水酸度的物质含量。测定时用强碱如 NaOH 滴定水样至一定 pH 值所消耗的量,一般以 mg-N/L 表示。如将试验用煮茧汤 100cc 先加入数滴酚酞,后用 1% 的 NaOH 液中和时,若用 1cc 时称酸度 1 度。由于该浓度太稀,改用 $\frac{1}{20}$N 的 NaOH 液,若 1cc 能中和煮茧汤时即为酸度 5 度。

天然水中的酸度一般较小,但在煮茧缫丝过程中,蛹酸和茧层丝胶可溶部分的浸出常会使煮茧汤和缫丝汤的酸度升高,如酸度增加过多,使 pH 值下降,影响解舒。在一般生产中,煮茧汤的酸度以控制在 1mg-N/L 为宜。

五、重金属离子与制丝

重金属是指比重大于 5 的金属,如铁、锰、铜等,缫丝时如果缫丝汤中含有这些物质,对生丝有一定影响。以硫酸亚铁($FeSO_2 \cdot 7H_2O$)作为添加物质进行试验,缫得生丝颜色白带黑灰,光泽暗、呆滞无光。制丝用水的水质要求含铁 0.1mg/L 以下,许可值 0.3mg/L,就不会对丝色、光泽有明显影响。由于管道铁锈导致的铁污染,严重的会使生丝带褐色,因此生产中要防止此类情况发生。以硫酸锰($MnSO_4 \cdot H_2O$)作添加剂试验,锰对丝色的影响是使生丝白带微绿,若以蒸馏水添加硫酸锰,生丝丝色泛红。铜对生丝的影响主要是使用铜质器件所致。因天然水中很少含铜,当水中含量超过 0.3mg/L 时,使生丝自带乳透微红。有人用高浓度硫酸铜试验,结果使丝色乳带绿色。铜对生丝的光泽手感均无可察觉的影响。

六、悬浮物质和有机物质与制丝

制丝用水中含有的悬浮物质,加热后发生沉淀,胶体物质也因受到破坏而沉淀。这些沉淀物质附着在茧层和茧丝上,会使丝色灰白,光泽发暗以及出现夹花丝。动植物腐烂后分解的产物,工业和生活用水中的有机物,以及各种微生物都容易使丝色变化。

第三节　制丝水质标准

水中的杂质对制丝工程和生丝质量有很大影响。要保证制丝工程顺利进行,制丝用水的水质指标必须控制在一定范围内;这不仅有利于丝厂的水质管理和水质改良,而且对新建丝厂选择厂址、水源、水处理方法和设备都具有重要意义。目前浙江、江苏两省根据本省的实际,制订了制丝用水的水质标准(表 8-2),全国统一制用水水质标准,尚待进一步研究制订。

表 8-2 浙江、江苏两省制丝用水水质标准

项目	浙江省			江苏省		
	单位	标准值	许可值	单位	标准值	许可值
透明度	cm	100 以上	70 以上	—	无色澄清	—
原水 pH 值	—	7.0	6.8～7.6	—	7.0	6.8～7.4
煮沸后 pH 值	—	—	—	—	8.4	3.6～9.0
电导率	μs/cm	200	50～500	μs/cm	100	30～300
总硬度	°dH	5 以下	8 以下	°dH	1.7～2.4	0.5～5.0
总碱度	°dH	4	2～8	$CaCO_3$ ppm	25～30	20～60
游离 CO_2	mg/L	14	44	CO_2 ppm	6	0～20
铁	mg/L(总纳)	0.1 以下	0.3 以下	Fe^{+++} ppm	0.1 以下	0.2 以下
锰	mg/L(Mn^{2+})	0	0.1 以下	Mn^{++} ppm	0	0.1 以下
$KMnO_4$ 耗氧量	O_2 mg/L	3 以下	8 以下	mg/L	0～2	10 以下
SiO_2	—	—	—	ppm	10	10～50
蒸发残渣	—	—	—	ppm	35～90	30～300
K_2O+N_2O	—	—	—	ppm	10	5～35
$Ca+MgO$	—	—	—	ppm	10	0～50
氯根(Cl^-)	mg/L	—	80 以下	mg/L	—	50 以下
硫酸根(SO_4^{2-})	mg/L	10 以下	30 以下	—	—	—

注:①浙江省是摘录《制丝手册》(下)(第二版),江苏省是摘录苏州丝绸工学院与海安丝厂的科研材料。②电导率许可值上限为500,即不允许与电导率有关的各项指标均达到许可值上限。电导率的单位 μs/cm (微西门子/厘米)即旧制中的微欧姆/厘米。③透明度浙江采用"十字法"目视测定。④总硬度可采用江苏省的,有个具体范围较好。

第九章　煮茧工艺

本章参考课件

第一节　煮茧的目的和要求

制丝工程中,为顺利缫丝,必须先均匀煮熟蚕茧,其目的是利用水、热或某些化学助剂的作用,适当膨润和溶解茧丝外围的丝胶,减少茧丝间及胶着点的胶着力,使茧丝的胶着力小于茧丝的切断张力,缫丝时茧丝能连续不断地依次顺序离解。

煮茧的适当与否,与缫丝的产量、质量和缫折都有非常密切的关系。由于原料茧品质、性状之间有差异,故煮茧过程中应进行适当妥善的处理,力争避免煮熟不匀。为了使蚕茧煮熟均匀,除减小茧丝胶着力外,还必须达到下列煮茧要求:

1.使缫丝中茧的解舒良好,索理绪效率高,缫丝的落绪茧少。

2.煮熟程度适当均匀,以减少额节,提高洁净,增强抱合,同时要使生丝的色泽统一,手触良好。

3.防止产生瘪茧和减少产生引起丝条故障的绵条额和蛹吊。

4.减小缫折,特别需要减少煮茧缫丝中的绪丝、汤茧、蛹衣量和丝胶溶失量。

5.煮熟茧的浮沉要适应缫丝的要求。

第二节　煮茧原理

煮茧的方法很多,按煮熟茧的浮沉,分为浮煮、半沉煮和沉煮;按煮茧的介质分,有水煮和蒸煮,还有药品辅助煮茧和电磁波辅助煮茧;按使用压力分,有常压煮茧、加压煮茧和减压煮茧等。虽然煮茧形式各异,但都有共同的规律,都是利用丝胶能在热水中膨润溶解这一原理。

一般分三个过程完成煮茧:

1.渗透

给予茧层必要水分的前处理,使茧层适当膨润和茧腔吸水。

2.煮熟

给予茧层丝条离解必要的能量。

3.调整和保护

调整茧的煮熟和吸水程度以及稳定丝胶膨润软和的程度。

以上各过程既各自独立,又相互制约。渗透是基础,煮熟是关键,调整保护是为了提高完善;如渗透贯穿于煮茧的全过程,它们是以某一过程中起的作用为主,同时在其他过程也起到一定作用。

一、茧的渗透作用

(一)渗透目的和要求

渗透是煮茧工艺的前处理,也是煮好茧的关键,它是利用茧腔外部压力大于内部压力造成茧内外压力差,使茧腔吸水而达到茧层渗润的过程。对渗透基本要求如下:

1.各茧粒间和茧粒内渗透均匀,春茧无白斑,秋茧无块斑;

2.渗透时不能有煮熟作用;

3.根据茧质不同(春、秋茧和解舒好坏)和缫丝工艺,茧层和茧腔内要有适当的吸水量。

(二)渗透方法

渗透方法通常有自然渗透、压力渗透及温差渗透三种方法。

1.自然渗透

根据茧层间隙和纤维的毛细管作用,让水渗入茧层,达到渗透的目的。目前使用的有浸水法、浸汤法、喷雾法三种。

2.压力渗透

利用茧腔内外压力差的变化,使茧腔吸水。目前使用的有加压法和减压法两种。减压渗透法具有渗透均匀、吸水充分、渗透时无煮熟作用的优点。

3.温差渗透

利用温度高低的变化,使茧腔内的压力小于茧腔外的压力,将低温汤压入茧腔,达到渗润茧层的一种处理方法。按其使用的热源不同,可分为热汤渗透、蒸汽渗透和干热渗透三种。

(1)热汤渗透

把蚕茧放在茧笼内,先浸在 100℃ 左右的高温汤中,由于茧腔内的空气受热极度膨胀,体积增大,则茧腔内大部分气体由茧腔内排至茧外,同时吸入水蒸气,这一过程称为高温置换作用。然后将经过置换作用的蚕茧很快移入低温汤中,此时蚕茧温度急剧降低,茧腔内的水蒸气和残留空气体积缩小,压力降低,借茧腔内外的压力差使低温汤通过茧层进入茧腔,而达到渗润茧层的目的,这一过程称为低温吸水作用。

(2)蒸汽渗透

先将蚕茧接触高温的水蒸气,然后迅速地移入低温汤中,同样由于温度的降低,茧腔内外产生的压力差,使低温汤通过茧层进入茧腔而达到膨润茧层的目的。这种方法茧腔的吸水量比在同一温差条件下热汤渗透的吸水量多、渗透效果好,目前生产上被广泛使用。

(3)干热渗透

这种方法使用较少。

温差渗透时,茧腔吸水率从理论上计算是根据高温置换段移入低温吸水段时,通过气体的压力(P)、体积(V)和热力学温度(T)所表示的气体状态方程得出的。

如高温蒸汽置换时茧腔内残留空气初始状态分别为 P_1、V_1、T_1,低温吸水后最终状态又

分别为 P_2、V_2、T_2，则

$$\frac{P_1 V_1}{T_1} = \frac{P_2 V_2}{T_2} \tag{9-1}$$

茧从高温部移入低温部后，茧腔内空气体积变为：

$$V_2 = \frac{P_1 T_2}{P_2 T_1} V_1 \tag{9-2}$$

因此，茧腔理论吸水率 $N(\%)$ 为：

$$N(\%) = \frac{V_1 - V_2}{V_1} \times 100 = \left(1 - \frac{V_2}{V_1}\right) \times 100 = \left(1 - \frac{P_1 T_2}{P_2 T_1}\right) \times 100 \tag{9-3}$$

由于 V_2 的缩小而茧腔内产生真空，低温汤随之进入茧腔，参见表9-1。

表 9-1　一个气压下温度变化的茧腔理论吸水率(%)

低温汤(℃)	高温(℃)	95	96	97	98	99	100
	蒸汽压(mmHg)	126.1	102.4	79	52.7	26.8	0
99	26.8	—	—	—	—	—	100
98	52.7	—	—	—	—	49.3	100
97	77.9	—	—	—	32.5	65.2	100
96	102.4	—	—	24.1	48.8	74.0	100
95	126.1	—	19.2	38.6	58.8	79.0	100
90	234.1	46.9	57.0	67.4	78.0	88.8	100
85	326.4	62.4	69.6	76.9	84.4	92.0	100
80	404.9	70.2	75.8	81.6	87.6	93.7	100
75	470.9	74.6	79.5	84.4	89.5	94.7	100
70	526.3	77.7	81.9	86.1	90.7	95.3	100
65	572.5	79.8	83.6	87.6	91.6	95.8	100
60	610.6	81.3	84.9	88.5	92.3	96.1	100
55	642.0	82.5	85.8	89.2	92.7	96.3	100
50	667.5	83.4	86.6	89.8	93.1	96.5	100
45	688.12	84.2	87.0	90.3	93.4	96.7	100
40	704.68	84.9	87.7	90.7	93.7	96.8	100
35	717.82	85.3	88.1	91.0	93.9	96.9	100
30	721.18	85.7	88.4	91.2	94.1	97.0	100
25	736.24	86.1	88.7	91.5	94.3	97.0	100
20	742.46	86.5	89.0	91.7	94.4	97.1	100
15	747.21	86.8	89.3	91.9	94.5	97.2	100
10	750.79	87.2	89.5	92.1	94.6	97.2	100
5	753.46	87.4	89.8	92.3	94.6	97.3	100
0	755.42	87.5	90.0	92.4	94.6	97.3	100

(三)影响温差渗透吸水作用的因素

1. 温差大小

凡高温置换段与低温吸水段的温度相差大的，茧腔吸水量也多；反之，则吸水量少。从图9-1可知，高温处理的温度超过95℃时，吸水量急剧增加；低温处理温度超过80℃，茧的吸水

量急剧减少;低于 70℃时,吸水量的变化不显著。但在实际煮茧时,如高温温度过高时,温差过大,容易发生瘪茧,反而影响吸水量和茧层渗润。

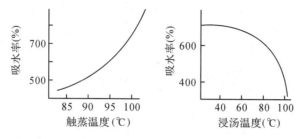

图 9-1　触蒸温度和浸渍温度与蚕茧吸水率的关系

（苏州丝绸工学院,浙江丝绸工学院,1993）

从表 9-2 可知,提高高温置换段的温度比降低低温吸水段的温度,对茧腔吸水量的影响更大。第 3 区与第 1 区比较,低温汤相同,高温提高 5℃,则吸水量增加 87g,即增加 11％。但再看第 3 区和第 4 区,高温相同,低温降低 22℃,而吸水量仅增加 49g,即增加 6％。由此可见,要提高茧腔吸水率,采用提高高温置换段温度比降低低温吸水段温度的效果来得显著。

表 9-2　不同渗透的温度与吸水量的关系

区别	高温蒸汽（℃）	低温汤（℃）	吸水量（g）	备注
1	98	82	848	供试原料每区均为适干茧 94g,计 165 粒,接触高温蒸气 1min 后,浸渍于低温汤中约 30s
2	98	60	893	
3	93	82	761	
4	93	60	810	
5	92	60	510	

资料来源:苏州丝绸工学院,浙江丝绸工学院,1993。

2.高温处理的温度和时间

茧腔吸水的多少和茧层渗润的程度,与高温处理时置换段温度的高低和时间长短有密切的关系。理想的渗透作用是茧层渗润充分、均匀,无煮熟状态。如高温处理的温度低,时间短,茧腔内空气与水蒸气的置换就不充分,甚至产生白斑。相反,如高温处理时置换段温度过高,时间过长,茧腔内空气残留很少,造成低温吸水时茧腔内外压力过大。同时,茧层湿热作用强,会使丝胶部分膨化变软,易产生瘪茧。一般高温处理的温度为 98～100℃,时间为 30s 左右。

3.低温处理的温度和时间

由高温置换段处理的蚕茧移到低温汤中后,使茧腔吸水,此时茧层丝胶起收敛作用。在一定限度内,低温汤中浸渍时间对茧的吸水量成正比,即浸渍时间长的吸水量多,对茧层渗润效果好。因茧层丝胶的收敛作用强,对茧的煮熟又有抑制作用。低温汤处理时,汤水完全进入茧腔内外压力达到平衡所需的时间是极短的,大致是 2s。但由于茧层吸水量与低温处理时间有关,因此在茧腔内外压力达到平衡后的大约 90s 内,仍然会随着浸汤时间的延长而缓慢吸水。一般低温汤温度不低于 60℃,浸渍时间为 1.5～3min。

4.蚕茧性质

茧的缩皱和松紧、通气性和通水性、茧层厚薄等性质是决定其渗透吸水难易的重要因素。缩皱细、匀、沟浅、茧层松紧适度而有弹性的蚕茧,通气性通水性好、解舒好、渗透充分,缩皱粗、乱、沟深、茧层硬而紧密的蚕茧,通气性通水性差、解舒差、渗透吸水困难。茧层厚的蚕茧,通水性和通气性一般比茧层薄的差些,见表9-3。

表 9-3　茧层厚度与通气时间、通水压力的关系

茧层厚度(mm)	通气时间(s)	通水压力(kPa)	测定条件
0.605	82	848	通气孔径 9mm,面积 0.6361cm²,压力
0.516	60	893	304kPa,通气量 300ml

资料来源:成都纺织工业学校,1986。

5.温差渗透方法的比较

由表 9-4 可知,在相同的温度条件下,蒸汽处理比热汤处理的吸水量要多(人工移茧相差更大),但在短时间内的吸水量,热汤处理比蒸汽处理的为大,以后随时间的延长(6s 后)吸水量逐渐减少。这是因为热汤处理时高温汤直接接触茧层,其所产生的蒸汽交换速度快。但时间一长,茧层丝胶膨润软和,茧层间隙缩小,使蒸汽通过茧层较为困难,妨碍置换和吸水作用之故。

表 9-4　蒸汽渗透压和热汤渗透的茧腔吸水量

蒸 汽 渗 透		热 汤 渗 透	
高温处理时间(s)	茧腔吸水量(%)	高温处理时间(s)	茧腔吸水量(%)
1	15.25	1	45.2
2	22.40	2	52.2
4	42.2	4	62.8
6	47.2	6	62.0
10	74.1	10	62.9
15	69.3	15	62.4
20	81.7	20	65.4
30	88.1	30	65.8
40	91.4	40	80.2
60	97.0	60	87.3

注:高温处理温度为98℃,低温为60℃,低温浸渍为30s。

资料来源:西南农业大学,1986。

二、茧的煮熟作用

(一)煮熟目的和作用

蚕茧经渗透吸水后,虽茧层空隙内含有一定水分,但茧丝间的胶着力基本上并未减少,所以仍然难于缫丝。煮熟的目的是使茧层丝胶快速膨润,即对渗透吸水后的蚕茧给予一定的热处理,以提高茧层中水分子的动能,使其进一步渗入丝胶胶粒内部,促使丝胶体积膨胀,黏度

降低,分子间结合力减弱甚至拆散,达到丝胶充分膨润软和,以利缫丝的目的。渗透与煮熟的关系非常密切,只有渗透吸水后的茧层才宜发挥煮熟作用,不经渗透和先蒸后煮都是不利的。渗透和煮熟是相互联系、不可分割的,也都包含有限膨润和无限膨润两个阶段。

(二)煮熟方法

蒸汽煮茧机中的蒸煮区分吐水段和蒸煮段。

蚕茧经渗透吸水后,茧腔中含大量低温水,须尽快吐出。

吐水有蒸汽吐水法和热汤吐水法。

蒸汽吐水是通过喷射管或有孔管的蒸汽作用促使快速吐水。此法蒸汽的动能大,吐水速度快,效能高。

热汤吐水是将低温吸水后的茧,直接通过沸腾的热汤而达到吐水的目的。

两者比较,热汤吐水因茧在振荡的热汤中吐水,有利于茧腔内的水从四周吐出,易均匀煮熟,增加新茧有绪率和茧层含水率。但吐水速度比蒸汽喷射或触蒸吐水慢。蛹酸易浸出,丝胶溶失率也易增加,立缫煮茧普遍采用此法。

触蒸与汤蒸均属蒸煮段的两种形式。

触蒸系用孔管喷射,直接发生蒸汽进行煮茧,称为直接蒸汽。

汤蒸则用孔管加热予水,使间接发生蒸汽来煮茧,又称为再生蒸汽。

从蒸煮室的结构来看,触蒸室是一个无水的腔体,汤蒸室则后段留有一定水位的汤槽。两者比较,汤蒸的特点是蒸发面积大,蒸发量比较稳定,总蒸汽压力于短时间内的变化对蒸煮室温度的影响和波动程度小,易保持正常,而且蒸汽的作用比较缓和均匀。但汤蒸式蒸汽的干度和含热量不及触蒸式高。这是因为汤蒸法的蒸汽是在常压下产生的,而触蒸法的锅炉供汽压力一般总是大于煮茧机的使用压力。此外,触蒸法的温度配置易调节,而汤蒸法一般难以上升到100℃以上的高温,也难以保持较低的温度。

目前除KC型煮茧机外,一般均采用触蒸法。

(三)影响煮熟的因素

1.煮茧温度和时间

煮茧温度的高低,与茧层丝胶的膨化度和溶解量有着密切关系,一般来讲,茧层丝胶的膨润溶解是随温度的升高而增大,到100℃左右时,其溶解量更多。而温度低,煮茧时间虽长,茧层丝胶的溶解量仍小,温度在100℃以上,煮茧时间虽短,丝胶溶解量却大。据此,煮茧温度与时间,应根据缫丝方法、原料茧性能来确定。对于茧层薄、解舒好、洁净成绩好的原料茧,煮茧温度应偏低、时间偏短,否则会增加缫折。对茧层厚、解舒差、洁净成绩差的原料茧,温度应偏高、时间偏长,否则丝胶难以充分膨润软和。

2.煮茧压力

煮茧中使用蒸汽性质及压力大小,直接影响茧的煮熟效率。在同压力下,过热蒸汽的温度远高于饱和蒸汽的温度。在同温度下,使用压力大,煮熟作用就强。煮茧时提高总压力,适当降低分压力,对提高煮茧质量和稳定煮熟程度有利。煮茧压力的大小随原料茧情况而定。丝胶膨润困难、解舒差的茧,使用压力可偏高些。同时使用的蒸汽压力应保持一定,如忽高忽低,就会使煮熟程度差。

3.煮茧汤浓度

煮茧汤浓度随煮茧次数增加使丝胶和蛹酸的含量增大也增浓。一般丝胶、蛹体溶解率分别为 4％和 6％。煮茧汤过浓或过淡均不适宜,如煮汤过浓,酸度增加,pH 变小,使丝胶膨润溶解变慢,丝色不良;煮汤过淡,温度升高而 pH 值增大时,丝胶易溶解,缫折增大,成本高。故煮汤浓度需根据原料茧的性能而定,解舒好的茧煮汤偏浓些,反之则淡。煮茧时在调整区要不断注入清水,保持汤色不变。一般汤色以淡茶色为好,硬度在 1°dH 以内,常温时 pH 值在 7 左右(煮沸后 pH 值在 8.4～9.0)。低温渗透段 pH 值在 6.8～7.8,煮熟区 pH 值在6.4～7.5。

三、茧的煮熟调整作用

基本煮熟的蚕茧,须经调整区的调整作用。其目的首先是减少茧不同部位、不同层次和茧粒之间的茧层丝胶得到均等的溶解。除去表面茧层产生既易凝固又易溶解的过敏性丝胶,避免在低温缫丝中易产生的胶颣及丝条故障。其次通过调整作用可引出绪丝,并使分散的绪丝趋于集中。同时,使茧腔吸水量适应缫丝浮沉程度的要求。调整的目的是保护外层,煮熟中内层,使茧的煮熟程度均匀一致,并使茧腔内的气泡大小合格。在缫丝时,茧层和蛹衬的重量都无法控制。实际上主要是控制气泡的容积,一般以茧腔容积的 3％作为沉浮的界限。也就是,茧腔吸水量在 95％以下时为浮茧,97％以上时为沉茧,95％～97％为半沉浮茧。在实际煮茧中则控制气泡的直径,沉煮的自动缫为 2.5～3.5mm,半沉煮的立缫为 5～8mm。就 pH 值言,中水段为 6.8～7.5,动摇与静煮段为 6.4～7.5。

四、煮熟茧的保护作用

调整区已完成茧的煮熟作用,此时的茧外层茧丝离解抵抗过小,若立即缫丝,茧丝不能很好顺次离解,且绪丝多,易产生大颣,增加丝条故障,加大缫折。设有保护区,给茧层一定的低温汤处理,让外层丝胶得到适当凝固,并使澄清的煮茧汤渗入茧腔,防止以上情况发生。

第三节　煮茧设备与工艺

缫丝厂目前采用的煮茧设备,按其结构形式分为循环式煮茧机和圆盘型煮茧机两种;按渗透方法的差异分为温差渗透煮茧机和真空渗透煮茧机两种。在渗透区段上则有一次渗透和两次渗透之分,如 65-1 型煮茧机采用二次渗透。按煮熟方法不同,可分为热汤吐水型、单蒸型、汤蒸型、水煮型四种循环式煮茧机以及红外线煮茧机、微波煮茧机、超加压 V 型煮茧机等。目前应用较广泛的是循环式蒸汽煮茧机和部分使用的真空渗透循环式煮茧机。这两种机型现作一简单介绍。

一、循环式蒸汽煮茧机及其工艺

循环式蒸汽煮茧机因蒸煮部分利用热源不同,可分为蒸汽喷射式和汤蒸式两种,两者结

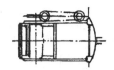

构基本相同。该机俗称长机。机身分上、下两部,又称上、下槽。机体为一密闭的容器,上槽有准备区,包括加茧及浸渍段。上槽至下槽茧笼转向部分为渗透区,包括高温渗透及低温吸水段。向前为煮熟区,包括吐水段和蒸煮段,接着为调整区,包括中水段、后动摇段、静煮段。保护出口区,即为出茧部位。各段都设有蒸汽管及冷水管,且段间安置隔板,使各段温度互不影响,保持稳定。在上槽前上方设有排气筒,排除高温渗透置换作用的混合气体。前端装有茧笼换向轮,后端装有滚筒,茧笼连接在铜链条上,链条带着茧笼随滚筒齿轮及茧笼换向轮循环运转。一般缫丝厂使用的茧笼为双笼,每笼可容茧量80～100g。

以循环式汤蒸煮茧机为例,该机的结构如图9-2所示。

现将该机的各区设备与工艺作一概述。

在使用时要根据原料茧的性质及缫丝要求来决定煮茧时间和各区的温度。一般煮茧时间为17min左右,蒸汽总压力为98.1～147.15kPa(1～1.5kg/cm²)。

(一)浸渍段

设在煮茧机上槽中部,槽底设一弯或两弯有孔蒸汽管,水面设撒水管,见表9-5。来自加茧部的茧笼,经浮压滚筒压入水里起浸渍作用。该段温度为50～70℃,浸渍时间1.5～3min。浸渍的目的是使茧层起渗润作用,并使茧层外层结水膜,使外层的丝胶膨润受到一定限制。当进入茧腔的蒸汽与空气交换时,使茧内外层丝胶的膨润度易均匀一致,湿润的蚕茧可减少丝胶溶失,对丝胶有一定的保护作用。同时对抗煮能力弱的蚕茧,通过上槽浸渍可缩小茧层抗煮力的差异,提高抗煮能力。因此通过浸渍还能提高解舒,减少颣吊,对降低缫折也有一定的效果,对于解舒好、茧层疏松、抗煮力弱的蚕茧,浸渍水温可偏低,反之解舒差的茧,则浸渍水温应偏高些,有时可达80℃,茧层吸水率与浸渍时间成比例增加。

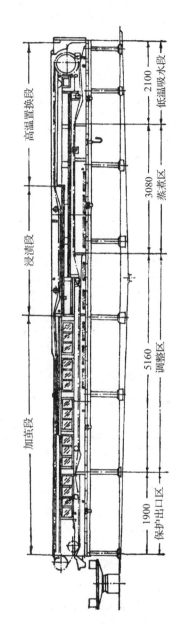

图9-2　循环式汤蒸煮茧机结构示意图
(苏州丝绸工学院,浙江丝绸工学院,1993)

表 9-5　循环式汤蒸煮茧机各区段的长度及管道配置

区别		各段长度 (m)	茧笼数 (只)	茧笼经过 时间(min)	实际处理 时间(min)	管道配置
准备区	加茧段	5.640	22	3.74	—	—
	浸渍段	3.075	12	2.04	1.87	水面有 25mm 洒水管一根,槽底 有 16mm 一弯或两弯有孔蒸汽 管一根
渗透区	高温段	3.525	13	2.21	2.63	25mm 或 32mm 蒸汽喷射管一 根,设在上槽后部槽底反射铜皮 处,孔径 0.8~1.5mm
	低温段	2.100	7	1.19	0.85	16mm 一弯或三弯有孔蒸汽管一 根,38mm 水底喷射管一根, 19mm 水面洒水管一根
蒸煮区	快速吐水段	3.080	12	2.04	2.28	19mm 五弯有孔蒸汽管一根
	蒸汽发生槽					19mm 三弯有孔蒸汽管两根, 19mm 五弯有孔蒸汽管一根, 25mm 给水口一个
调整区		5.160	24	4.08	3.91	32mm 三弯盲管一根,19mm 五 弯有孔蒸汽管一根,25mm 三弯 盲管四根,32mm 烧水直管一 根,25mm 洒水管一根,25mm 给水口一个
保护出 口区	保护段	1.900	7	1.19	0.94	19mm 一弯或两弯有孔蒸汽管 一根,25mm 洒水管一根,25mm 给水口一个
	出口段	0.800	3	0.51	—	
合计			100	17.00	12.48	—

注:①茧笼经过总时间为根据茧质需要而确定的一般时间,茧笼经过各段时间是按比例计算的;②实际 处理时间为除去不受处理部分实测时间。

资料来源:苏州丝绸工学院,浙江丝绸工学院,1993。

(二)渗透区

该区分高温置换和低温吸水两段,温差渗透即在此进行。

1.高温置换段

在煮茧机后端,上下槽的中间,该段装有蒸汽喷射管一根。当喷射管喷出蒸汽时,借反射 铜皮的诱导,使茧腔内的空气受热膨胀与蒸汽进行置换作用,由滚动齿轮的回转,使茧笼沿下 垂铜条行到末端、离覆盖铜皮 25.4mm 处,则跌入其下方的低温汤中。由于高低温引起茧腔 内外的压力差,促使茧腔吸水,同时茧层受到浸润作用。该区要求结构保持密封,管道及反射 铜皮等装置均按一定规格安装,否则易造成渗透不良或瘪茧。

渗透区的结构如图 9-3 所示。

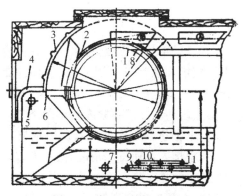

图 9-3　渗透区结构示意图

1.滚筒　2.链轮　3.覆盖铜皮　4.反射铜皮　5.高温蒸汽喷射管　6.下垂铜条
7.冷水孔管　8.移层铜皮　9.三弯盲管　10.二弯盲管　11.低温部轨道

（成都纺织工业学校,1986）

渗透区高温段的蒸汽压力为 4.91kPa(0.05kg/cm^2)左右,温度 100℃ 左右,作用时间为 2.4～2.5min。低温段的温度一般以 65～80℃ 为宜。

实践证明,通水性最差的干茧,用 10.59kPa(0.108kg/cm^2)的压力,就能使水通过干茧层;在实际渗透过程中,所用高温多在 98℃ 以上,低温在 60℃ 左右,压力差达 74.46kPa(0.759kg/cm^2)左右,比上述压力要大得多,因此在不影响吸水的前提下,压力差可减少些。压力差过大,水从茧层薄的部分或间隙大的部分进入茧腔,就达不到全面均匀渗透的目的,影响煮熟均匀。排气筒的开放大小与渗透程度也有一定关系。一般排气口附近的温度掌握标准,春茧为 82～87.7℃,秋茧为 87.7～93.2℃。排气筒开的方向应与茧笼运行方向平行,防止左右两只茧笼排气不匀。

2.渗透区温度

渗透区温度应根据茧质和缫丝要求有所不同。

如对茧层厚、中内层落绪多、解舒又差的蚕茧可将渗透高温的温度提高,低温吸水的温度也适当提高或维持原温,一般称此为"上差"。因茧腔内外有较高的低温汤后,可促进茧内外层丝胶的软和作用,且移至煮熟区后,也可加速吐水及煮熟作用。

如对解舒优良、茧层极厚、缩皱紧密不易渗透的原料茧,则可以在适当限度内提高渗透高温的温度,降低低温汤温度,称为"大差"。

再如对解舒好、缩皱松、茧层薄、薄头多的茧,缫丝时易发生穿头、蛹吊的原料茧,则应采用"下差",即降低渗透高温及低温汤的温度,防止丝胶溶解过度及茧煮得过熟。

3.渗透程度

渗透程度根据原料茧性能和缫丝要求而定,在工厂中都是凭经验观察蚕茧在低温汤中所呈的状态为依据。一般春茧要求茧在笼中能多数直立带倾斜动荡状态为好(秋茧渗透程度可轻些)。如蚕茧浮而横卧、紧靠笼底(此时茧笼倒置,笼底朝上),随着茧笼行进方向横集而不动,说明渗透程度不足;若蚕茧沉于笼面(此时茧笼倒置,笼面朝下),且大部分集积在茧笼后面,说明渗透过足。如瘪茧过多,说明渗透不良,应适当降低高温,缩小温差。如同笼中茧有倾斜、有直立、有浮有沉,并各占相当数量,说明渗透不匀,影响解舒,此时应检查原因,及时改正。

（三）蒸煮区

蒸煮区采用蒸汽煮茧称蒸煮。采用热汤煮茧，称水煮。目前煮茧机均采用蒸煮。

蒸煮区设在下槽中部，由排酸槽和蒸汽发生槽两部分构成，排酸槽在渗透区低温段的前方，槽侧上方两侧装置排气管以调整蒸煮区的压力，槽底装有"U"形排酸管一根，以排除茧腔中酸度高的低温汤，以免影响蒸煮区的温度。在紧靠轨道的下方，装有五弯有孔蒸汽管一根。在接近管的下方，装设活络底板，上铺拼接起来的狭长反射铜皮，以增强蒸汽反射作用，如发生漏茧时便于拆除清理。为了观察槽内快速排水情况，槽侧上方装有玻璃窗。

蒸汽发生槽设在排酸槽的前面，槽底装有蒸汽管三根，水深约 130mm，用以间接发生蒸汽来蒸煮蚕茧。槽底有排水装置，以掌握温度高低，调整茧腔吐水速度。

在蒸煮区上方覆盖木板，中间有茧笼通过的通道，两端呈斜坡状，一端接渗透区低温段，另一端接调整区前端的夹板，夹板下部浸入水中，以保证蒸煮室密闭，防止蒸汽流失，温度不稳定和产生斑煮等现象。

蒸煮区是茧腔吐水和煮熟茧层的主要环节，也是决定茧浮沉的关键。蒸汽压力一般用 $78.48 \sim 98.1 \text{kPa}(0.8 \sim 1.0 \text{kg/cm}^2)$。解舒好的茧用 $97 \sim 98℃$。解舒特别差的茧，用 $98 \sim 100℃$。若温度过低，在 $96℃$ 以下时，茧腔吐水不清，会延缓吐水时间，影响煮熟程度、增加内层落绪、解舒不良。茧腔温度如在 $99℃$ 以上时开始吐水，茧层失水，此时会使丝胶失水而变性，使解舒恶化。故要求蚕茧进入该区的 1/2 或 2/3 处吐水终了，其后的 1/2 或 1/3 处保持丝胶加速膨润软和，时间约 1.5min。在这段时间内应尽快完成吐水和排气作用。否则膨润后的茧层不易排除空气，易成浮茧。一般说来，温度高的缫折大、落绪少。但丝条故障多，排气足的，到调整区吸水多，蚕茧沉。

蒸煮区的长度如表 9-5 所示，一般占全机长的 $11.92\% \sim 15.20\%$ 为宜。

（四）调整区

调整区由中水、动摇、静煮三段组成，其作用是凭借较高温度的水（$93 \sim 98℃$）继续完成煮熟作用，使各部位的茧层丝胶得到均匀溶解。调整区是煮茧机中最长的一区，茧笼在该区经过的时间为 $2.4 \sim 5.5min$，占总时间或全部长度的 $20\% \sim 24\%$，如在 100 笼煮茧机中为 24 笼，104 笼煮茧机中为 $19.8 \sim 21.5$ 笼。

为了保证槽内的温度由高到低，特别是要降低后端的温度，促使茧腔吸水，在煮茧槽接近蒸煮区一端的 3/5 的长度区域内装置盲管、有孔管、烧水管，以完成加热任务。煮茧汤的浓度不宜过淡，汤色宜淡黄。pH 值以保持 $6.6 \sim 7.2$ 为宜，解舒差的可调大到 7.4，以防丝胶过度溶解。一般的办法是少排水，在接近出口低温段的水面上不断洒冷水，以补充茧腔吸水量，防止温度过高，水位降低，因吸水不足而增加瘪茧。

温度在尽量少影响解舒的前提下用较低的温度。前后段温差掌握在 $10 \sim 12℃$ 为宜，茧层厚的大些，薄的则小些。温差过大或过小，都会产生瘪茧或浮茧。

（五）保护出口区

保护出口区由保护、出口两段组成。该区与调整区的静煮段用闸板隔开。从调整区过来已完成煮熟作用的蚕茧，在本区接触以 $60℃$ 为中心的低温汤（立缫机约高 $15 \sim 25℃$），并处理

1～2.5min,使外层丝胶稍凝固定型,给予茧外层适当的解舒抵抗力,并使澄清的煮汤进入茧腔,调整吸水量至97%左右,茧层增重5.5倍左右。到出口段时,再洒冷水以降低出口段水温,以便能除去茧笼上的附着物和避免黏笼。出口段的主要作用是保护外层,使茧丝胶着力均匀,出口段温度低,对外层保护作用大,吸水增多,最后置于35～45℃桶汤的茧桶中(立缫机为40～60℃)水量为蚕茧体积的1.5倍。

　　为了得到符合缫丝工艺要求的煮熟茧,保护段和桶汤温度不能过高,防止过煮,增加蛹酸浸出,造成解舒不良。保护段的长度约占全长的6.4%～8%。即100笼煮茧机的占7笼,104笼的则应占8笼。出口段占2.87～3.27笼。另外,桶汤温度高低应根据原料茧性能和煮茧机型式、负荷来考虑。

二、真空渗透煮茧机及其工艺

　　真空渗透即是用真空泵将茧容器内的空气压力减小到低于1个大气压的状态。当温水进入茧容器后,随着空气的通入,利用外界大气压与茧腔内负压所产生的压差,将温水压入茧腔。真空渗透比温差渗透的优点较多,当空气压力减小以后,存在于茧层纤维表面的空气进膜的阻力减小,因此蒸汽很易进入茧层中,使茧层含有大量水分,且体内的吸水量比较均一,即使低温煮茧也可以达到膨润丝胶的要求。因此真空渗透煮茧具有渗透均匀、吸水充分、内外层煮熟程度基本一致、解舒率和新茧有绪率高、丝胶溶失率和长吐率及蛹衣率低、缫折小、落绪及丝条故障少、自动缫丝的万米吊糙少等优点,是煮茧的发展方向。

　　目前在生产中有两种真空渗透煮茧机,即程控真空渗透圆盘煮茧机与循环式真空渗透煮茧机,现将后者作简要介绍。

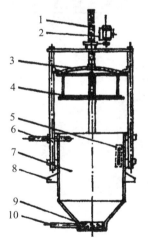

图9-4　真空渗透筒结构简图
1.螺杆　2.电动机　3.桶盖
4.有孔压板　5.视孔　6.上部抽气口
7.桶体　8.桶体搁脚　9.滤孔卸茧门
10.下部抽气口
（浙江农业大学,1989）

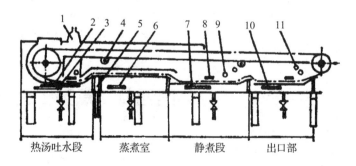

热汤吐水段　　蒸煮室　　静煮段　　出口部

图9-5　63笼循环式煮茧机结构示意图
1.排气管　2.孔管　3.盲管　4.泄水管　5.防溢槽　6.孔管
7.盲管或孔管　8.排水口　9.撒水管　10.孔管　11.加水管
（浙江农业大学,1989）

循环式真空渗透煮茧机将真空减压渗透和煮熟两个过程分开进行。先将蚕茧倒入真空渗透桶(图 9-4)内进水抽气(真空度 79.9～87.99kPa,即 600～660mmHg),然后一面进水,一面继续抽气,到 16kPa(120mmHg)再次放气排水,如此反复三次后,移入 63 笼的煮茧机(图 9-5)中进行煮熟,使丝胶膨化软和,充分煮熟中内层,引出新茧绪丝。63 笼煮茧机由热汤吐水、蒸煮室、静煮和出口等四个部分组成。一般工艺条件是准备区 60～70℃,热汤吐水段 100～101℃,蒸煮室 100～102℃,静煮段 90～94℃,桶汤 38～42℃。煮茧一回转时间为 5～7min。

生产上常采用不吐水型的真空渗透煮茧机,即蚕茧经过真空渗透后,不经过上槽浸渍和高低温渗透,直接加入煮茧机进行煮茧,其结构如图 9-6 所示。

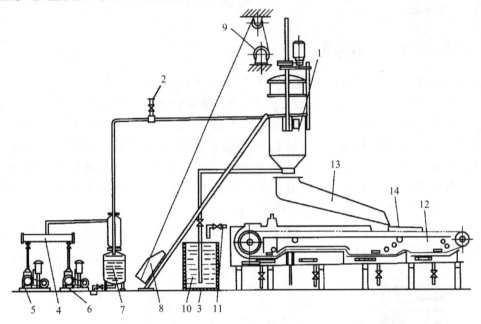

图 9-6 真空渗透煮茧机结构

1.真空渗透桶 2.放气阀 3.吸水管 4.过滤管 5.真空泵 6.备用真空泵 7.汽水分离桶
8.翻茧斗 9.卷扬机 10.吸水池 11.清水管 12.煮茧机 13.放茧斗 14.加茧箱

(苏州丝绸工学院,浙江丝绸工学院,1993)

第四节 煮茧工艺管理

一、煮熟茧的鉴定和保护

(一)煮熟茧的鉴定

由于缫丝机的要求和煮茧方法不同,煮熟茧的适熟标准亦有差异。一般仅凭肉眼和手触来鉴别,也有用茧腔和茧层的吸水率作参考。

煮熟茧程度的鉴别方法如表 9-6 所示。

表 9-6 煮熟茧程度鉴定法

鉴定项目		适熟	偏熟	偏生
外观形态	熟茧颜色 茧层弹性和滑度 绪丝牵引抵抗力 茧层增重(倍) 熟茧的蛹体硬度	白色或带水玉色 软滑、有弹性 稍有,绪丝易引出 5～6 带硬	呈水灰色或带微黄 软、缺乏弹性 较小、绪丝增大 6 以上 膨大、绵软	洁白、春茧有细白斑 秋茧有斑块 粗糙、弹性较强 较大、绪丝不易引出 4 及以下 硬性
茧腔吸水量	吸水率(%) 自动缫	97～98	98 以上	97 以下
	立缫	95～97	97 以上	95 以下
	茧腔气泡直径 (mm) 自动缫	2.5～3	2.5 以下	3 以上
	立缫	5～8	5 以下	8 以上
技术鉴定	煮茧丝胶溶失率(%)	4～6	6 以上	4 以上
	茧丝平均解舒抵抗(mN)	1.96～2.94	1.96 以下	2.94 以上
	茧丝平均解舒抵抗(g)	0.2～0.3	0.2 以下	0.3 以上
	有绪茧绪丝量(mg/粒)	16～22	22 以上	16 以下

资料来源:浙江省丝绸公司,1987。

(二)煮熟茧的保护

煮熟茧放入茧桶后,为了有利于缫丝,须认真保护。首先要控制好放置时间。若放置时间增长,桶汤温度降低,则 pH 值减小,酸度增加。同时易使丝胶凝固,缫丝离解困难,且由于蛹酸浸出增加桶汤酸度,从而降低有绪率和解舒率,使茧丝长变短,内层落绪增加。一般煮茧要与缫丝密切配合,要求煮熟茧不脱节也不积压。放置时间以不超过 15min 为宜,保持"热茧热缫"。其次,桶汤要保持一定汤量,据测定,桶汤量大的酸度比较低,一般以桶汤浸没茧、蚕茧呈动荡状态、汤色清为宜。再者,桶汤还须保持一定温度,一般为 35～45℃(立缫为 40～60℃)。对桶内煮熟茧不可用硬物触及和翻动,避免外层茧丝紊乱或碰穿。此外,应防止染上其他色素。

二、不同原料茧的煮茧工艺要点

(一)循环式蒸汽煮茧机

循环式蒸汽煮茧机对不同原料茧的煮茧工艺要点如表 9-7 所示。

表 9-7　循环式蒸汽煮茧机对不同原料茧的煮茧工艺要求

原料茧特性		煮茧工艺要求
解舒好	茧层厚	1. 提高高温渗透段温度,采用"大差",使温差大,吸水作用强 2. 适当提高蒸煮室使用压力和温度 3. 减少调整区排水量,增加煮汤温度 4. 后动摇段动摇状态低而长 5. 适当延长煮茧时间
	茧层薄	1. 缩小渗透区温差,防止产生瘪茧 2. 降低各段使用压力,使温差接近 3. 缩短煮茧时间,降低煮汤温度 4. 减少排水量,增加煮汤浓度
	烘茧偏嫩	1. 渗透区温差宜小,向下差,即适当减低高温渗透段及低温吸水段的温度 2. 降低煮熟区的压力和温度 3. 煮汤宜浓 4. 保护段滴注冰醋酸等可抑制丝胶溶解的助剂 5. 煮茧时间宜短
	颣节特多	1. 降低低温渗透段的温度,渗透区温度采用"下差" 2. 加强蒸煮室作用 3. 降低中水段和静煮段温度 4. 机内(或机外)冷处理即大大降低保护段或桶汤温度,一般保护段低至 32～35℃ 5. 使用冰醋酸等化学助剂,加入桶汤内 6. 在降低煮茧温度的同时,适当延长煮茧时间
解舒差	茧层厚	1. 提高各区段使用蒸汽压力 2. 提高渗透区的压力和温度 3. 煮汤温度提高,浓度宜淡,动摇状态加大 4. 延长煮茧时间 5. 使用渗透剂或解舒剂 6. 预热段补湿升温 7. 热汤吐水段,后动摇段多用盲管,或加压煮茧
	茧层薄	1. 缩小渗透区温差 2. 适当提高调整区温度 3. 煮汤浓度宜淡
	烘茧过干	1. 预热段补湿 2. 渗透区温差加大 3. 提高调整区温度 4. 增加洒水量,使煮汤偏淡 5. 适当延长煮茧时间 6. 热汤吐水段,后动摇段多用盲管或加压煮茧
	颣节特多	1. 加强渗透作用,适当提高低温渗透段吸水温度 2. 发挥蒸煮室的煮熟作用 3. 延长煮茧时间 4. 调整段多用盲管 5. 掌握煮熟程度,防止偏生 6. 降低中水段温度

（二）循环式蒸汽煮茧机的煮茧条件

循环式蒸汽煮茧机在煮各种不同原料茧时的工艺条件如表 9-8 所示。

表 9-8　循环式蒸汽煮茧机对不同原料茧的煮茧工艺条件

区别	煮茧条件		解舒好	解舒中	解舒差
前处理	上槽浸渍部温度（℃）		60	65～70	70 以上
	上槽温度（℃）		85	90	95
渗透区	高温（℃）		98 以下	98～100	100
	低温（℃）		60 以下	60～70	70 以上
	水底水面温差（℃）		6 以下	6～7	7 以上
	给水条件		水底进、水面排	水面进，水面排	水面进、水底水面同时排
	pH 值		6.6	6.6～6.8	6.8
蒸煮区	起迄温度（℃）		96～92	98～94	96～100
	茧腔吐水温度（℃）		85	85～90	90 以上
	茧腔吐水率（%）		100	100	90 以上
调整区	起迄温度（℃）	自动缫	75～90	75～92	88～94
		立缫	80	85～90	90 以上
调整区	水底水面温差（℃）		2	2	3
	pH 值		6.8	7.0	7.0
	动摇	自动缫	无	无	细小
		立缫	细小	较大	大
保护区温度（℃）		自动缫	35	35	40
		立缫	60 以下	60～70	70
桶汤温度（℃）		自动缫	35	35	40
		立缫	50 以下	50～60	60
全煮时间（min）			15	15～16	16 以上
煮后茧量/煮前茧量（倍）			5～6	6～7	7 以上

资料来源：苏州丝绸工学院，浙江丝绸工学院，1993。

三、煮茧疵点的成因及预防方法

煮茧疵点造成的原因，因煮茧机型与结构不同而异，现仅介绍循环式煮茧机煮茧弊病造成的原因及预防方法，主要参考《制丝手册（第二版）》(1987)及《制丝学》(1980)，归纳于表 9-9。

四、煮茧工艺标准

渗透完全，煮熟均匀，适合缫丝，是制订煮茧工艺标准的原则。其含义是不论茧质如何，都要设法使茧层渗透完全，保护好外层，适煮中内层，避免外层熟，中内层不熟，或中内层熟而外层过熟，做到外、中、内层均匀煮熟，三层的解舒抵抗尽可能趋于一致。

所谓适合缫丝是指：

(1)煮熟茧的茧腔含水量和气泡大小适合于缫丝机型的要求，一般自动缫偏沉，立缫半沉；

（2）新茧容易理成一茧一丝，绪丝量要少，适合于自然落绪添新茧；同时，有绪率要高，有绪茧的绪丝率，不易断头；

（3）缫丝中茧层茧丝离解正常，少发生颣节和中途落绪，特别是尴尬薄皮落绪要少。

表 9-9　循环式煮茧机煮茧弊病的成因及预防方法

名称	主要成因	预防方法
白斑茧	1.高温蒸汽置换段或蒸煮室漏气 2.部分蒸汽喷射管孔堵塞或喷射方向不合理 3.低温渗透段水封不良 4.茧笼运行中跌入低温渗透段时不是一次入水 5.总压力或高温渗透段压力过低，渗透不完全 6.排气筒开启过大	如是原料茧本身原因，可加强选茧措施；如属结构、位置不适当，应及时检查纠正，以符合工艺要求，对管道堵塞、漏气也应及时检修
瘪茧	1.高温渗透段压力过高，渗透区温差过大 2.喷射管装置歪斜，左右不呈水平 3.蒸煮室蒸汽喷射管孔堵塞或蒸煮室温度过低 4.蒸煮室水封不良，有冷空气侵入 5.低温渗透段或调整区等水位过低 6.调整区后动摇段或静煮段温度过高	对温差过大或温度过高过低的，应加强煮茧蒸汽管理，做到定温定压，对蒸煮部喷射管的堵塞和漏气等问题，要经常检查；各区段水位及桶汤量要保持一定
沉茧	1.渗透区温差过大，而其压力差小于茧层抵抗力 2.蒸煮室温度过高，超过一定极限值 3.各段温差过大，或桶汤温度过低 4.蒸煮室排水管堵塞，水位上升，茧笼浸水 5.热汤吐水段或后动摇段动摇状态过大	温差过大应缩小温差，渗透区亦同样处理；蒸煮主要保持正常排水；适当减小吐水段或后动摇段动摇状态
浮茧	1.蒸煮室温度过低 2.渗透区温差过小，渗透不完全 3.调整区温度过低 4.桶量过多	温度过低者，应提高或合理配量，如渗透不完全应加强渗透作用；桶量过多的可适当减少桶量

（一）煮茧质量标准

纺织工业部制定的缫丝厂煮茧半成品质量标准如下：

（1）解舒率，立缫不低于工艺要求 3％，自动缫不低于工艺要求 5％；

（2）茧层丝胶溶失率，不超过工艺要求 0.5％；

（3）新茧有绪率，立缫不超过工艺要求 ±5％，自动缫随机适应；

（4）粒茧绪丝量，不超过工艺要求 2mg；

（5）单桶茧粒数，不超过工艺设计粒数 ±5％；

（6）煮熟茧外观状态，立缫要求白而不斑，滑而不腻，软而不绵，弹而不糙，松而不散，浮而不飘。自动缫丝机要求色白无斑，软滑不瘪，绪丝松散，气泡小沉。

（二）茧渗透程度的鉴别

轻渗透为浮顶笼底，基本不动；正常渗透为悬浮笼中，略有动荡；重渗透为沉卧笼盖、动荡微小，渗透不匀为浮沉斜立，差距明显。

第五节　煮茧工艺参数计算

以 104 笼循环式煮茧机为例。

1. 每分钟供应茧桶数

$$每分钟供应茧桶数 = \frac{每小时缫丝生产力能力(kg/h) \times 1000 \times 缫折}{60 \times 每桶茧量(g)}$$

2. 蜗杆应开转速

$$蜗杆应开转速(r/min) = \frac{每小时缫丝生产能力(kg/h) \times 1000 \times 缫折}{60 \times 每桶茧量(g)} \div \frac{链轮齿数 \times 2}{蜗轮齿数 \times 4}$$

$$= \frac{每小时缫丝生产能力(kg/h) \times 缫折}{每桶茧量(g)} \times 107.7$$

式中:链轮齿数为 26 齿,蜗轮齿数为 84 齿。

3. 全机回转一次需要时间

$$全机回转一次需要时间(min) = \frac{每笼链条节数(4)}{链轮齿数} \times \frac{蜗轮齿数 \times 茧笼只数(104)}{蜗杆转速(r/min) \times 蜗杆头数}$$

$$= \frac{1344}{蜗杆转速(r/min)}$$

4. 每小时出茧桶数

$$每小时出茧桶数 = \frac{全机双茧笼总只数(104) \times 每笼柄数(2) \times 60}{全机回转一次需要时间}$$

$$= 9.286 \times 蜗杆转速(r/min)$$

举例:

(1)某缫丝厂有立缫机 120 台,其中单车 72 台、双车 48 台,缫制春茧,单车台时的产量 130g,双车台时为 195g(为单车的 1.5 倍),缫折 280kg。按照茧质,煮茧车速以慢为宜,需选 104 只双笼煮茧机的每桶茧量和蜗杆转速。

单车每小时产量 $= 130 \times 72 = 9360(g)$

双车每小时产量 $= 195 \times 48 = 9360(g)$

全车间每小时需用茧量 $= (9360 + 9360) \times \dfrac{280}{100}$

$$= 52416(g) \approx 53(kg)$$

蜗杆应开转数 $= \dfrac{53}{85} \times 107.7 = 67.154(r/min)$

式中:每桶茧量为 85g。

(2)假定做 20/22 的生丝,缫速 60r/min,台时产量 87g,缫折 300kg,缫丝机 80 台,每桶茧量选用 70g,煮茧时间可计算如下:

每小时供应茧桶数 $= \dfrac{87 \times \dfrac{300}{100}}{70} \times 180 = 671.14(桶)$

蜗杆应开转数 $=671.4 \div \dfrac{26 \times 2 \times 60}{84 \times 4}=72.277(\text{r/min})$

如考虑空转打滑 5r/min,则蜗杆应开转速 $=72+5=77(\text{r/min})$

全回转一次需要时间 $=\dfrac{1344}{77}=17.45(\text{min}) \approx 18(\text{min})$

第六节　煮茧新技术

一、自动输送煮熟茧

生产中已有应用"管道程序输送煮熟茧装置"和"小列车程控输送煮熟茧装置"。原浙江制丝一厂（米赛丝绸公司）采用的水流和光控相结合的煮熟茧管道程控输送装置,结构简单,在煮熟茧分配上做到按需供应,不会产生回茧现象。该装置由分配工作台、输送管道及程控电器系统三部分组成。每套装置可使一台 65 笼不吐水型真空循环式煮茧机和五组（10 个索理绪车头）自动缫丝机相接。

电控小列车式自动送煮熟茧装置由两个相同的部分组成,分别设在缫丝车间两侧的楼上,每组配煮茧机两台,其中一台备用。小列车沿环形轨道顺序送茧,每列托 6 只翻斗,当翻斗载满茧后,开始运行。另一列即进入接茧站接茧。在每组缫丝机车头的相应轨道上设有分配站,由数控机按机组需要和顺序供应熟茧。分配供应的熟茧被倒在一个落茧斗里,通过一段短管直流到索绪锅中。小列车完成分配任务后,便通过一个"出口检验台"给数控机发出信号,使数控机得以监视小列车运行。小列车进接茧站时,通过一个翻斗复位装置,使每个翻斗复位,为接茧做好准备。

二、膨润煮茧

理想的煮茧是仅煮熟茧层,但目前通常采用的煮茧方法却是茧层、蛹体一起煮,同时在渗透吸水时茧腔吸入较低温的水,使煮茧容易造成外内层煮熟不匀。煮茧车速越快,这个问题越突出。再者,茧腔中含有大量水分,使蛹体中的一部分蛹酸、蜡物质、油脂浸出,一定程度地抑制了丝胶的膨润软化,外熟内生的现象更易发生。

膨润煮茧克服了以上的问题,采用煮茧层、少煮蛹体的方法。

膨润煮茧的工艺过程如下:

1.茧层吸水过程

为了使茧层丝胶膨润,须让茧层有充足的水分。茧层吸水的方法很多,采用真空渗透可使茧层吸水均匀,而茧层和蛹体少吸水或不吸水。据测定,要使茧层丝胶膨润,茧层的含水量应在茧层重量的 150% ～ 250% 的范围内。要使茧层吸水达到 200% 左右,而茧腔基本不吸水,只有在真空度为 13.33kPa 左右的低负压下进行渗透,即用减压渗透法。经过渗透的蚕茧再放入机内进行膨润处理。

2.茧层膨润过程

茧层丝胶的膨润与温度有密切关系。温度高有利于茧层丝胶的膨润,一般在80℃左右时达最佳状态。茧层的膨润过程分四个阶段:温汤浸渍,一次膨润,补充给水,二次膨润。

三、微波煮茧

微波煮茧的优点是微波加热使茧层各部分的丝胶均匀受热膨润,同时利用微波对物质的选择性加热,可减少蛹酸浸出,提高内层解舒。为此,国内有的丝厂在循环式煮茧机的煮熟区设置微波加热器。原浙江丝绸工学院(现浙江理工大学)曾试用微波煮茧。实验证明,微波煮茧有利于增加解舒丝长和减少万米颣吊。

日本供生产试验用的微波煮茧机,除煮熟区用微波外,其余均与循环式煮茧机相同,即设有浸渍段→渗透段→蒸煮段→微波照射段→调整段→出口段。2500MHz的微波管装置在煮熟区后段的上方,渗透茧经微波照射后的缫丝效应是:解舒率提高10%以上,丝条故障减少70%,茧层缫丝率由82%增加到86%。

第十章 缫丝工艺

本章参考课件

茧丝细而不匀,强度低,长度有限,单根纤维不能直接使用。必须将多根茧丝并合和连接起来,成为强度较高、粗细均匀的丝条——生丝,以作丝织物的原料。缫丝就是将煮熟的茧丝离解后理出正绪,利用丝胶的胶黏作用,根据生丝规格的要求,集合若干根茧丝,制成生丝的生产过程。

现行的缫丝工艺流程如图 10-1 所示,一般采用如下程序:

索绪→理绪→添绪→集绪→捻鞘→卷绕→干燥。

上述程序并非一成不变,例如,筒子缫丝是采用先干燥后卷绕的。

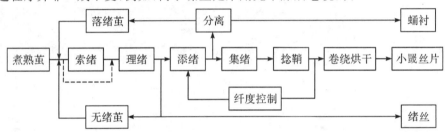

图 10-1 缫丝工艺流程

缫丝的工艺要求,一般为:

1.生丝平均纤度须在目的纤度规格范围内;

2.生丝纤度偏差小、均匀度好、清洁和洁净成绩好、抱合好;

3.生丝色泽、强度和伸长度、弹性等优良;

4.绪丝和蛹衬量少、丝胶溶失率和缫折低;

5.小䍁丝片上的丝条可在高速、均匀连续、低强度状态下退解;

6.台时产量高;

7.劳动条件好、劳动强度低。

第一节 缫丝机

缫丝机分为立缫机和自动缫丝机两大类,均采用小䍁卷绕方式。

一、立缫机

一般以 20 绪为一台。立缫机主要由缫丝台面、索理绪装置、接绪装置、丝鞘装置、卷绕装置、停戳装置和干燥装置等组成。缫丝台面上还有缫丝槽、索绪锅、理绪锅和蛹衬锅等,如图10-2 所示。

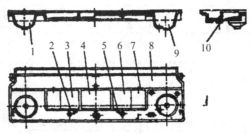

图 10-2　立缫机缫丝台面

1.蛹衬锅　2.溢水口　3、6 有绪锅　4.理绪锅　5.绕丝钉
7.水底连通管　8.缫丝槽　9.索绪锅　10.排水管孔

(成都纺织工业学校,1986)

立缫机主要为手工操作,生产效率低,为定粒缫丝。对原料茧的纤度要求较高,能够缫制各种纤度规格的高品位生丝,且结构简单,工艺管理和设备维修方便。由于立缫机的机械化程度不高,索理绪、添绪、处理故障和拾蛹衬等主要操作均由人工完成,劳动强度大,目前已基本弃用。

二、自动缫丝机

自动缫丝机是在立缫机的基础上发展起来的,两者的加工原理和步骤基本相同,部分装置也大同小异。其主要差别是立缫机的手工操作如索理绪、添绪、拾蛹衬、拾落绪茧等部分,自动缫丝机均由机械代替。目前,我国使用的自动缫丝机基本为定纤式。自动缫丝机可提高劳动生产率,改善劳动条件。随着自动缫丝机不断改进和完善,所缫生丝质量也逐步提高。

自动缫丝机通常每组 400 绪 20 台,20 绪为一台,每组两端各有一套索理绪机,可将煮熟茧和落绪茧索理成一茧一绪的正绪茧;而后加入给茧机,给茧机又沿着缫丝槽循环移动,分送到各台各绪。当生丝纤度发出需要添绪信号时,给茧机即将正绪茧送入缫丝槽完成添绪工作。在缫丝槽底部装有落绪茧和蛹衬捕集装置,将落绪茧和蛹衬收集后,移送到分离机上,分离出来的无绪茧、落绪茧被送回索理绪机,蛹衬则被送至机外蛹衬盘内另行处理。自动缫丝机如图 10-3 所示。

自动缫丝机两端各设置一台索理绪机和分离机,主要由 2～11、18、19 等组成;机身主要由缫丝部 13、给茧机 12、落茧捕集器 17、分设于机身两端的电动机和主传动箱 1、无级变速箱15、络交机构 16 等组成。缫丝部 13 由多台缫丝机(标准为 20 台)分两侧对称排列。

自动缫丝机具有感知部分,按其型式可分为定纤式和定粒式。

国内基本上为定纤式。定粒式自动缫丝机是在缫丝过程中,要求绪下保持一定的茧粒数,缺粒后落茧感知就添绪。目前,定粒式已被定纤式所代替。定纤式则采用纤度感知器。当生丝细到一定的限度时进行添绪。目前广泛应用定纤式缫丝机,根据检测方法分为长杆式定纤控制,其自动缫丝机型为 D101、D301、FD501 和 SFD507 等;短杆式定纤控制的缫丝机型为 D301A、D301B、飞宇 2000 和飞宇 2008 等。目前生产上使用较多的机型为 SF507、D301 系列、2000 系列、新时代系列和飞宇 2008 等。

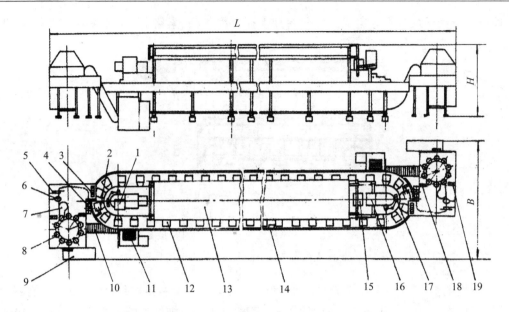

图 10-3　自动缫丝机机构(D301A)

1.电动机及主传动箱　2.自动探量机构　3.自动加茧机构　4.丝辫及大篾　5.捞针
6.偏心盘精理机构　7.锯齿片粗理机构　8.索绪机构　9.新茧补充装置　10.落绪茧输送装置
11.圆栅型分离机　12.给茧机　13.自动缫丝部　14.摩擦板　15.无级变速箱　16.络交机构
17.落茧捕集器　18.无绪茧移送斗　19.有绪茧移送斗

(徐作耀,1998)

三、蚕茧在缫丝中沉浮状态

　　根据蚕茧在缫丝汤中的沉浮状态不同,缫丝可分为浮缫法、半沉缫法和沉缫法。蚕茧浮在缫丝汤面上的为浮缫,此时茧腔吸水量在 95% 以下,由于蚕茧煮熟不够充分,中、内层落绪多,已基本弃用(座缫机)。

　　半沉缫法,茧腔吸水达 95%~97%,蚕茧在缫丝汤中呈半沉状态,取茧操作也便利,可少拉清丝,一般立缫机采用此法。

　　沉缫法,茧腔吸水达 97% 以上,蚕茧沉于缫丝槽底。缫丝时由于茧丝离解的牵引力作用,使蚕茧能上升到汤面或滚动于汤中,落绪后的蚕茧即下沉。沉缫法大量用于自动缫丝机,有利于发出落绪信号及捕集器捕集,排除落绪茧。此法不同于煮茧过熟,吸水太多,缫丝时仍沉没于汤中的"沉茧"。

第二节　缫丝装置及作用

一、索理绪装置

　　缫丝前必须将煮熟茧和落绪茧进行索理绪,使其成为一茧一丝的正绪茧。这项工作均由缫丝机的索绪和理绪装置来完成。

（一）索绪作用和索绪装置

从无绪茧的茧层表面引出绪丝称为索绪，目前采用的方法都是用索绪帚摩擦茧层表面来完成的。对索绪帚要求既不能太硬，也不能太软，以保证不损伤茧层，又能提高索绪能力；一般用稻草芯制作。

立缫机每台设置一套索绪装置，每套索绪装置由索绪体、索绪帚、索绪锅和索绪套盘等组成。立缫机上一般都采用回转式索绪装置和往复式索绪装置两种，也可以单独使用索绪长帚手工操作。

索绪时先将无绪茧倒入索绪锅内，使索绪汤加热升温到 92℃左右，以减小茧丝间的胶着力，然后使索绪帚接触蚕茧，新茧 2min，旧茧 3min，索绪器回转速度 70r/min，并使索绪帚和蚕茧产生一定的相对运动，摩擦茧层表面，而引出绪丝。

回转式索绪装置如图 10-4 所示。

索绪帚固定在做匀速回转运动的索绪体上，索绪帚的转动，带动锅内的水和蚕茧做同方向回转，蚕茧由于受到锅壁和水的阻力，其运动落后于索绪帚，从而索绪帚和蚕茧间产生相对运动，靠摩擦而索得绪丝，并卷绕在铜叉上，使有绪茧聚集在索绪锅中央，无绪茧则继续被索绪。待索至有 80%～90% 的有绪茧时就停止索绪，将索绪帚抬出水面，拉下铜叉上的绪丝，将蚕茧倒入理绪锅内。回转速度为 65～75r/min。

往复式索绪装置如图 10-5 所示。索绪时，索绪体做往复摆动，靠摩擦蚕茧而索得绪丝。索绪体的往复速度为 80～90 次/min，回转角为 90°。

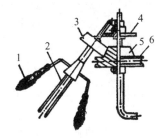

图 10-4　回转式索绪装置

1.索绪帚　2.铜叉　3.被动摩擦轮

4.定位盘　5.主动摩擦轮　6.绳轮

（苏州丝绸工学院，浙江丝绸工学院，1993）

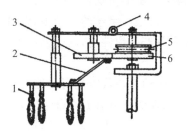

图 10-5　往复式索绪装置

1.索绪帚　2.连杆　3.被动齿轮

4.绞链　5.绳轮　6.主动齿轮

（苏州丝绸工学院，浙江丝绸工学院，1993）

自动缫丝机在每组的两端，各设有一套自动索理绪装置。索绪装置有 8 个或 10 个索绪体，索绪体上固定 6～9 个索绪帚。索绪体通过齿轮转动而往复摆动，并沿索绪槽回转，使索绪帚与槽内的蚕茧摩擦而索得绪丝，然后由移茧器将蚕茧从索绪部移至理绪部进行理绪。如图 10-6 所示。索绪帚入水 60～70mm，汤温为 86～92℃，pH 值为 6.8～7.8。

（二）理绪作用和理绪装置

将索绪得到的有绪茧，除去表面杂乱的绪丝，加工成一茧一丝的正绪茧，这个过程称为理绪。

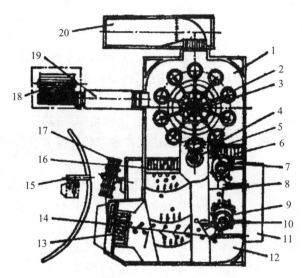

图 10-6　自动缫丝机索理绪机结构(D301 型)

1.索绪锅(索绪槽)　2.索绪体　3.提升凸轮　4.锯齿　5.水泵　6.有绪茧移送器
7.偏心粗理器　8.捞杆　9.偏心精理器　10.捞针　11.理绪传动部　12.理绪锅
13.加茧机构　14.集绪环　15.自动探量装置　16.无绪茧移送器　17.绪丝卷绕戥
18.圆栅式分离机　19.传送装置　20.新茧补充装置　↑水流方向　a牵引丝辫

(成都纺织工业学校,1986)

　　要除去杂乱的绪丝,必须给其一定作用力,以克服杂乱绪丝与茧层之间的胶着力,离解成为正绪茧。对杂乱绪丝的作用力,及其与茧层之间的胶着力,可采用增加绪丝牵引加速度的方法,使蚕茧产生惯性力,以达到离解杂乱绪丝的目的,可用下式表示:

$$F+(W-P)>T$$

式中:F 为振动时蚕茧所受到惯性力;W 为有绪茧的重力(包括水分);P 为水对蚕茧的浮力,茧体离开水面时 $P=0$;T 为杂乱绪丝的离解抵抗力。

　　目前,均采取一边卷取、一边振动的方法来离解杂乱绪丝。振动的目的是为了产生牵引加速度。立缫机上的理绪完全靠手工操作,主要以指尖撮糙,并配以手的抖动,使杂乱绪丝离解。如此进行数次,即可得到正绪茧。操作时要求近水分理,不拉清丝,理清蓬糙茧,分清有绪茧,拾清无绪茧。

　　自动缫丝机的理绪机上设有理绪机构,使用较多的形式有偏心盘理绪机构和三棱体理绪机构等。实际生产中,选择理绪机构时,还应考虑下列工艺要求:①有较高的理绪效率,即正绪茧粒数与供理绪茧粒数的百分比不低于 70%;②各种茧要分得清,混入正绪茧的糙茧、无绪茧,以及混入无绪茧中的有绪茧均要少;③理绪能力与缫丝能力相适应;④理好的正绪茧要适当堆放,待丝胶适当凝固后添绪;⑤做好不拉或少拉清丝。

　　偏心盘理绪机构如图 10-7 所示。

图 10-7　偏心盘理绪机构
1.套管　2.偏心盘　3.支架
4.皮带轮　5.丝辫

(苏州丝绸工学院,浙江丝绸工学院,1993)

偏心盘和皮带轮均固连于套管上,由有绪茧绪丝组成的丝辫穿过偏心盘和套管的导丝孔而被缫丝罢卷取。偏心盘与水平面倾斜。当皮带轮由绳索带动时,与皮带轮固连在一起的偏心盘随着一起转动,促使置于偏心盘下的有绪茧随着丝辫的卷取和偏心盘的转动,在缫丝汤中做上下左右和前后的抖动,从而使绪丝离解,达到理清蓬糙茧的目的。

二、添绪和接绪装置

缫丝过程中,由于茧丝长度有限,必然会造成自然落绪(落蛹衬或掐蛹衬)、中途落绪,均会使生丝纤度变细,当生丝纤度变细至必须添绪的纤度限值及以下时,称为落细。缫丝中发生落细时,必须及时添上正绪茧,以保证生丝纤度达到目的纤度。添上正绪茧的第一步,是把正绪茧送入缫丝槽,绪丝交给发生落细的绪头称为"添绪"。接着将得到绪头的绪丝引入缫制着的绪丝群中,并使它黏附上去,成为组成生丝的茧丝之一,称为"接绪"。

添绪动作的完成在立缫机上是由人工进行,工作量大约占总操作时间的60%左右。自动缫丝机采用机械添绪,减轻劳动强度,提高劳动生产率。

接绪无论是立缫还是自动缫,均由接绪器完成,接绪装置主要由接绪器和带动接绪器回转的回转带组成。接绪器的结构如图10-8所示,由回转芯子(接绪翼、芯)和回转翼(接绪翼)组成。

回转芯子固定装在百灵台上,回转翼套在芯子外面,靠回转带的摩擦传动而回转。接绪动作的完成,主要是添绪时靠回转翼的旋转,使添上去的绪丝被卷绕黏附在缫制着的丝条上。此时由于小罢的回转,使原绕在指上或给茧机绪丝卷绕杆上的一端茧丝绷紧直至切断。茧丝切断的长度与添额关系很大。如果茧丝在回转翼上切断,则切断较短,不易产生添额。因此添绪时,必须靠近防额板。回

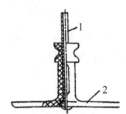

图 10-8　接绪器简图
1. 回转芯子　2. 回转翼
(浙江农业大学,1989)

转翼的材料有铜和塑料两种,目前一般都由塑料制成。回转芯子要求孔径光滑,其材料有铜和玻璃两种。立缫机回转翼的转速为700～950r/min,自动缫丝机回转翼的转速为950～1000r/min。

三、纤度控制装置

(一)立缫机的纤度控制

缫丝主要以添绪来控制生丝纤度。立缫机是由人工控制绪下茧的定粒数,即根据工艺设计指标,观察定粒配茧情况,发现缺粒立即进行给茧添绪的动作,完成控制纤度的目的。立缫机就是以茧粒数作为控制对象,根据茧的定粒数和厚薄搭配来控制生丝纤度。

(二)自动缫丝机的纤度控制装置

自动缫丝机的生丝纤度控制机构是由感知器、探索机构和给茧机组成。

现主要介绍感知器如下:

在纤度自动控制系统中,按选择的控制量不同,感知器可分为定粒式和定纤式两种。前者国内已很少用,基本上都采用定纤式。

1.定纤感知器

当生丝纤度细到细限纤度时,能发出信号,要求给茧添绪的感知器叫定纤感知器。

目前生产上都采用以摩擦力作为控制量的隔距式定纤感知器。该感知器主要由隔距轮和感应杠杆等组成,测量元件和比较元件隔距轮安装在感应杠杆的前端,当丝条通过隔距轮的隔距间隙时,丝条与隔距轮间隙产生摩擦,将感应杠杆上抬,生丝纤度粗,摩擦力大;生丝纤度细,摩擦力小。在感知过程中是以摩擦力作为控制量,而摩擦力与生丝纤度的关系可以从生丝直径与生丝纤度的关系来说明,即生丝纤度越粗,生丝直径越大,反之,生丝直径越小。根据生丝直径的大小来控制丝条通过隔距间隙的大小。假设生丝丝条为圆形,生丝的直径 D 与生丝的纤度 S 存在的函数关系式为 $D = K\sqrt{S}$,式中 K 值随生丝密度不同而异。当生丝呈湿润状态时,K 为 15.06(K 值一般在 $14.84 \sim 15.23$),则制定规格生丝时,可用上式计算出生丝的直径 D 的大小,由此控制丝条通过隔距的间隙时,以此值确定垫片的厚度。丝条直径的大小不同与隔距间隙内所产生的摩擦力 F 大小也不同,摩擦力 F 与生丝纤度存在一定函数关系,即 $F = f(S)$,这就是说控制摩擦力就能控制生丝纤度。当生丝纤度细到一定给定值时,摩擦力变小,感应杠杆下跌,通过探索机构的感知放大作用和传递作用发出要求添绪的信号。给茧机通过时就实现添绪,添绪后丝条纤度变粗,摩擦力增大,感应杠杆便上升恢复原状,添绪信号消失(图 10-9)。

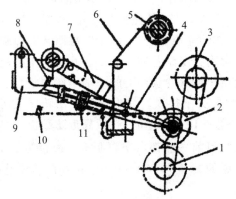

图 10-9　隔距式纤度感知器

1.下定位鼓轮　2.隔距轮　3.上定位鼓轮　4.感应杠杆　5.纤度集体调节链条座

6.纤度集体调节链条　7.停车停添装置　8.上靠山　9.停罢停添装置

10.下靠山　11.纤度个别调节螺母(重锤)

(成都纺织工业学校,1986)

2.探索机构

探索机构有多种型式。其作用是完成探索、传递及放大的作用,接着给茧机进行添绪。对探索机构要求:①添绪信号传递要正确及时;②与给茧机的配合要协调,保证给茧机收到信号;③对感知器和给茧机的作用力要小,不影响它们的正确及时性。

3.给茧机

给茧机是纤度自动控制系统中的执行元件,它接收感知器发出的信号,完成给茧添绪工作。给茧机的型式大致可分为移动给茧添绪、移动给茧固定添绪和固定给茧添绪等三类。各类给茧机的共性是捞茧机构从存放一定数量正绪茧的容器内捞出蚕茧,并将此茧放入缫丝槽中,绪丝交给接绪器,而完成添绪动作。

四、集绪与丝鞘装置

经接绪装置后形成的丝条中含有大量水分,且茧丝之间抱合松散,裂丝多,强度差,切断多,同时由于原料茧本身的工艺性状及煮茧、索理绪、添接绪等工艺条件的关系,丝条上不可避免地会出现各种颣节,影响质量。因此,经添绪后形成的丝条不能直接卷绕在小䉛上形成生丝,需经集绪器和丝鞘,然后卷绕成形。

丝鞘装置一般由集绪器、鼓轮和丝鞘等组成。

集绪器又称磁眼,呈圆形的磁质材料,中心有一小孔,有集合绪丝、防止颣节、减少丝条水分和固定丝鞘位置等作用,如图 10-10 所示。

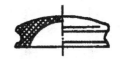

图 10-10 集绪器
(席德衡,赵庆长,1982)

集绪器孔径的大小及其光滑程度,对操作和生丝质量都有影响。因此在缫制不同规格的生丝时,必须选用适当孔径的集绪器,一般为生丝直径的 3 倍左右。如 21d 生丝直径为 $66.31\mu m$($K=14.47$),磁眼孔径为 $153\sim212\mu m$。集绪器的放置方法有正置(凸面向上)和反置(凹面向上)两种,一般都采用正置。鼓轮是呈鼓形的导向轮,其作用是使丝条运动变换方向,以形成丝鞘,如图 10-11 所示。丝条通过集绪器,套入上鼓轮,绕过下鼓轮,使其本身前后段相互捻绞,再经过络交器而引出,即构成丝鞘。丝鞘具有散发水分、增强抱合和减少部分小颣作用。集绪器和络交器有固定丝鞘位置的作用,上、下鼓轮用以改变丝条运动方向。

由于丝条相互捻绞,使丝条绕丝鞘轴线方向做螺旋上升运动〔图 10-12(a)〕,使丝条高速旋转,每分钟达数万转,产生的离心力很大,丝条上的水分被大量甩出;同时由于丝条相互摩擦和挤压〔受到的挤压力见图 10-12(b)〕,增加了丝条的抱合及发散水分的作用,使小颣也不易通过而被除去。

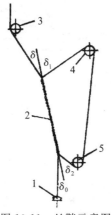

图 10-11 丝鞘示意图
1.集绪器 2.丝鞘 3.定位鼓轮(或络交器)
4.上鼓轮 5.下鼓轮
(成都纺织工业学校,1986)

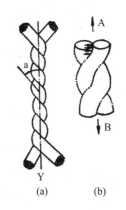

图 10-12 丝鞘结构
(成都纺织工业学校,1986)

丝鞘作用的强弱,一般取决于丝鞘长度和捻数,但是任一指标并不完全表示它的作用强弱。因为丝鞘长度相同时,并不表示捻数相等,同样,捻数相等时,不一定说明丝鞘长度相同。这与丝鞘松紧有关系。但丝鞘过长,捻数过多,则会使缫丝张力增大,甚至造成吊鞘,使缫丝无法顺利进行。

五、卷绕装置

卷绕装置由小䈇和络绞机构组成。丝鞘引出的丝条,需要有规律地卷绕在小䈇上,使丝条干燥容易,丝片成形正常,卷绕顺利,切断时寻找方便,复摇时退绕容易。在小䈇转动时,络交机构同时做复合运动。络交机构是使络交器做往复运动,以防止丝条重叠塌边,符合缫丝工艺要求的条件,络交运动需要有两种或两种以上运动的复合。每络交一次,络交杆带着丝条往复一次,丝条就一圈一圈来回,卷绕在丝䈇上,每次络交,卷绕在小䈇上的丝圈就形成一个丝层面。若干次络交,丝面层层相覆,形成网状组织的丝片。小䈇的作用是卷绕丝条,络交机构则使被小䈇卷取的丝条成形,容易干燥,以便后道工序加工,这两者是相辅相成的。

常用的络交机构有(双)圆柱凸轮络交机构、三齿轮络交机构等,现以双圆柱凸轮络交机构为例介绍,如图10-13所示。齿轮1与移距凸轮固连,固定在轴上,齿轮2与行程凸轮固连,活套在轴上,运转时行程凸轮不仅由主动齿轮带动产生转动,并且由于齿轮1及2是一对差微齿轮,致使行程凸轮与移距凸轮的转速有微小差异,产生相对运动,行程凸轮与被移距凸轮推动或在弹簧的作用下,发生轴向位移,即产生移距运动。这样行程凸轮的复合运动,通过摇臂和调节摇臂,连接杆带动络交杆做复合运动。

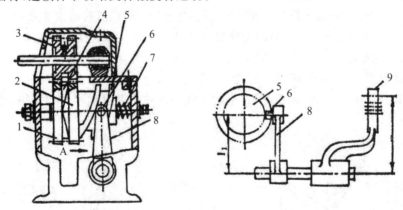

图10-13　双圆柱凸轮络交机构

1、2.齿轮　3.主动齿轮　4.移距凸轮　5.行程凸轮　6.滚子　7.弹簧　8.摇臂　9.调节摇臂

(苏州丝绸工学院,浙江丝绸工学院,1993)

丝条卷绕在小䈇上,小䈇有多角形,立缫机小䈇一般为八个䈇角,䈇周长0.56m,䈇宽69～74mm。自动缫丝机小䈇一般为10个䈇角,䈇子两端直径稍有差异,使小䈇略带锥度,便于复摇退绕,䈇周长0.65m,䈇宽75～85mm。小䈇活套在䈇轴上,借䈇轴与䈇孔壁间的摩擦来转动小䈇。一般䈇角卷绕张力较均匀的,则丝片优良。

六、停䈇装置

在缫丝过程中,当糙颣塞住磁眼时,会产生丝条故障,需迅速停止小䈇运转,并使绷紧的丝条放松。故在缫丝机各绪都装有停䈇装置,避免因丝条张力过大而导致切断。停䈇装置可分为直接式和间接式两大类;直接式停䈇装置主要对颣节做出反应;间接式停䈇装置可以对集绪前后的故障如颣节、吊鞘等做出反应,并有松丝的作用。停䈇松丝,既有利于处理丝条故障，又不因张力过大而使丝条过度变形，影响丝质。

立缫机上一般采用直接式停哾装置，主要有弹簧式、滑辊式（重锤式）和简易杠杆式，如图 10-14 所示。这些停哾装置的特点是结构简单，但操作不便，可靠性差，往往发生不必要停哾。

自动缫丝机多为间接式停哾装置，还有直接式和间接式相混合的停哾装置。当产生丝条故障时，集绪器上翘，通过拉线的牵引，使制动头上翘，阻止小哾回转，如 D301 型和 HR-3 型自动缫丝机采用直接式间接式兼有的停哾装置。

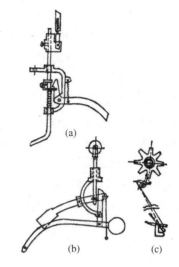

图 10-14　立缫机停哾装置
(a)弹簧式　(b)滑辊式　(c)简易杠杆式
（成都纺织工业学校,1986）

七、干燥装置

经过集绪器，丝鞘的丝条已除去部分水分，但丝的回潮率还有 $120\%\sim160\%$，若不进行干燥，直接卷绕在小哾上，会使丝条黏结，复摇时不易退绕，切断增多，还会造成硬哾角和丝色不良等疵点。因此需迅速进行干燥，使生丝达到一定的回潮率，确保生丝结构固定、抱合良好，但不可过干，否则会引起丝条花纹紊乱，哾角松弛，且影响强伸力和造成弃丝操作。一般小哾丝片的回潮率立缫控制在 $25\%\sim35\%$，自动缫 $20\%\sim30\%$。

干燥装置一般设有蒸汽管加热。立缫机在小哾后下侧装有管径为 $32\sim40mm$ 的蒸汽烘丝管 $2\sim3$ 根，散热面积为 $0.51\sim0.75m^2/$台。为了防止热量散发、尘埃的附着和水珠滴落，在小哾上面还装有半圆形的保温罩板，把小哾罩在里面，使小哾车厢温度控制在 $38\sim40$℃，相对湿度 $40\%\sim50\%$。自动缫丝机的烘丝管一般为 3 根，管径为 $48mm$，散热面积约 $0.9mm^2/$台。

八、捕集器和分离机

缫丝生产过程中，不可避免地会产生落绪茧和蛹衬，为了让其连续生产，必须及时将落绪茧和蛹衬排出缫丝槽外，并能正确地将落绪茧和蛹衬分离，使落绪茧经索理绪后能够回用。立缫机中这项工作完全借助于手工操作，自动缫丝机则由捕集器和分离机完成。

（一）捕集器

捕集器是一只无底无前壁的小盒（图 10-15）。其四壁均有小孔或条形缝一道，其作用是减小水对捕集器的阻力和捕集器对水面波动的影响。捕集器挂在给茧机上，跟随给茧机在缫丝槽底部移动，或用

图 10-15　捕集器
（成都纺织工业学校,1986）

链条单独拖动。捕集器在移动过程中，收集缫丝槽中的落绪茧和蛹衬移出缫丝槽，自动落入分离机上进行分离。

分离机的作用主要是根据落绪茧和蛹衬的几何形状与物理性质的不同，将落绪茧和蛹衬分离开来，然后落绪茧经输送带至索绪机，蛹衬则落到蛹衬盘内。对其工艺要求是分离效率

高,不使落绪茧和蛹衬互相混淆,不损伤茧层。

胶带式分离机是由一条斜置的分离带(其表面有人字形的凹凸花纹)和使分离带振动的三棱振动翼以及使分离带做回转运动的上滚筒等部件组成(图10-16)。工作时,混杂的落绪茧和蛹衬经落茧斗落到分离带上,由于落绪茧弹性好,茧层有一定的厚度,重心较高,与胶带的黏附力小,容易滚动,而落到输送带上,被送入索绪锅再索绪。蛹衬则因茧层薄、弹性差、重心低,与胶带的黏附力较大,不易滚动,跟随分离带运行而落到蛹衬盘中。这样落绪茧和蛹衬便得到分离。

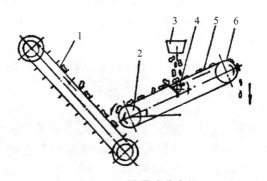

图 10-16　胶带式分离机

1.输送带　2.下滚筒　3.落茧斗

4.三棱振动翼　5.分离带　6.上滚筒

(成都纺织工业学校,1986)

第三节　缫丝基本操作

一、集绪引丝和穿集绪器

集绪引丝就是按生产工艺的要求,聚集若干粒正绪茧,并使一定粒数丝条穿过接绪器,再穿过集绪器而集中。

二、捻鞘

从集绪器引出的丝条,通过上下鼓轮,相互捻绞而成丝鞘,再穿过络交钩。鞘长:立缫机为 13～18cm,捻鞘数为 130～220;自动缫丝机 8～10cm,捻鞘数为 100～120。丝鞘的上角以90°、下角以 30°为宜。

三、除颣捻添

当丝条上有颣节,无法通过集绪器时,就自动停罳,张力过大,以致切断,缫丝中止。为了使小罳继续转动,必须除颣。除颣捻添就是在集绪器下将颣节除去,然后将两断头搓捻到丝条上,引过集绪器打结,使操作正常进行。

四、寻绪、接结、咬结

缫丝中生丝发生切断时,丝条已卷入小罳上,此时必须找出绪头,这一操作称寻绪。将寻到的绪头和捻鞘后的结头打结称接结。用牙齿咬去多余的丝端称咬结,咬结要整齐,长度应小于 3mm。

五、上丝、落丝、并绪

将空小罳装至丝车上,并使丝条卷绕在小罳上,称上丝。根据工艺要求,小罳上的生丝达到一定重量时须停车取下,称为落丝。在换庄口原料时,需要将原来的茧缫完,往往采用将绪头逐渐减少,并将部分绪头上的茧拉下添到剩下的绪中,直至缫完,称作并绪。

六、弃丝

缫丝中因多种原因会出现丝条过细、过粗或不合格的疵点丝,发现后应及时将这部分生丝拉掉,以保证生丝质量,称弃丝。

七、定粒配茧

在立缫操作中,由于采用定粒缫丝,而茧的内外层丝纤度粗细不匀,为保证生丝纤度偏差小、匀度好,绪下茧定粒数和茧型的大、中、小,茧的外、中、内各层都应搭配好。定粒配茧的要点是"做准定粒,啃牢中心,主动调配,保持塔形"。在正常情况下,采用"落厚添厚,落薄添薄,添新茧掐蛹衬"的基本配茧方法,避免阵新阵薄,增大纤度偏差。

1. 做准定粒

按庄口设计要求,自始至终做准定粒。缫丝中一旦发生落绪,应立即添茧,尽量缩短失添时间。做准定粒必须掌握好目光、操作及有绪茧供应三个方面。

2. 啃牢中心

通过配茧,使绪头上生丝自始至终符合规定的纤度要求,称"啃牢中心"。缫丝中要求绪头达到或靠拢中心配茧比例,即在符合中心配茧范围时,落厚添厚,落薄添薄,添新掐蛹或添薄掐蛹。绪头偏厚时,落厚添薄,落薄添薄,添薄掐蛹。绪头偏薄时,落厚添厚,落薄添新,添新掐蛹。

3. 主动调配

当绪头配茧不正常又不落绪时,绪头偏薄时,落薄添厚(新)茧,或主动调下薄茧添厚(新)茧。绪头偏厚时,落厚添薄或主动调下厚茧添薄茧通过主动调配,使趋向偏薄或偏厚的绪头及时得到调整,回复到中心配茧。防止绪头全厚或全薄,缩小纤度偏差。故要"啃牢中心",必须进行"主动调配"。

4. 保持塔形

绪头上的茧像宝塔那样自塔基至塔尖逐渐变化,即各种厚薄程度的茧都有。在缫丝添绪时按绪头需要加添,防止乱添,使绪头茧一直保持白、灰、红三色齐全的状态(即外、中、内层的茧都有),避免几粒茧同时接近蛹衬,造成连添连掐,使生丝纤度发生突变。

为了做好定粒配茧,首先要正确识别茧层,按茧丝纤度粗细分档,一般分为新茧、厚皮茧、薄皮茧、蛹衬四档。

(1)新茧

尚未缫过丝的茧,茧表面缩皱清楚、呈白色,有绪或无绪均称新茧。若新茧添上随即落下,仍作新茧。

(2)厚皮茧

已缫过丝的茧,但茧层还厚,缩皱明显,呈白玉色。经过几次索绪的新茧应作厚皮茧。

(3)薄皮茧

茧面平坦无缩皱,蛹体隐约可见,呈灰色或暗红色。

（4）蛹衬

蛹体明显可见，蛹衣起角发皱，将破未破。

八、索理绪

索理绪为定粒配茧服务，对保证新旧茧的正常供应、做好新陈代谢、提高洁净、降低缫折影响较大。对索绪要求：索绪效率高、绪丝少、供应不脱节。对理绪要求：能单手精理，理到80％，双手理清蓬糙茧，或双手分股理绪，左手不超过集绪器架、右手不超过左手，理清蓬糙，减少额节，不拉清丝，节约原料。

九、操作轻重缓急

立缫中应以添绪配茧为主，添绪占整个操作时间的60％以上，随时准备对落绪进行添绪配茧，做到眼不离缫丝槽，创造待添机会。在此时间内做辅助操作，如索理绪、除额捻添、穿磁眼、寻绪、弃丝等。

自动缫丝机则以除额捻添、捻鞘弃丝、接结和补正粒数为主，再有保证运转率、清洁隔距轮、整理给茧机等，这些均要在左右巡回中进行操作处理。

第四节　缫丝工艺条件

由于原料、设备差异大，很难制定统一的缫丝工艺条件，仅将目前生产中采用的一般工艺条件范围做一汇总，见表10-1。在实际生产中应当根据具体情况，灵活掌握，此表仅供参考。

表 10-1　缫丝工艺条件

项目			单位	要求或范围	
				立缫	自动缫
缫丝汤	温度		℃	43±3	30～36
缫丝汤浓度	pH		—	6.8～7.8	6.8～7.2
	流量		ml/min·台	600±100	900±100
索绪	索绪汤温度（索中）		℃	90～93	86～92
	索绪茧量（春茧）		粒(粒/个)	70±10	索绪体下容茧量　春茧 40～60 / 夏秋 40～50
	索绪时间	回转式 新茧	min	2.5以下	
		回转式 旧茧	min	3.5以下	
		往复式 新茧	min	2以下	
		往复式 旧茧	min	3以下	
	索绪器转换	回转式	r/min	70±5	
		复式	r/min	105±5	
台面茧量	单车		桶	2～3	
	双车		桶	3～4	

续　表

项目		单位		要求或范围
小䈅车厢 温度	低温干燥季节	℃	30～35	35±5
	高温多湿季节	℃	40～45	
小䈅车厢相对湿度		%	38±10	
小䈅丝片宽度		mm	35±5	40～65
小䈅丝片回潮率		%	25～35	20～30
小䈅卷取速度		m/min	35～65	65以下
接绪翼速度		r/min	700～800	950～1100
丝鞘	捻数	捻	130～220	100～120
	长度	cm	13～18	8～10
缫丝张力(鞘后)		mN	39.2～78.4	不超过117.6
		gf	4～8	12以内

资料来源：浙江丝绸公司,1987;成都纺织工业学校,1986。

第五节　鲜茧缫丝

一、鲜茧生丝性状

鲜茧生丝是采用鲜茧直接缫制而成的生丝。鲜茧缫丝工程不经过烘茧工序、而只通过简单的水汽渗透处理工序,简化了制丝环节,降低了缫丝成本;采用鲜茧缫丝,煤水使用量减少,节约了能源;并且鲜蚕蛹的应用价值高,也提高了蚕蛹利用率。鲜茧生丝由于受烘茧、煮茧等热处理较少,所以具有保持天然生丝独特的风格、丝鸣、弹性以及柔软和光泽等的特性。

鲜茧生丝与干茧生丝由于制备工艺的不同,其受热处理的强度和时间不同,造成了茧丝性能的差异,也因此影响生丝性能,进而影响丝织生产。因此,采用物理与化学相结合的方法,通过器械、仪器分析,研究鲜茧生丝与干茧生丝性状差异,明确鲜茧生丝的外观形态、力学性能、结构特性等特征性状,为缫丝企业生产高品位生丝提供参考,也为丝织用户提供选择生丝原料的依据,生产高附加值丝织产品等(朱良均等,2018)。

鲜茧生丝与干茧生丝的性状比较如下：

1. 表观性状

鲜茧生丝在加工过程中受高温热处理较少,茧丝性能与干茧生丝有一定差异,如茧丝表面的丝胶蛋白受热处理的不同,影响黏合茧丝和生丝的表面形貌。同时,鲜茧生丝与干茧生丝受热处理不同,生丝纤维边界折射效应有差异。因此,通过偏光显微镜检验,生丝的表观特征如表10-2所示。

鲜茧生丝因受热处理较少,丝胶变性程度较轻,影响生丝的包覆性能。通过扫描电子显微镜检验生丝,在放大条件下观察生丝表面微细构造,如丝胶包覆是否有间隔式缺失状、丝胶颗粒不规则突起的数量等。通过扫描电子显微镜检验,生丝表观特征如表10-3所示。

表 10-2　生丝表观特征(1)

性状	鲜茧生丝	干茧生丝
生丝表面	比较粗糙、有长黑条	比较平整
生丝边缘	不光滑、缘齿	较光滑、流畅
生丝色泽	较暗黑	较明亮
丝胶颗粒	不规则突起多而明显	不规则突起少且不明显
丝条并合	排列不规则	排列较整齐

表 10-3　生丝表观特征(2)

性状	鲜茧生丝	干茧生丝
生丝表面	比较粗糙	比较平整
生丝边缘	不光滑、缘齿	较光滑、流畅
丝胶颗粒	不规则突起多而明显	不规则突起少且不明显
丝条并合	并合松散、排列不规则	并合密切、排列较整齐
丝胶包覆	有间隔式缺失状	无间隔式缺失状

2.应变性状

干茧生丝加工过程中经过了高温干燥和煮茧等热工艺处理,而鲜茧生丝没有经过热处理。因此,鲜茧生丝与干茧生丝因受热处理不同而造成两者之间力学性能的差异。根据这一特点,采用强伸力仪测定生丝拉伸性能,通过拉伸检验,生丝的应变性状如表 10-4 所示。

表 10-4　生丝应变性状

性状	鲜茧生丝	干茧生丝
最大应变值	较大	较小
最大应变平均值	≥20%	<20%

由检验可知,鲜茧生丝的最大应变值较大,而干茧生丝的最大应变值较小。

3.丝胶性能

鲜茧生丝受热处理较少,丝胶变性程度弱,丝胶在热水中的溶解速度快,单位时间内的丝胶溶解量较多、浓度大,丝胶的理化性能也随之发生一定变化。通过热水溶解茧丝丝胶,检测丝胶初期溶失率、丝胶浓度和凝胶性能,结果如表 10-5、表 10-6、表 10-7 所示。

表 10-5　丝胶初期溶失率

性状	鲜茧生丝	干茧生丝
丝胶初期溶失率	较大	较小
丝胶溶失率平均值	≥18%	<18%

表 10-6　丝胶初期溶解溶液浓度

性状	鲜茧生丝	干茧生丝
丝胶初期溶解量	较高	较低
丝胶溶解溶液浓度	较大	较小

表 10-7　丝胶凝胶性能

性状	鲜茧生丝	干茧生丝
丝胶凝胶时间	较短	较长
丝胶凝胶速度	较快	较慢

根据生丝丝胶凝胶特性分析可知,丝胶凝胶时间短、凝胶化速度快,为鲜茧生丝;而丝胶凝胶时间长、凝胶速度慢,为干茧生丝。

4.色差性状

不同来源生丝的色度存在一定的差异。色差仪检验鲜茧生丝的结果,如表 10-8 所示。

表 10-8　色差性状

性状	鲜茧生丝	干茧生丝
白度值	较大	较小
白度分界值	>30	<30

根据白度值大小,鉴别生丝差异,白度平均值较大的为鲜茧生丝。

5 抱合性状

抱合力是检验组成生丝的茧丝之间相互抱合胶着的牢固程度。鲜茧生丝受热处理较少,丝胶变性较弱,影响生丝纤维胶合包覆。抱合检验生丝性状,如表 10-9 所示。

表 10-9　抱合性状

性状	鲜茧生丝	干茧生丝
抱合平均值	较小	较大
耐摩擦性	弱	强

6.丝条粗细

同一批原料茧缫丝时,鲜茧生丝丝条并合不紧密,生丝直径较粗。而干茧生丝丝条并合紧密,生丝直径较细。

二、真空渗透

1.真空渗透装置的结构及工作原理

以 FD302 型真空渗透装置为例,其结构如图 10-17 所示。

(1)结构

该装置主要由真空渗透桶 2 及其上的开盖装置 3 和 4、真空泵 11、气水分离器 10、水箱 14 以及水汽管道、各种阀门、真空表 6、温度计 15 等组成。概括起来由两部分组成,一部分是盛放蚕茧进行真空渗透工艺处理的容器,另一部分是获得真空的设备。其中蒸汽管 9 是用来给水箱 14 中的水进行加温的。

(2)工作原理

该装置的工作原理是利用真空泵 11 抽气,使真空渗透桶 2 中的空气压力低于大气压,然后注入温水,则真空渗透桶 2 中的蚕茧借茧腔内外压力差的作用,达到茧层和茧腔吸水渗透的目的。

(3)操作过程

关底盖 4→加茧→关上盖 3→关上部进气阀 5 和底部进气阀 19→开真空泵 11 抽气至要求真空度→开进水阀 17 至要求水位后关阀→关抽气阀 7→开上部进气阀 5 或开底部进气阀 19→开抽气阀 7→关真空泵 11→开上盖 3→开底盖 4 出茧→进入评茧箱 1。如此反复循环进行蚕茧渗透。

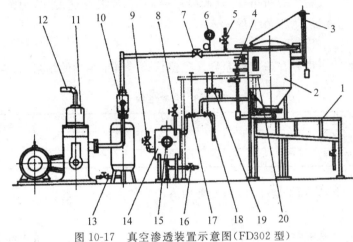

图 10-17　真空渗透装置示意图(FD302 型)

1.评茧箱　2.真空渗透桶　3.重锤式开盖装置　4.手开底盖装置　5.上部进气阀

6.真空表　7.抽气阀　8.水箱进水浮球阀　9.蒸汽管　10.气水分离器　11.真空泵

12.排气管　13.排水阀　14.水箱　15.温度计　16.排污阀　17.进水阀

18.真空渗透桶排水阀　19.底部进气阀　20.操作平台

(徐作耀,1998)

2.真空渗透装置的特点(FD302 型)

(1)设计新颖,外形美观,结构紧凑,操作简便。

(2)经真空渗透处理的蚕茧,茧层和茧腔吸水充分、渗透均匀,丝胶溶失少,缫折小,解舒提高,丝条故障减少,效果显著。

(3)经真空渗透的蚕茧,在煮熟中不易产生浮茧,茧腔吸水量调节掌握自如,能满足不同原料茧煮茧工艺要求。

三、鲜茧缫丝工艺

鲜茧缫丝是指蚕茧不经过烘茧、煮茧工艺过程而缫制生丝。鲜茧缫丝的工艺过程为:鲜茧→冷藏冷冻→真空渗透→低温缫丝→复摇整理→鲜茧生丝等;或者不经过冷藏冷冻,直接进行鲜茧缫丝。

鲜茧缫丝方法如下:

1.提高鲜茧生丝抱合性能的方法

解决生丝抱合较差、生丝耐摩擦性差等影响鲜茧生丝性能的技术,提高鲜茧生丝等级。工序步骤如下:

(1)把鲜蚕茧进行堆放贮存,按实际需要,在 0～6℃温度条件下冷藏保鲜贮存。或者在 −20～−1℃温度条件下,进行冷冻保鲜贮存。存放 1 天到数个月时间。

(2)把堆放贮存的鲜蚕茧,按照工艺要求,依次进行混茧、剥茧、选茧,得到缫丝用茧。

(3)把缫丝用茧放入密闭水槽中,进行低温水抽吸渗透 4～8min,真空度为 0.08～0.1MPa,水温为 40～60℃,水面高出蚕茧 4～6cm。

(4)把经过低温水抽吸渗透以后的渗透吸水蚕茧,采用自动缫丝机进行缫丝,索绪汤温度为 60～80℃,缫丝汤温度为 30～34℃,pH 值为 6.8～7.7,将缫丝汤保持清汤,发现缫丝汤变黄时及时更换为清水,或加大缫丝槽进水流量。丝鞘长度为 80～110mm,捻鞘数 90～120 个;40℃条件下,小䈺卷绕成形,卷绕速度控制在 170～210r/min。

(5)把小䈺放入水槽中,先进行负压进水吸水,然后浸渍处理。

(6)最后复摇整理,绞丝打包。

2.提高鲜茧生丝的丝胶包覆性能的方法

解决丝胶包覆性差、生丝耐摩擦性差等影响生丝抱合性能的技术,提高鲜茧生丝质量。

工序步骤如下:

(1)(2)(3)与提高鲜茧生丝抱合性能的方法相同。

(4)把经过低温水抽吸渗透以后的渗透吸水蚕茧,采用自动缫丝机进行缫丝,索绪汤温度为 60～80℃,缫丝汤温度为 30～34℃,pH 值为 6.8～7.7,保持清汤缫丝,发现缫丝汤变黄时及时更换为清水,或加大缫丝槽进水流量。丝鞘长度为 120～140mm,捻鞘数 120～140 个;40℃条件下,小䈺卷绕成形,卷绕速度控制在 150～190r/min。

(5)把小䈺放入水槽中,先进行负压进水吸水,然后浸渍处理,并同时进行助剂处理。

(6)最后复摇整理,绞丝打包。

3.提高鲜茧生丝白度和柔软性的方法

解决生丝手感不够柔软、生丝表面粗糙、丝色不统一等影响生丝性能的弊端,提高鲜茧生丝质量。工序步骤如下:

(1)(2)(3)(5)(6)与提高鲜茧生丝丝胶包覆性能的方法相同。

(4)把经过低温水抽吸渗透以后的渗透吸水蚕茧,采用自动缫丝机进行缫丝,索绪汤温度为 60～80℃,缫丝汤温度为 30～34℃,pH 值 6.8～7.7,将缫丝汤保持清汤,除了正常进出水外,发现缫丝汤变黄时需及时更换为清水,或加大缫丝槽进水流量。丝鞘长度 80～110mm,捻鞘数 90～120 个;40℃条件下,小䈺卷绕成形,卷绕速度为 180～230r/min。

第十一章　复摇整理

本章参考课件

第一节　复摇

一、复摇的目的和要求

复摇就是将小䈅丝片返成大䈅丝片或筒装生丝的生产过程,其应达到以下工艺要求:

1.使丝片达到一定的干燥程度和规格

规格是指丝片的长度、重量、宽度等,见表11-1。

表 11-1　大䈅丝片规格

项目	绞装形式		
	小绞丝	大绞丝	长绞丝
重量(g)	97	125	180
丝片宽度(mm)	65~70	70~75	75~80
丝片长度(m)	1.5		
平衡后回潮率(%)	10~11		

资料来源:浙江丝绸公司,1987;黄国瑞,1994。

2.除去缫丝时造成的部分疵点

除去如特粗特细生丝、大糙、双丝、不打结、落环丝等疵点。

3.使丝片有适当的䈅角

使丝片络交花纹平整,或筒子成形良好,减少络丝时的切断,保持生丝的优良特性。

4.整理过程中不损伤丝质

应尽可能保持生丝的弹性、强度和伸长度。

二、小䈅丝片的平衡与给湿

(一)小䈅丝片的平衡

小䈅丝片平衡是复摇前的准备工序,是指小䈅丝片回潮率的平衡;是针对缫丝车间落下的小䈅丝片回潮率是否过高,及其各层生丝回潮率差异是否有过大的情况做出的相应处理方法。

一般小箮丝片回潮率过高,则大箮丝片容易产生硬箮角或箮角处丝条黏结现象,再缫时就会引起切断;小箮丝片回潮率过低,则大箮丝片易成松箮角,丝条相互纠缠,再缫时不能顺序退绕。缫丝时的小箮虽经干燥,但其回潮率常常超出 25％～35％ 的工艺要求范围,甚至高达 80％～90％。通常平衡后应降低小箮丝片的回潮率至不满 25％。

试验表明,落下的小箮丝片回潮率是不平衡的,不仅各只小箮间有差异,而且同一小箮的外、中、内层差异也很大。一般平衡前的回潮率,外层比中层高,内层最低。如不经平衡就直接给湿复摇,返成的大箮丝片底层会因小箮丝片的外层过潮而胶着,在两只小箮丝片的并接处,丝片有明显的分层现象,丝片整形不良,易增加切断。落下的小箮丝片经过相当时间的平衡后,能缩小小箮之间和箮内各层生丝的回潮率差异,也可以减少切断次数。

平衡的方法是将小箮放在专设的平衡室内进行平衡,室内设有进风窗、排气筒、蒸汽管等用以调节温湿度和热湿交换,一般温度为 20～35℃,相对湿度 45％～55％。如没有平衡室,也可把小箮放在干燥通风处或用轴流风机鼓风干燥平衡,平衡时间为 15min 至 1h,应根据小箮丝片回潮率的高低及大气温湿度情况灵活掌握。

（二）小箮丝片给湿

小箮丝片经平衡后已适当干燥,回潮率约 15％～25％。但丝条间有一定的胶着力,复摇前必须进行给湿,使丝条外围的丝胶得到适当的软和,以利丝条的离解,减少复摇过程中的切断。

小箮给湿一般采用真空给湿的方法。它是将小箮丝片浸在水中,借助多次减压和恢复常压的作用使丝片吸水,如图 11-1 所示。它有吸水透而匀、操作简便、不伤丝、不塌边、劳动强度低、效率高等特点。

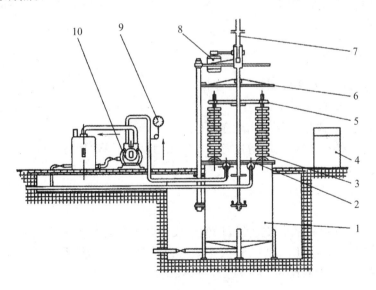

图 11-1　小箮真空给湿机示意图

1.真空给湿桶　2.多孔铝盘　3.小箮丝串　4.电气自动控制箱　5.固定架

6.桶盖　7.丝杆　8.电动机　9.真空表　10.真空泵

（陈文兴,傅雅琴,2013）

具体方法是：

将小䈅丝串浸入盛有溶液（柔软剂等或水）的密闭真空桶，用真空泵抽去桶内空气，减低液面压力，使丝片中的空气体积膨胀，不断以气泡的形态向液面逸散，直至丝片中的气压与液面压力平衡，然后真空泵停转，放空气入真空桶。由于液面压力大于丝片中的压力，两者产生的压力差，迫使水压入丝层之间，完成给湿过程，这样反复几次抽气进气，使丝片中的空气逐渐排出，丝片均匀吸水，一般抽气 2～3 次，真空度为 53.32～66.65kPa（即 400～500mmHg），给湿水温为 20～30℃，给湿率 80％～110％范围内。水成横流，稍有下滴为适当；水成横流而不下滴为少，有白斑的为给湿不足，须再浸水。

小䈅丝片给湿后到上丝复摇要有一段待返时间，一般以 30min 左右比较适当，如时间过短，小䈅丝片表面水分过多，容易造成大䈅丝片底层硬胶，时间过长，对丝色不利。夏季和冬季不要让湿小䈅丝片过夜，以防产生夹花丝或冰冻，损伤茧丝质。

三、复摇机

复摇机一般为铁木混制，主要由小䈅浸水装置、导丝装置、络交装置、大䈅、停䈅装置和干燥装置等组成，如图 11-2 所示。

（一）小䈅浸水装置

在复摇过程中，如果发现小䈅丝片已经干燥，必须中间补湿，否则会造成丝片分层，增加切断。只要扳动升降杆就能使小䈅出入水面，达到给湿目的。

（二）导丝装置

导丝装置包括导丝圈和玻璃杆。导丝圈可限制丝条抽出时气圈的大小，防止产生双丝。玻璃杆一般为蓝色，能清楚地显示出丝条，便于

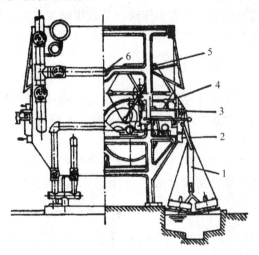

图 11-2　复摇机
1.小䈅进水装置 2.导丝圈　3.玻璃杆
4.络交装置　5.大䈅　6.干燥装置
（成都纺织工业学校，1986）

挡车工发现切断或双丝故障，同时增加丝条卷绕张力，使大䈅丝片稳定成形，防止丝条起毛和切断，调节卷绕张力。

（三）络交装置

每台复摇机装有单独的络交装置，以便于发现丝条故障时单独停车，不影响复摇产量。由于大䈅丝片较薄而宽，故用单偏心络交形式可以满足成形要求，且结构简单，成本低，不易损坏，一般采用的络交齿数比为 17：26、17：28、13：24、16：25 等。

（四）大䈅

大䈅一般为六角形、周长 1.5m，每只约重 5kg。大䈅有木制和铁木混制的，每只䈅角的面板上都开有一条䈅槽，以利丝条通风干燥；每只大䈅上都装有一只伸缩䈅脚，以便取下大䈅丝片，在运转前要注意是否拍紧，防止松动走样。

（五）停䈎装置

复摇中为了上丝、落丝、寻绪接结等均须停䈎。停䈎装置的作用是将大䈎上的刹车轮抬起,使大小擦轮脱离接触而制动大䈎,要求大䈎迅速停转,防止倒转。

（六）干燥装置

为使丝片适当干燥,要在车箱内保持一定的温湿度,一般在车箱内两排大䈎中央上下,前后装 4～6 根直径为 40mm 或 50mm 的蒸汽烘管,同时在复摇机上装有保温罩,两侧为保温室。在车顶板上每隔 4～5 台车开设一个排气筒,以便排湿。

四、复摇工艺管理

（一）温湿度管理

温湿度管理是复摇工作中的主要环节,因为复摇时温湿度对大䈎丝片回潮率的高低起着决定性作用。大䈎丝片回潮率过低,则丝质发脆,强伸力下降,同时䈎角松弛、络交紊乱,形成多层丝,切断增加。大䈎丝片回潮率过高,则手触粗硬,色泽不良,䈎角胶着,切断增加,造成络丝困难,甚至在贮藏运输中有发霉变质的危险。因此必须加强复摇中的温湿度管理,使大䈎丝片回潮率保持在 7.5％～9％,既保持丝片整形正常,又减少切断、硬䈎角等疵点。

不同的地区和季节,温湿度的掌握标准有所不同。一、四季度,气候较干燥,外界温度较低,丝片水分容易散失,应注意保温保湿。二、三季度,特别是黄梅季节,高温多湿,车厢内的湿气不易排出,在这种情况下,除适当减少小䈎丝片给湿量外,控制车厢温度不超过 44℃,同时做好通风排湿,使相对湿度保持在 38％～42％,避免因高温多湿产生硬䈎角。一般复摇温湿度标准见表 11-2。在实际复摇中,春茧丝片手摸微温带凉;秋茧丝片手摸凉而不湿,落下的大䈎丝片板而不黏,捻之即松为掌握的具体标准。

表 11-2 复摇温湿度标准

季度	车厢温度（℃）	车厢相对湿度（％）	车间温度（℃）	车间相对湿度（％）
一、四	36～42	30～40	20～38	60～75
二、三	38～44	37～44		

资料来源:成都纺织工业学校,1986。

（二）大䈎速度和产量计算

复摇产量主要决定于大䈎速度,而大䈎速度的确定受复摇干燥能力、生丝纤度等因素影响。纤度细的生丝容易产生塑性变形,影响强伸力。所以䈎速不宜太快。粗纤度的丝不易干燥,䈎速也不宜太快,大䈎速度的一般范围见表 11-3。复摇大䈎速度,可以测定络交杆的每分钟往复次数,再按䈎络速比来推算。即

表 11-3 大䈅速度范围

生丝纤度		䈅速	卷取丝长
den	dtex	r/min	m/min
9/11、11/13、50/70	9.99/12.21、12.21/14.40、35.5/77.7	130～150	195～225
13/15　40/44	14.43/16.66　44.4/48.84	150～170	225～255
16/18　24/26	17.76/19.98　26.64/28.86	160～200	240～300
27/29　28/30	29.97/32.19　31.08/33.3		
19/21　20/22	21.09/23.31　22.2/24.42	180～250	270～375
21/23	23.31/25.53		

资料来源：浙江省丝绸公司，1987。

大䈅速度（r/min）＝络交杆往复次数（次/min）×䈅络速比，其中的䈅络速比等于大斜齿轮齿数除以小斜齿轮齿数比值，常用的有 1.85、1.86、1.53、1.65。

根据大䈅速度，可按下式计算产量：

$$复摇产量（g/台·h）=\frac{䈅速（r/min）×䈅周（m）×生丝纤度（d）×每台绪数×60（min）}{9000}$$

$$×运转率$$

$$落一回丝间隔时间（h）=\frac{丝片标准重量（g）×每台绪数}{复摇产量（g/台·h）}$$

$$每日落丝回数（回/日）=\frac{每日运转时间（h）}{落一回丝间隔时间（h）}$$

$$每百100kg生丝需开复摇机台数（台）=\frac{100（kg）}{复摇产量（g/台·h）×每日运转时间（h）}×1000$$

第二节　整理

复摇后的丝片，如不加以整理，就容易紊乱。整理的目的就是使丝片保持一定的外形，便于运输和贮藏，同时使丝色和品质统一，利于丝织。整理的工序很多，现分述如下：

一、大䈅丝片平衡和编检

（一）大䈅丝片平衡

由复摇车间送来的大䈅丝片，在编检前需要进行大䈅平衡，使丝片吸湿达到一定要求，且面、中、底吸湿均匀，使丝条不会因回潮率低而呈脆弱现象，能保持一定的韧性，减少切断。通常就在编检处附近放置 10～20 只大䈅循序编检，从而达到丝片平衡的目的，一般约平衡 20～40min，在气温 20～30℃，湿度 65%～75% 的环境下，平衡后的丝片回潮率以 10%～11% 为宜。

编检室的温湿度规定见表 11-4。

表 11-4 编检室温湿度

季度	温度(℃)	相对湿度(%)
一、四	15 以上	75～85
二、三	25～35	70～80

（二）编检

编检包括留绪、编丝、检查处理疵点丝、落丝等操作。为了保持大䈂丝片原有的整形,使落丝时寻绪容易、丝条不致紊乱、减少切断,先要将丝片的面头和底头与棉线结在一起并固定在一定位置上,称为留绪。

留绪后进行编丝,用线固在丝条间的相对位置,不使络交花纹紊乱。编丝有一定的规格要求,大绞丝和长绞丝为四档四孔,长绞丝也有编成四档三孔,小绞丝为三档三孔,编丝时要注意针钩不要扎断丝条,如图 11-3 所示。编丝之后扳松大䈂上弹簧即进行大䈂检查,查看丝片上有无各种疵点,并处理好应该处理的疵点,如有无断头、毛丝、双丝、横丝和油污等。一旦发现应及时处理,其余的疵点交给疵点丝整理工整理。为了防止下道工序纤度规格混杂,编丝线允许用不褪色的各种颜色线,以区分各种规格。

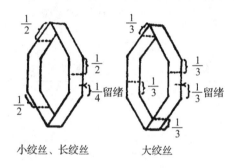

图 11-3 编丝规格

（成都纺织工业学校,1986）

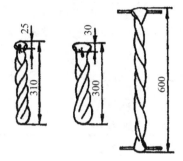

图 11-4 成绞规格

（成都纺织工业学校,1986）

二、绞丝和称丝

绞丝是将编好的丝片逐条绞好,并兼看有无疵点。不同绞装要求的绞丝规格如图 11-4 所示,大绞丝绞 2.5～3 转,小绞丝绞 5.5～6 转,长绞丝 3～3.5 转。

称丝是将绞好的丝绞逐号称重,为计算缫折、产量提供依据。大绞丝和小绞丝先绞丝后称重,而长绞丝是先称重后绞丝。

三、配色、打包和成件

为了使每包生丝的色泽基本接近,在打包前必须逐绞进行配色,并检查其中有无疵点丝,如夹花、污染丝等。如有发现,立即剔除。配色一般与肉眼检验同室,选择在北面天然光线的房间内进行,也有采用灯光配色的,即在 400lx 的灯光照度下,逐绞观察比较。

配色后,即可打成小包,按照不同的绞装要求,将丝包打成一定的规格,如图 11-5 和表

11-6 所示。打包时,大绞丝和小绞丝要求绞头上下对齐,绞尾排列整齐,并尽量节省棉纱线。长绞丝要求推足铺平拉挺,两端头尾对正,纱绳勿抽移,拿出丝箱时动作要轻缓,拆下来的号带要及时清理,以便周转使用。

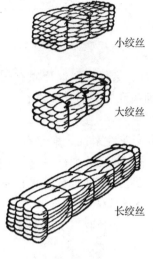

小绞丝

大绞丝

长绞丝

图 11-5　成包规格

(苏州丝绸工学院,浙江丝绸工学院,1993)

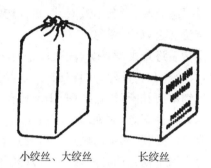

小绞丝、大绞丝　　　　　长绞丝

图 11-6　成件、成箱规格

(苏州丝绸工学院,浙江丝绸工学院,1993)

表 11-5　成包规格

项目	大绞丝	小绞丝	长绞丝
每包排数(排)	4	6	7
每排绞数(绞)	4	5	4
每包绞数(绞)	16	30	28
每包重量(kg)	2	2	5

为了便于运输和贮藏,以免受潮、擦伤和虫蛀,小包生丝还需进行包装。根据不同绞装的要求,丝包成件或成箱有一定的规格,如表 11-6 所示。成件时要求丝包头尾交错排列放入丝袋,如图 11-6 所示。目前有的工厂为简化内销生丝的包装手续,将成件改为成箱形式,装箱的丝配色后的丝绞不再打包,直接将 15 包生丝的绞数(如大绞丝为 240 绞)装成一箱。装箱时,要先将纸箱和尼龙袋称重,丝绞要排整齐,层次要分清,每两箱作为一件。过秤时,抽取公量检验样丝 4 绞,然后用麻绳捆好待运。

表 11-6　成件、成箱规格

项目	大绞丝、小绞丝 成件规格	长绞丝	
		成件规格	成箱规格
每件(箱)排数(排)	6	6	3
每排包数(包)	5	2	2
每件(箱)包数(包)	28～30	12	6
每件(箱)重量(kg)	57～63	57～63	30

整理后的丝包和丝件应堆放在干燥整洁的丝库内，严防受潮和虫蛀，切勿放入普通茧库保管。丝库的相对湿度保持在 60%～70%。

生丝要求成批出厂，一批生丝一般为 5 件或 10 件。

四、复摇成筒

复摇成筒是缫丝工业中的新工艺。缫丝后丝片直接复摇成筒装丝，减少了工序和劳动力，提高了生产效率。复摇成筒工艺有干返和湿返两种，现分述如下。

（一）干返成筒

干返成筒是将缫丝中形成的小䈅丝片，在一定温湿度条件下自然平衡后直接卷绕成筒装丝，成筒时也无需干燥设备。该工艺对小䈅丝片不进行给湿处理。其工艺流程为：缫丝→小䈅丝片平衡→复摇成筒→包装成件。由于干返不给湿，因此在复摇成筒时对车间的温湿度要求严格。

（二）湿返成筒

湿返成筒是将小䈅丝片经过真空给湿后复摇成筒，在复摇成筒的过程中进行干燥。其工艺流程为：缫丝→小䈅丝片真空给湿→复摇成筒（干燥）→包装成件。

湿返成筒的工艺简单，筒子成形好，手感软硬均匀，内在质量如强伸力等比较稳定，但卷绕速度慢，效率低，且耗电量大。

（三）络丝机

复摇成筒使用经过改进的络丝机。复摇成筒时都需合理调试张力使筒子成形良好。与干返不同，湿返除筒子成形良好之外还需做好生丝卷绕过程中的干燥问题。一般，干返使用的是改装的化纤 VC604 型往复式络丝机或 SGD0101 型精密络筒机，而湿返多用化纤 R701A 型往复式络丝机。

现以 SGD0101 型精密络筒机为例简要介绍，如图 11-7 所示。

该络筒机由卷绕机构、成形机构、张力递减装置、筒子承压力递减装置、筒子卷绕变速机构、超喂装置、断头自停装置、清糙装置、上油装置等组成。

生丝从小䈅 1 退解后经超喂装置（2 和 3）主动送出，以减少卷绕成形过程中的张力波动；再经过上油装置 4 后进入门栅式张力器 7。此时丝条接受一定的卷绕张力，此张力随卷绕筒子 20 的卷绕直径增大而递减；清糙装置的清丝器 9 清除丝条上糙颣等疵点，然后经导丝器 18 被卷绕筒子 20 所卷取。通过成形机构使导丝器 18 做不同规律的导丝运动，从而卷绕成不同形状的筒子丝。筒子承压力递减装置通过压辊 19 给予筒子丝以适当的压力，此压力随卷绕筒子 20 的卷绕直径的增大而递减，以利于筒丝的良好成形。

（四）小䈅丝片干燥平衡

由于缫丝车速、车厢温度、丝鞘长度等变化，丝片各层卷绕有先后次序，受烘时间也各不相同。因此，各只小䈅丝片之间和每只小䈅的外、中、内层丝片回潮率差异较大，必须进行干燥平衡。如不进行干燥平衡，会造成筒装生丝各层软硬不一，影响成形，甚至塌边。小䈅丝片干燥平衡,一般在烘房中进行,根据缫制生丝的目标纤度的不同,其工艺条件也不尽相同,见表11-7。

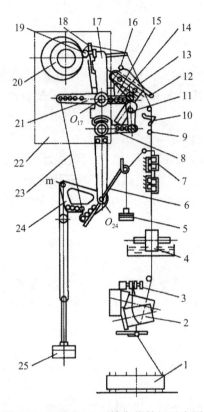

图 11-7　SGD0101 型精密络筒机示意图

1.小䈽　2.超喂辊　3.分丝杆　4.上油装置　5.张力调节重锤　6.张力调节杆　7.门栅式张力器

8.变速下摆杆　9.清丝器　10.断头自停装置　11.变速调节连杆　12.成形凸轮板支架

13.成形凸轮板　14.变速上摆杆　15.成形摇板　16.导向杆　17.摇架　18.导丝器　19.压辊

20.筒子　21.承压力摆　22.锭箱　23.调节连杆　24.承压力调节板　25.承压力调节重锤　m.连接销

(徐作耀,1998)

表 11-7　小䈽丝片干燥平衡

条件	目标纤度(den/dtex)	
	19/21(21.1/23.3) 20/22(22.2/24.4)	40/44(44.4/48.8)
温度(℃)	40~45	45~50
相对湿度(%)	50±5	50±5
时间(h)	4~5	6~8

经过干燥平衡后的小䈽丝片,回潮率应达到 10%～12%,然后放在相对湿度 65%～75% 的平衡室中自然平衡 8～16h,给予适当还性。用远红外线干燥的小䈽丝片,必须自然平衡 12～24h,使小䈽丝片外、中、内层回潮率达到 11%～12% 范围内,方可上车成筒。经过还性的丝条退解顺利,张力均匀,筒装丝成形良好,手感柔软,富有弹性。

五、包装和标志

（一）绞装生丝的包装标志

1. 绞装生丝的整理和重量：其规定见表 11-8。

表 11-8　绞装生丝的整理和重量规定

项目	要求
绞装形式	长绞丝
丝片周长（m）	1.5
丝片宽度（mm）	约 80
编丝规定	四洞五编五道
每绞重量（g）	约 180
每把重量（kg）	约 5
每把绞数（绞）	28
箱装每箱重量（kg）	约 30
袋装每件重量（kg）	约 60
箱装每箱把数（把）	5～6
袋装每件把数（把）	11～12

注：GB/T 1797—2008，生丝。

2. 编丝留绪：编丝留绪线用 14tex（42s）双股白色棉纱线，松紧要适当，以能插入两指为宜，留绪结端约 1cm。

3. 生丝包扎：每把生丝包扎外层用 50 根 58tex（10s）或用 100 根 28tex（21s）棉纱绳扎五道，并包以韧性好的白衬纸、牛皮纸，再用 9 根三股 28tex（21s）纱绳捆扎三道。

4. 袋装生丝包扎：先用布袋包装，用棉纱绳扎口、专用铅封封识，悬挂票签，注明商品名、检验编号、包件号，再外套防潮纸、蒲包，用麻绳捆紧，防止受潮和破损。

5. 箱装生丝的纸箱质量、装箱规定和包装标志要求：见表 11-9。

表 11-9　箱装生丝的纸箱质量、装箱规定和包装标志要求

项目		要求
装箱排列		每箱两层 每层三把 箱内四周六面衬防潮纸
纸箱质量		双瓦楞纸制成。坚韧、牢固、整洁，并涂防潮剂
纸箱规格 （内壁尺寸）	长（mm）	690
	宽（mm）	460
	高（mm）	290
纸箱标志		装箱后纸箱上应标示商品名、检验编号、包件号。标志应明确、清楚、便于识别
封箱包扎		箱底箱面用胶带封口，贴上封条，外用塑料袋捆扎成廿字形

注：GB/T 1797—2008，生丝。

（二）筒装生丝的包装

1.筒装生丝的整理和重量规定：见表 11-10。

表 11-10　筒装生丝的整理和重量规定

项目		要求		
筒装形式		小菠萝形	大菠萝形	圆柱形
筒子平均直径(mm)		120±5		
丝层斜面长度(mm)	起始导程	175±10	200±10	200±10
	终了导程	115±10	150±10	
扣头规定		扣于大头筒管内		
内包装		绪头贴在筒管大头内，外包纱套或衬纸，穿入纸盒孔内，箱内四周六面衬防潮纸		
每筒重量(g)		460～540		
每箱净重(kg)		约30		
每箱筒数(筒)		60		
每批箱数(箱)		20		
每批筒数(筒)		1200		

注：GB/T 1797—2008，生丝。

2.筒装生丝的纸箱质量、装箱规定和包装标志要求：见表 11-11。

表 11-11　筒装生丝的纸箱质量、装箱规定和包装标志要求

项目		要求	
筒装形式		小菠萝形	大菠萝形、圆柱形
装箱排列		每箱四层	每箱三层
		每层三盒	每层四盒
		每盒五筒	每盒五筒
纸箱质量		用双瓦楞纸制成。坚韧、牢固、整洁，并涂防潮剂	
纸箱规格（内壁尺寸）	长(mm)	690	725
	宽(mm)	445	630
	高(mm)	790	720
纸箱标志		装箱后纸箱上应标示商品名、检验编号、包件号。标志应明确、清楚、便于识别	
封箱包扎		箱底箱面用胶带封口，贴上封条，外用塑料袋捆扎成廿字形	

注：GB/T 1797—2008，生丝。

3.生丝每批净重为 570～630kg，箱与箱（或件与件）之间重量差异不超 6kg。

4.包装应牢固，便于仓储及运输。

5.每批生丝应附有品质和重量检测报告。

第十二章　工艺设计

第一节　目的和任务

制丝工艺设计是指通过试样,设计制造生丝的基本方法。根据原料茧性能或者生产需求,设计工艺条件,为编制生产计划,确定庄口工艺指标和技术措施提供依据。工艺设计是缫丝生产技术管理中的一项重要工作。

一、目的

根据市场需要,组织生产半成品生丝。对不同庄口的原料茧进行较全面的茧质调查、工艺试验、摸清原料性能,结合技术水平和机械设备条件等,选定最佳的工艺程序和工艺条件,以最少的劳动和最低消耗,生产出优质、高产的生丝产品,使企业获得最大经济效益,满足用户需求。坚持质量第一,正确处理质量、产量、消耗三者之间的关系。

二、任务

设计适销对路的生丝规格,明确生产关键,提出优质、高产、低耗的工艺设计方案;设计庄口工艺指标,制订庄口工艺标准和技术措施;提供编制生产计划、劳动定额、经济核算和制订生产技术组织措施的依据。

工艺设计除包括对工艺程序、工艺技术条件的要求外,还包括对原材料、用水设备状态和操作等方面的要求。因此在生产过程中必须全面加强技术管理,才能使工艺设计达到预期的效果。

第二节　工艺设计程序

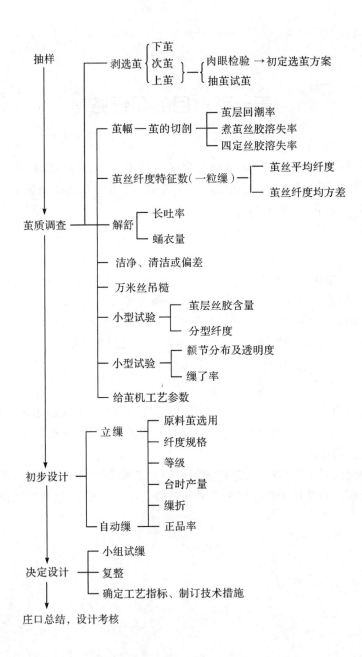

庄口总结，设计考核

第三节 茧质试验

一、抽样

抽样为茧质调查和工艺设计提供正确的、有代表性的、足够数量的样茧。

抽样数量根据庄口茧量和整个工艺设计试验的过程需用的数量而定。抽取的庄口样茧数量至少应为需用茧量的一倍。庄口茧量多的，抽样总量不少于 0.5%，庄口茧量少的可掌握在 1.5% 左右，每个单庄样一般不少于 40kg。抽样方法可根据庄口茧量多少采取逐包或隔包抽，抽样时应遍及茧包的四周和中央以保证样茧的代表性。样茧抽毕，立即称准原重，再打匀官堆，然后分别按规定重量成包。成包样茧用醒目标签注明庄口、季别、包数、品种、净重及抽样日期，一式两份分别放在袋内和扎在袋外，并与同庄口蚕茧在同条件下堆放贮藏。

二、茧质调查

茧质调查是摸清原料性能的主要环节，它为工艺设计提供准确、全面、可靠的茧质资料。

（一）剥选茧调查

1.目的
剥去茧衣选出上茧、次茧和各种下茧，并为各项试验做好原料茧准备。
2.方法
各庄口至少取样茧 5kg，剥光茧衣，以板选方式选出上茧、次茧、下茧，选茧分类标准可参阅第七章第三节，分别称准重量，轧准余亏，并计算出各类茧的百分率，随机抽取 2kg 上茧，按本庄口茧型分成大、中、小型，计算其各型的重量和粒数百分比。
3.取样种类及数量
参见表 12-1。

表 12-1 取样种类及数量

调查项目	茧幅	一粒缲	400 粒解舒	洁净清洁	万米吊糙	缲了率,茧丝纤度开差,透明度	小型试验
样茧数量	200 粒	60 粒	1200 粒	250g	400 粒	400 粒	400 粒
备注	等粒等量	分两区,每区等粒等量	分三区,每区等粒等量		等粒等量		

资料来源:浙江省丝绸公司,1988。

4.计算公式
上茧率、次茧率、上车茧率及各类下茧率的计算公式在第二、四章已述，其余公式如下：

①剥选茧余亏率(%) $= \dfrac{余亏重量(kg)}{毛茧重量(kg)} \times 100$

②平均粒茧重(g/粒) $= \dfrac{供试茧重量(g)}{供试茧数(粒)}$

③每千克茧粒数(粒/kg) $= \dfrac{供试茧总数(粒)}{供试茧重量(kg)}$

(二)肉眼检验

1.目的

了解茧的外观性状和质量,鉴定茧的形状、茧色和缩皱等指标。

2.方法

在剥选茧调查过程中,同时以视觉和手触进行评定记录其茧色、缩皱、茧形等。茧色,分为白色、乳黄(白带乳黄)、微绿(白带微绿),评定程度分为整齐、尚齐、不齐。缩皱,分粗松、细紧。茧形,分椭圆形、束腰形。

(三)茧幅调查

1.目的

了解茧幅整齐、茧幅最大开差、平均茧幅和茧幅均方差。

2.方法

在供试茧中随机抽取 200 粒茧(等粒等量抽取),测定各粒茧的茧幅,再进行计算。

(四)茧的切割调查

1.目的

了解公量茧层率、蛹体干燥程度、茧层回潮率及各病蛹率等,并为茧层丝胶溶失率准备调查用茧。

2.方法

用茧幅调查样茧的 200 粒茧逐粒剖开,如有内印茧,刮除污物(如发现有病蚕严重污染茧层,可在预备茧中调换),称准茧层量,并评定蛹体干燥程度。如发现有僵蚕、死笼、霉蛹、毛脚、多层茧等情况,应分别记录,然后计算百分率。将切剖后的茧层,分成甲、乙、丙三区,春茧每区 30 粒,夏秋茧每区 40 粒,每区重量必须调整至等粒等量,但粒数误差应控制在半粒以下。甲区烘成干量,计算茧层回潮率和公量茧层率,乙、丙两区留作丝胶溶失率调查待用。最后检验蛹体适干程度,分为适干、偏嫩、偏老、过嫩、过老五种。

3.计算公式

茧层率、茧层回潮率公式参看第二、五章有关计算公式,其余如下:

$$公量茧层率(\%) = \dfrac{茧层干量(g) \times 1.11}{全茧量(g)} \times 100$$

$$病蛹率(\%) = \dfrac{病蛹茧粒数}{供试茧粒数} \times 100$$

$$适干率(\%) = \dfrac{适干蛹粒数}{供试蛹粒数} \times 100$$

（五）茧层丝胶溶失率调查

1.目的

了解煮茧丝胶溶失程度，掌握原料茧的抗煮性能，为制订煮茧工艺提供依据，也是了解400粒解舒调查煮熟程度的重要依据。

2.方法

（1）四定丝胶溶失率

用切剖调查的茧层乙区，投入1500ml沸腾的蒸馏水容器中，煮15min，煮后不挤茧层，不甩掉水分，烘干后作煮后干量，再以切剖调查的甲区作为乙区的煮前干量计算丝胶溶失率。

（2）煮茧丝胶溶失率

将丙区的茧层与400粒解舒调查的样茧同煮，煮后处理方法同上，再按甲区干量作为丙区的煮前干量，计算煮茧丝胶溶失率。

$$煮茧丝胶溶失率（\%）=\frac{煮前干量-煮后干量}{煮前干量}\times 100$$

（六）茧丝纤度特征数调查

1.目的

通过一粒缫得出每百回茧丝纤度，茧丝纤度内外层开差，粒内均方差，粒间均方差以及茧丝纤度综合均方差。

2.方法

（1）在统号茧中随机抽取1kg样茧，求出平均粒重，得出60粒样茧重量，以等粒等量配成30粒样茧为一区，共两区（其中一区备用）。如遇个别粒数不能摇取，则在备用区中以同型茧补试。

（2）将样茧进行分次煮茧，做到热茧热缫、缫汤保持在65±2℃。

（3）用100回的检尺器摇取，检尺器的转速为100r/min左右，摇到内层时速度逐渐减慢。

（4）用同形茧可采取2～3粒同时摇取（每粒茧必须严格分清），中途断头，可寻绪继续摇，但每粒茧的断头以2次为限，发生3次断头应予废弃，用同形茧补上。

（5）摇满100回为一绞（摇到蛹衬将破未破为止），把每绞一折成四，从外到内，按序排列。每粒茧最后一绞如不满50回可不计，满50回折算单纤度。

（6）全部摇好后，按型分开，放入烘箱烘干，然后适当还性后，放入尼龙袋内，用扭力天平逐粒逐绞一次称好，进行计算。

3.计算公式

茧丝平均纤度、茧丝纤度均方差及茧丝纤度最大开差的计算等参看第三章的计算公式，其余公式如下：

①内外茧丝纤度开差（d）=外层第一百回茧丝纤度-内层最后一百回茧丝纤度

②庄口茧丝纤度粒内均方差（d）σ_a：

$$\sigma_a=\sqrt{\frac{\sum\limits_{i=1}^{N}\sigma_i^2}{N}}$$

式中：N 为供试茧粒数；σ_i 为各粒茧茧丝纤度均方差。

③ 庄口茧丝纤度的粒间均方差(d)σ_b：

$$\sigma_b = \sqrt{\frac{\sum_{i=1}^{N}(\overline{X}_i - \overline{\overline{X}})^2}{N}}$$

式中：$\overline{X}_i$ 为每粒茧的茧丝平均纤度(d)；$\overline{\overline{X}}$ 为总平均茧丝纤度(d)；N 为供试茧粒数。

④ 庄口茧丝纤度的综合均方差 σ_s：

$$\sigma_s = \sqrt{\sigma_a^2 + \sigma_b^2}$$

(七)解舒调查

1. 目的

了解和掌握原料茧的茧丝长，解舒率，茧丝纤度，茧层缫丝率，解舒光折，外、中、内层落绪分布率，新茧有绪率，长吐量，蛹衣量，病蛹率等，为工艺设计提供主要依据。

2. 方法

(1)在 5kg 样茧进行选剥调查的同时，随机抽取 1.5kg，数准每 500g 的茧粒数，求出平均粒重，得出 400 粒统号茧重量，按等粒等量分成三区，其中两区作试验区，一区作预备区。

(2)工艺条件，见表 12-2。

表 12-2　解舒调查工艺条件

调查项目	绪数	定粒	缫丝汤温度(℃)	试样车	车速		掐蛹程度	索绪
					春茧	夏秋茧		
工艺条件	10 绪	8 粒	43±1	立缫单车	82r/min 䈰周 0.56m	72r/min 䈰周 0.56m	蛹衣起皱将破未破	手索

(3)将 400 粒样茧平均分装四只网袋，做好标记，进行煮茧。第一次两网袋，以后每次一网袋，做到供应正常。

(4)每区试缫前，清理台面，再将茧倒入理绪部，按单手分理、双手撮糙的方法进行理绪，理清蓬糙，做到不拉清丝，一茧一丝。即按规定绪数定粒生绪，然后数清新茧有绪茧、无绪茧及煮穿茧，核对粒数，做出记录。

(5)开车前盘䈰 5 转，捻准定粒，先开四绪，正常后，以两绪为一单元，顺序开齐。小䈰开动后，即计算落绪。

(6)在试缫中始终保持绝对定粒，逐步做到新薄搭匀，主动掐蛹，先添后掐，不准弃丝，防止落环丝，如落绪过多，来不及添绪时可停䈰，以免定粒不准而影响正确程度，一般在并绪前多添薄皮，并绪后多添厚皮。

(7)开车后每区解舒测定䈰速，汤温 2～3 次，发现问题须立即调整至标准。

(8)记录吊糙次数(指由于原料茧质引起的糙吊、颣吊，不包括理绪不清及蛹吊等)，计算万米吊糙次数。

(9)落绪茧扣减办法：供试茧中发现误选的下茧、煮穿茧，未曾添绪的，应扣供试茧粒数及茧量。中途发现的下茧或汤茧，不作落绪茧，不扣供试茧，中途发现绪头上有吊糙时应立即掐下作落绪茧计算。索绪中发现索穿茧应扣除落绪茧。并绪时，拉下的茧不作落绪茧处理。

(10)当供试茧将近添完时,采取先开先并、逐步并绪的方法,待缫到最后一绪,不能保持8粒定粒时,即为解舒调查的终点。做好标记落丝,对拉下的缫剩茧一律不折算。

(11)试验完毕后,理出长吐,抽取蛹衬100粒,剥成蛹衣,分别烘干后,称准长吐及蛹衣的重量,计算公量。将解舒丝在定长设备上全部准确地摇取,摇好后注明绞数和转数,进行公量检验,计算各项成绩。

(12)两区数据要求解舒率相差不超过5%,茧丝纤度不超过0.05d(0.056dtex),解舒缫折不超过2%,如有一项超过规定值时,应补试一区,取三区的平均值。

3.计算公式

除上述各章已述及外,其余公式如下:

(1)生丝总长(m)＝(小丝绞数×每绞回数＋零绞回数＋毛丝折合回数)×1.125(m)

　　　　或　　　＝复摇大䌇周长(m)×复摇总回数

(2)解舒公量光折(%)＝$\dfrac{\text{试缫总光茧量(g)}}{\text{生丝公量(g)}}×100$

(3)落绪分布率(%)＝$\dfrac{\text{外、中、内各层落绪数(粒)}}{\text{总落绪数(粒)}}×100$

(4)新茧有绪率(%)＝$\dfrac{\text{有绪茧粒数(粒)}}{\text{供试茧粒数(粒)}}×100$

(5)新茧有绪长吐量(mg/粒)＝$\dfrac{\text{新茧长吐总量(mg)}}{\text{新茧有绪总数(粒)}}$

长吐量(mg/粒)＝$\dfrac{\text{长吐总量(mg)}}{\text{供试茧数(粒)}}$

(6)蛹衣量(mg/粒)＝$\dfrac{\text{供试茧蛹衣量(mg)}}{\text{供试茧蛹总数(粒)}}$

(八)清洁、洁净调查

1.目的

了解原料茧洁净、清洁和纤度偏差等情况,为工艺设计提供重要依据。

2.方法

(1)随机抽取样茧250g。

(2)工艺条件:定粒按20/22d生丝规格而定。索绪一律机索,其余工艺条件与解舒调查相同。

(3)新茧上丝逐步做到正常定粒配茧,缫至厚茧添完,绪头正常时落丝,抽摇纤度丝100绞,黑板50片丝(5块黑板)。计算其洁净、清洁和均匀度变化以及生丝平均纤度、偏差等。

3.计算公式

平均洁净(分)＝$\dfrac{\text{每片洁净分数的总和}}{\text{检验洁净总片数}}$

清洁(分)＝100－50片各类疵点扣分的总和

(九)小型试验

1.目的

了解不同茧型的每百回茧丝纤度、茧丝纤度最大开差、茧丝纤度偏差、百回纤度均方差;

了解外、中、内层颣节分布情况以及透明度变化;了解缫至蛹衬不落绪茧的百分率(缫了率);了解茧层含胶率等。

2.方法

(1)按茧幅分型,每型各试一区,每区各选有代表性的茧 100 粒,分别以 6 绪试缫(其中 4 绪为正绪,2 绪为副绪),正绪定粒 8 粒,副绪不定粒,其他工艺条件与解舒调查相同。

(2)正绪发生落绪时,从副绪上选取与落绪茧厚薄程度相同的蚕茧添上,落下的蚕茧不再使用。正绪缫至定粒半数以上蛹衣起皱,将破未破时,拉断正绪丝条,将正绪丝余留的薄皮茧并入副绪,缫至最后一粒蛹衬时终止试验,并数清正副绪丝蛹衬粒数和落绪茧数。

(3)停缫后,将 4 只正绪小䌉丝片分别摇至丝锭上,然后用其中 2 只丝锭在检尺器上按百回一绞摇取,从外到里逐绞注明茧别及末绞回数,烘干后逐绞称重,将末绞折算成 100 回。

(4)将另 2 只丝锭分别返到黑板上,检验各型茧各层颣节的类型、个数分布情况及透明度的深浅、阔狭程度等。

(5)调查茧层含胶率。将切削调查的甲区茧层(已烘成干量)投入脱胶的容器中,以中性皂液煮沸(皂量为试验茧层量的 25%,水量为皂量的 100 倍)自水煮沸起 1h 取出,用热水或冷水洗涤后,仍放入同样浓度的皂液中继续煮 1h 取出,再用冷水冲洗几次,然后取少许茧层浸入胭脂红苦味酸液中 3~5min,鉴定其脱胶程度。若茧丝呈光亮的黄色时,表示丝胶已脱尽,否则仍需在皂液中进行脱胶,直至脱尽为止。最后烘至干量,计算茧层含胶率。

(6)胭脂红苦味酸液的配制方法。取胭脂红 1g,投入 50ml 蒸馏水中,同时加入少量氨水,待其完全溶解后,再逐滴滴入饱和苦味酸液,随后用蒸馏水稀释至 100ml,再逐滴滴入 10% 浓度的盐酸,直至溶液呈褐色,并变为微酸性为止。

3.计算公式

(1)分型茧颣节分布率(%) $= \dfrac{大、中、小型颣节数}{大、中、小型总颣节数} \times 100$

(2)分层颣节分布率(%) $= \dfrac{外、中、内层颣节数}{总颣节数} \times 100$

(3)缫了率(%) $= \dfrac{缫至蛹衬未落绪的茧粒数}{供试茧总粒数} \times 100$

(4)茧层含胶率(%) $= \dfrac{脱胶前干量(g) - 脱胶后干量(g)}{脱胶前干量(g)} \times 100$

第四节　立缫工艺设计

一、初步设计

根据茧质调查资料,结合庄口的特点,进行纤度规格、等级、产量、缫折等四项指标的设计,并通过试缫验证,决定设计方案。

(一)纤度设计

纤度设计要控制规定的允许范围,以解舒调查的茧丝纤度为主要依据,同时要掌握计算纤度(即茧丝纤度×定粒)与实缫纤度差异、厂验纤度与商检纤度的差异。因而在纤度设计时,必须考虑有一定范围(表12-3)。

表 12-3　纤度设计允许范围

纤度规格		中心纤度		允许范围	
den	dtex	den	dtex	den	dtex
9/11	10.0/12.22	10	11.11	9.5~10.2	10.56~11.33
11/13	12.22/14.44	12	13.33	11.5~12.2	12.78~13.55
13/15	14.44/16.67	14	15.55	13.5~14.2	15.00~15.73
16/18	17.78/20.0	17	18.89	16.5~17.2	18.33~19.11
19/21	21.11/23.33	20	22.22	19.5~20.2	21.66~22.44
20/22	22.22/24.44	21	23.33	20.5~21.2	22.78~23.55
21/23	23.33/25.55	22	24.44	21.5~22.2	23.89~24.86
24/26	26.66/28.89	25	27.73	24.5~25.2	27.22~28.00
27/29	30.0/32.22	28	31.11	27.5~28.2	30.55~31.33
28/30	31.11/33.33	29	32.22	23.5~29.2	31.66~32.44
30/33	33.33/35.55	31	34.44	30.5~31.2	33.89~34.66
40/44	44.44/48.88	42	46.66	41~43	45.55~47.77
50/70	55.55/77.77	60	66.66	55~63	61.10~69.99

资料来源:苏州丝绸工学院,浙江丝绸工学院,1993;黄国瑞,1994。

纤度设计时还要考虑解舒率与实缫纤度之间的差异,解舒率越低,实缫纤度将越大(表12-4、表12-5)。

表 12-4　实缫纤度对计算纤度修正值参考数据

解舒率(%)		40~50	50~60	60~70	70 以上
修正值	den	+0.5	+0.3	+0.15	0
	dtex	+0.55	+0.33	+0.16	0

注:成都纺织工业学校,1986。

表 12-5　不同工艺条件的生丝纤度趋向

项目	粗趋向	细趋向
缫制等级	高等级	低等级
缫丝䌤速	慢	快
缫丝定粒	多换少(前期)	少换多(前期)
落绪分布	内层落绪多	外、中层落绪多
煮熟程度	生	熟
选茧情况	内印茧多	次黄斑、柴印茧多

注:苏州丝绸工学院,浙江丝绸工学院,1993。

(二)并庄设计

1.目的

扩大茧批,稳定茧质,解决尴尬纤度。

2.条件

茧色基本接近,不影响生丝外观。春秋不并,新陈不并,春夏尽量少并。茧型接近,限制庄口之间的茧型和茧丝纤度开差。缫 4A 级生丝,极差在 0.3d;缫 3A 级生丝,极差在 0.4d;缫 2A 级生丝,极差在 0.5d 以内。茧丝长差距小于 200m。庄口间的解舒率差距:缫 4A 级生丝,极差在 10% 以内;缫 3A 级生丝,极差在 15% 以内。煮茧丝胶溶失率差距小于 1.5%。

(三)等级设计

1.目的

立缫的等级设计,春茧(茧层厚)以生丝偏差、洁净为主,匀度二度变化 V_2 为副;夏秋茧(茧层薄)以洁净、二度变化 V_2 为主。总之应视不同蚕品种、不同季节所出现的定等项目作为等级设计的重点内容。当然在等级设计时还应结合考虑生产计划的需要,根据生丝检验标准,主要定级项目为纤度偏差、匀度二度变化、清洁、洁净、34d 以上,还有最大纤度偏差。这几个项目对生丝质量定级至关重要。所以等级设计必须着重从这几个方面考虑。

2.等级设计的参数

根据缫丝纤度特征数调查所得的茧丝纤度综合均方差,采用下列回归方程式预测实缫(或局验)相应等级的生丝纤度偏差(表 12-6)。

$$\sigma = C\sqrt{k}\,\sigma_s$$

式中:σ 为生丝纤度均方差(d);C 为技术系数,一般为 0.65(0.55~0.75);k 为缫丝定粒数;σ_s 为茧丝纤度综合均方差(d)。

表 12-6　等级设计参考数

项目 等级	技术系数 C(dtex)	设计偏差 D(dtex)	清洁 (分)	洁净 (分)	二度变化 (条)	定粒准确 率(%)	中心配茧 率(%)
6A	0.55 及以下 (0.61 以下)	0.87 (0.97)	98.5	95.5	2	99	93
5A	0.55 及以下 (0.61 以下)	1.02 (1.13)	98.0	94.5	3	99	93
4A	0.56~0.62 (0.62~0.69)	1.17 (1.30)	97.0	92.5	6	99	90
3A	0.63~0.7 (0.70~0.78)	1.30 (1.44)	95.5	90.5	10	98	85
2A	0.71~0.75 (0.79~0.83)	1.50 (1.67)	93.5	88.5	16	97	80

注:①技术系数可根据各厂、各工区技术差异,结合原料特征等实际情况而定。②洁净干湿摇取差距和厂局差距,可按各厂具体情况增减。③本表适用范围 19/21、20/22d(21.44~24.44dtex)的生丝。

资料来源:浙江省丝绸公司,1988。

此外,如设计其他规格生丝,可在此基础上,参照表 12-7 进行增减,作为该规格生丝等级设计或考核依据。

表 12-7 生丝等级设计规格参考数

规格(den)	13/15	24/26	27/29	30/32	40/44
等级(级)	-1	+0.2	+0.3	+0.35	+0.4

资料来源:浙江省丝绸公司,1988。

(四)产量设计

在确定等级的基础上,根据生产要求,按原料茧解舒丝长、添绪次数等条件,进行台时产量设计。

1.定粒、添绪次数与解舒丝长关系

见表 12-8。

表 12-8 定粒、添绪次数与解舒丝长关系

解舒丝长(m)	不同定粒的添绪次数(次/min·台)					
	5 粒	6 粒	7 粒	8 粒	9 粒	10 粒
750 及以上	8	9	11	12		
650~749	7.5	8.5	10.5	11.5	12.5	13
550~649			10	11	12	12.5
400~549			9.5	10.5	11.5	12

资料来源:成都纺织工业学校,1986。

说明:①本表适用于 19~22d 规格的 3A 级生丝。

②同一解舒丝长,缫制不同等级时可参照本表推算,等级降低或提高一级,添绪次数相应增减一次。

③同一解舒丝长的条件下,解舒率在 60% 基础上,每增减 10%,添绪次数相应增减一次。

④在确定添绪次数的同时,也要考虑等级设计中的茧丝纤度综合均方差与技术系数之间的关系,技术系数提高 0.05 时,添绪次数降低一次。

⑤解舒丝长低于 600m 时,不宜设计 3A 以上等级,解舒丝长 400m 以下时,可减少添绪次数或降低等级设计。

2.运转率、中心配茧率、定粒正确率与等级的关系

见表 12-9。

表 12-9 运转率、中心配茧率、定粒正确率与等级的关系

项目	等级			
	5A 及以上	4A	3A	2A
运转率(%)	96	94	92	90
中心配茧率(%)	93 以上	90 以上	97 以上	82 以上
定粒正确率(%)	99 以上	99	98	97

资料来源:成都纺织工业学校,1986。

3.产量计算

$$设计\ 缫速(r/min) = \frac{解舒丝长(m) \times 添绪次数(次/min·台)}{定粒 \times 缫周(m) \times 绪数}$$

$$设计台时产量(g/台 \cdot h) = \frac{罿速(r/min) \times 罿周(m) \times 设计纤度 \times 绪数 \times 60min}{9000} \times 运转率(\%)$$

注：生丝纤度用 d 或 dex 表示，绪数为 20 绪/台。

（五）缫折设计

缫折设计的可变因素较多，必须掌握样茧的代表性及各工序主要工艺条件，并以解舒光折为基础，稳定茧和茧丝的回潮率，结合各厂实际情况可选用下列方法之一进行设计。

1. 设计缫折

设计缫折(%)＝解舒缫折×(1＋解舒缫折－递增率)

$$解舒缫折(\%) = \frac{供试茧总量(g)}{生丝总公量(g)} \times 100$$

$$解舒缫折递增率 \ y(\%) = \frac{实缫缫折－解舒缫折}{解舒缫折} \times 100$$

$$平均粒茧落绪次数 \ x = \frac{1}{解舒率} - 1$$

通过回归方程的计算得出解舒缫折递增率和平均粒茧落绪次数的回归方程中的 a、b。

$$y = ax + b$$

从该回归方程中可得出不同解舒率时的解舒缫折递增率，见表 12-10，从而就可得出设计缫折。

表 12-10　回归方程式计算

茧别	回归方程式	回归精度
春茧	$y = b + ax = 2.9276 + 4.8871x$	$2s = 5.07\%$
夏秋茧	$y = 3.0378 + 6.1194x$	$2s = 4.89\%$

2. 设计缫折

设计缫折＝解舒缫折＋试实缫的缫折差数＝解舒缫折×(1＋缫折递增率)

试实缫的缫折差数，可以专业小组试缫缫折与解舒缫折之差；也可以是群众小组试缫的缫折或换庄投产后 3 日实缫的平均缫折与解舒缫折之差。这些差数需从本厂长期积累的经验数据取得。

3. 参照试样与实缫的丝胶溶失量、长吐量、蛹衣量的差距进行缫折设计

$$设计缫折 = \frac{解舒光折}{1 - \dfrac{A + B + C}{茧丝量(mg/粒)}}$$

式中：A 为设计与试样丝胶溶失率的公量差值(mg/粒)；B 为设计与试样长吐量的公量差值(mg/粒)；C 为设计与试样蛹衣量的公量差值(mg/粒)。

A＝(设计丝胶溶失率—试样解舒丝胶溶失率)×茧层量(mg/粒)

参考值：A：±1.5%；B：0～4mg/粒；C：3～10mg/粒。

（六）正品率设计

生丝正品率是技术水平和企业管理水平的综合反映，涉及面广，一般丝长不作设计，但为了全面提高生丝产品质量，尽量增加经济效益，在等级设计的同时，也应试验分析和正确设计

正品率指标。正品率设计的重点是:控制生丝纤度规格的安全范围、丝片大小的重量范围及丝色统一的标准范围;防止夹花丝、黑点丝、纤度混杂和硬胶黏条丝等疵点丝,最大限度地提高生丝正品率。

（七）试缫

一般以两部车进行,试缫的目的是通过实践验证设计方案的正确程度,为决定设计提供比较准确可靠的工艺技术指标打下基础。

1. 调查项目

公量平均纤度,生丝纤度平均偏差,生丝纤度均方差、最大偏差,均匀一度 V_1、二度 V_2 和三度 V_3 变化,洁净,清洁,缫折,台时产量,外观质量。

2. 测定项目

缫速、解舒率、落绪分布率、添绪次数、运转率、定粒正确率、中心配茧率、长吐量、蛹衣量、新茧有绪率和粒茧绪丝率、新旧茧索绪效率、汤温、汤色和流量。

3. 方法

(1)立缫车两部,每部车至少缫制半回一回丝,缫速、定粒等按初步设计进行。

(2)试缫前应对试样煮茧等有关人员,介绍原料性能,提出初步的工艺技术,试缫结束后再征求试样工人的意见。

(3)在试缫时,进行车面观察,详细记载情况,重点项目要反复测查,分析测查记录,若偏离初步设计方案时,要及时采取有效措施。

(4)试缫中每落一次丝,每部车间隔抽取丝小缫 10 只,摇取黑板检验丝 50 片和纤度丝 100 绞,并做好成绩计算和统计工作。

(5)缫到新茧添完,试缫告一段落,缫剩茧缫的丝量应加入总丝量内计算缫折。

缫剩茧折合方法:新茧一粒作一粒,厚皮茧一粒作 0.75 粒,中皮茧一粒作 0.5 粒,薄皮茧一粒作 0.25 粒,绪头茧统一折合成 60% 的新茧。

二、决定设计

决定设计的最终任务是系统地整理、分析工艺设计全过程的调查和试验资料,制订工艺卡、工艺标准和半成品标准,提出生产指标、技术组织措施和庄口经济效益预方案。

决定设计是在全面调查茧质,摸清原料茧性能,明确生产关键,通过试验研究,初步设计工艺程序和工艺技术条件,并在两部车试缫验证的基础上进行的。

决定设计是否行之有效,只有通过生产实践才能验证,当决定设计无把握时,还须组织专业小组缫和小组预缫试验。一般无大的误差时,经斟酌观察工作意见,合理修改后正式投产。

第五节 自动缫工艺设计

一、原料茧的选用

合理使用原料,充分发挥定纤自动缫丝机的机械性能。其原则:茧幅均匀度率 95% 以上,万米丝吊糙 3.5 次以下;平均粒数以每绪 7 粒以上较好。

二、生丝纤度设计

1. 设计中心纤度的选择

按规格要求,掌握设计与实缫,实缫与局验两个差距来设计中心纤度和允许范围,参看表 12-11。

表 12-11　设计中心纤度和允许范围的选择

纤度规格	中心纤度 d(dtex)	设计允许范围 d(dtex)
20/22	20.75(23.05)	20.60~20.90(22.89~23.22)
21/23	21.75(24.16)	21.60~21.90(24.00~24.33)
24/26	24.75(27.50)	24.60~24.90(27.33~27.66)
27/29	27.75(30.83)	27.60~27.90(30.66~30.99)
28/30	28.75(31.94)	28.60~28.90(31.77~32.11)
30/32	30.75(34.19)	30.60~30.90(34.00~34.33)
40/44	4150(46.11)	41.00~42.00(45.55~46.66)

资料来源:浙江省丝绸公司,1988。

2. 平均粒数

平均茧粒数,按下式计算:

$$平均粒数(粒)=\frac{设计中心纤度}{茧丝纤度}$$

三、等级设计

定纤自动缫以均匀二度变化为主,在清洁、洁净等主要指标符合分级标准的基础上进行设计。

均匀二度变化条数,可通过下列二元回归方程式来计算。即:$y=a+b_1x_1+b_2x_2$,式中 y 为均匀二度变化(条),x_1 为解舒丝长(m),x_2 为添绪次数(次/min·绪),a、b_1、b_2 各为系数,其值大小根据缫制规格、缫丝机型及工艺条件和技术水平而定。

四、产量设计

在决定等级的基础上,参考解舒丝长和添绪次数,结合考虑缫箸运转率,索绪、理绪的供应能力和操作技术水平等因素,进行产量设计。设计时定粒与添绪次数参看表 12-12。等级与运转率参看表 12-13。

产量计算参看下列公式,其他规格的产量设计可在 20/20d 设计基础上进行增减。

计算公式:

1. 箸速(r/min)=$\dfrac{解舒丝长(m)×添绪次数(次/min·绪)}{箸周(m)×平均粒数(粒/绪)}$

2. 台时产量(g/台·h)=$\dfrac{箸速(r/min)×箸周(m)×设计中心纤度×60(min)×绪数×运转率}{9000}$

表 12-12　不同定粒的添绪次数

定粒（粒）	添绪次数（次/min·绪）		备注
	ZD647	ZD721	
7.5 及以上	0.9～1.0	1.0～1.1	本表以 3A 为标准，每降低或提高一个等级，添绪次数增减 0.2 次
7.6～9	1.1～1.3	1.2～1.4	
9.1 以上	1.5 以上		

资料来源：浙江省丝绸公司,1988。

表 12-13　不同等级的缫窨运转率

等级	4A	3A	2A	备注
缫窨运转率（%）	96	94	92	预测吊糙次数以 0.67 次/台·min 为准，每超 0.1 次，缫窨运转率减 1%，每低 0.1 次，增 0.5%。

资料来源：浙江省丝绸公司,1988。

3. 组时产量(kg/组·h)＝$\dfrac{台时产量(g/台·h)×台数}{1000}$

4. 预测吊糙(次/min·台)＝$\dfrac{设计窨速(r/min)×窨周(m)×绪数×万米丝吊糙次数}{10000}$

五、缫折设计

以解舒缫折为依据,结合本厂工艺条件和操作技术水平进行设计,具体方法有两种:第一种参看下式及表 12-14,第二种可根据影响缫折的主要因素,如解舒率等,通过回归方程的计算,得出解舒缫折递增率公式(公式与立缫同,略)。

$$设计缫折＝\dfrac{解舒缫折}{1-\dfrac{K(mg)}{粒茧丝量(mg)}}$$

式中:$K＝A＋B＋C$(公量数)。

A 为设计比 400 粒调查每粒茧的煮茧丝胶溶失量的增减数(mg);B 为设计比 400 粒调查的每粒长吐量增加数(mg);C 为设计比 400 粒调查的每粒蛹衣量的增加数(mg)。

表 12-14　A、B、C 的设计参考范围

项目	设计参考范围
A	0.5%～1.5%
B	2～6(mg)
C	0～10(mg)

资料来源：浙江省丝绸公司,1988。

（六）给茧机工艺参数

主要有下列三个:

1. 给茧机最高容茧量

$$每只给茧机最高容茧量＝\dfrac{每绪每分添绪次数×组总绪数×给茧机周转时间(min)}{组给茧机总数}×2$$

2. 给茧机进茧口宽度(mm)＝平均茧幅(mm)×设计参数

3.给茧机水位高度(mm)＝平均茧幅(mm)×设计参数

注:①ZD647 型设计参数:2 式使用 1.5～1.6;3 式使用 1.7～1.8。

②ZD721 型设计参数:2 式使用 3～3.2;3 式使用 1.3～1.4。

(七)试缫验证

使用试缫车位为一组(每车 20 绪),数量为长绞丝每车 5 绞,大绞丝每车 10 绞。调查项目与立缫同。测定项目有的与立缫相同,有的不同,包括车速、平均粒数、中心粒数百分率、越外粒数百分率、计算纤度、解舒率、每分每绪添绪次数和落绪次数、落绪分布率、每分每台吊糙次数、索理绪和缫丝汤温、煮茧丝胶溶失率、长吐量、蛹衣量、停率。

技术测定中,吊糙测定规定绪数 60 绪、30min,车位为第三至第五部;解舒测定规定车位第四或第五部、绪数为 5 绪,30min,测定次数为 2 次以上;粒数测定的方法是每次绪绪测,次数 2 次以上。

粒数的确定方法:平均粒数以设计平均粒数为依据。允许粒数(粒)规定平均粒数为整粒数±1 粒;若平均粒数为不整粒数时,则±1.5 粒。凡属整粒数,绪头上允许粒数为三档,若属不整粒数则绪头上允许粒数为四档。中心粒数的划分方法也有一定的规定。

落丝桶数的确定参看表 12-15。抽验样丝每回丝有代表性地摇取黑板丝不少于 50 片、纤度丝不少于 200 绞。

表 12-15　不同成片方法的落丝量

丝片型式	成片方法	每绪落丝量(g)	一组(400 绪)落丝量(kg)
长绞丝	双成片	90	36
	单成片	180	72
大绞丝	双成片	62.5	25
	单成片	125	50

资料来源:浙江省丝绸公司,1988。

(八)自动缫工艺设计计算公式

$$平均粒数(粒/绪)＝\frac{测定总粒数}{测定总绪数}$$

$$中心粒数百分率(\%)＝\frac{中心粒数的绪数}{测定总绪数}×100$$

$$允许粒数百分率(\%)＝\frac{允许茧粒数绪数}{测定总绪数}×100$$

$$越外粒数百分率(\%)＝1－允许粒数百分率$$

$$停缫率(\%)＝\frac{组停缫只数总和}{组总绪数×测定次数}×100$$

$$实测解舒率(\%)＝\frac{蛹衬粒数}{蛹衬粒数＋中途落绪粒数}×100$$

$$添绪次数(次/min·绪)＝\frac{蛹衬粒数＋中途落绪粒数}{测定绪数×测定时间(min)}$$

$$落绪次数(次/min·绪)＝\frac{中途落绪粒数}{测定绪数×测定时间(min)}$$

$$吊糙(次/min·台)＝\frac{吊糙总次数}{测定台数×测定时间(min)}$$

第十三章 生丝检验

本章参考课件

第一节 生丝检验概述

一、生丝检验目的和意义

生丝是高档织物的原料,其品质优劣与织物品质有着密切的关系,丝织物根据生丝品质与规格种类来确定其用途,也根据织物的种类来选择生丝,按生产成本来确定价格。生丝是我国出口创汇的商品之一,其品质的优劣直接关系到出售价格和我国在国际生丝贸易中的信誉。因此,必须按照一定时期国家标准部门统一颁发的标准,由法定专业检验机构,对生丝的外观和内在质量运用科学的方法及精密的仪器进行质量、规格、重量、包装等方面的综合检验,评定等级。并根据国际公定回潮率标准检定公量,签发受验生丝品质及分量证单,作为贸易上按质论价、按量计值的依据。同时,又可及时反馈产品质量信息,使生产企业改进技术和管理水平,对提高生丝质量具有重要作用。

我国现行的标准是 2009 年 6 月 1 日起执行的中华人民共和国国家标准《生丝》(GB/T 1797—2008)和中华人民共和国国家标准《生丝试验方法》(GB/T 1798—2008)。

二、生丝检验项目与程序

生丝检验的项目从检验的性质上可分为品质检验和重量检验两个方面;从检验方法上可分为外观检验和器械检验两大类别。外观检验是用感官的目测和手感鉴定生丝色泽和手感等外观的一般性状和整理状况,目的是补充器械检验之不足。器械检验是通过各种检验仪器设备检验生丝的各项性状指标,确定生丝的等级和公量。

(一)生丝检验项目

1.重量检验
包括:(1)净量检验;(2)公量检验;(3)回潮率检验。
2.品质检验
(1)外观检验
分为:①整理检验(含整齐疵点检验);②性状检验(包括颜色、光泽、手感等)。

(2)器械检验

包括以下项目:①切断检验;②纤度检验(包括:平均纤度、平均公量纤度、纤度偏差、纤度最大偏差等);③黑板检验(包括:均匀二度、三度变化,清洁,洁净等);④断裂强度、断裂伸长率检验;⑤抱合力检验;⑥除胶检验;⑦茸毛检验(根据合同要求、名牌丝检验项目)。

上述检验项目中,纤度偏差、纤度最大偏差、均匀二度变化、清洁、洁净为主要检验项目,均匀三度变化、切断、断裂强度、断裂伸长率、抱合力为补助检验项目,均匀一度变化、茸毛、单根生丝断裂强度和断裂伸长率、含胶率为选择检验项目。

(二)生丝检验程序

检验程序概括如下:

接受报验→审查厂检结果→编号填单→外观检验、检验包装、称记包装、材料重量、净量检验→抽取品质及公量样丝→重量检验、品质检验→审核原始检验成绩→计算结果、评定等级→制订签发检验证书。

三、组批与抽样

受验样丝由检验部门确定检验号码,然后按序号依次进行检验。在进行外观检验时,同时抽取品质检验样丝和重量检验样丝,抽样时如发现受伤丝绞,必须剔除,不得作为检验样丝,确保样丝具有代表性。

(一)组批

生丝以同一庄口、同一工艺、同一机型、同一规格的产品为一批,每批 20 箱,每箱约 30kg,或者每批 10 件,每件约 60kg。不足 20 箱或 10 件仍按一批计算。

(二)抽样

1.抽样方法

受验的生丝应在外观检验的同时,抽取具有代表性的重量及品质检验试样。绞装丝每把限抽 1 绞,筒装丝每箱限抽 1 筒。

2.抽样数量

(1)重量检验试样

①绞装丝 16~20 箱(8~10 件)为一批者,每批抽 4 份,每份 2 绞,共 8 绞。其中丝把边部抽 3 绞,角部抽 1 绞,中部抽 4 绞。

②绞装丝 15 箱(7 件)及以下成批的,每批抽 2 份,每份 2 绞,共 4 绞。其中丝把边部抽 2 绞,中部抽 2 绞。

③筒装丝每批抽 4 份,每份 1 筒,共 4 筒。其中丝筒上、下层各抽 1 筒,中层抽 2 筒。

(2)品质检验试样

①绞装丝每批从丝把的边、中、角三个部位分别抽 12 绞、9 绞、4 绞,共 25 绞。

②筒装丝每批从丝箱中随机抽取 20 筒。

第二节　重量检验

生丝是吸湿性强的纤维，环境温湿度的变化常会影响含水率高低，进而影响生丝重量。国际上规定采取公量计重的办法，以达到合理计重的目的。规定生丝的公定回潮率为11％，在生丝的生产、贸易上广为应用。重量检验是检验生丝的净量和实际回潮率，将净量换算成公定回潮率时的重量，其公量检验程序如下。

一、净量检验

(一)检验目的

一批生丝除去纱绳、包丝纸、布袋、商标等包装用品的重量以外，丝的净重量为净量。由于公量检验是根据净量检验和回潮率换算的，因此需先检验净量，检验时必须称得准确无误。

(二)检验设备

台秤，分度值≤0.05kg；天平，分度值≤0.01g；带有天平的烘箱，天平分度值≤0.01g。

(三)检验方法

1.称计皮重

袋装丝取布袋2只，箱装丝取纸箱5只(包括箱中的定位纸板、防潮纸)用台秤称其重量，得出外包装重量；绞装丝任择3把，拆下纸、绳(筒装丝任择10只筒管及纱套)，用天平称其重量，得出内包装重量；根据内、外包装重量，折算出每箱(件)的皮重。

2.称计毛重

全批受验丝抽样后，逐箱(件)在台秤上称重核对，得出每箱(件)的毛重和全批丝的毛重。毛重复核时允许差异为0.10kg，以第一次毛重为准。

3.计算净重

每箱(件)的毛重减去每箱(件)的皮重即为每箱(件)的净重，以此得出全批丝的净重。

二、公量检验

(一)检验目的

检定重量，检验样丝的回潮率，折合国际上公定标准回潮率11％，来推算出全批丝的重量即公量，以此作为贸易上计算重量的依据。

(二)检验设备

台秤，分度值≤0.05kg；天平，分度值≤0.01g；带有天平的烘箱，天平分度值≤0.01g。

(三)检验方法

1. 称计湿重(原重)

将按抽样方法规定抽得的试样,以份为单位依次编号,立即在天平上称重核对,得出各份的湿重。筒装丝初次称重后,将丝筒复摇成绞,称得空筒管重量,再由初称重量减去空筒管重量加上编丝线重量,即得湿重。

湿重复核时允许差异为 0.20g,以第一次湿重为准。

试样间的重量允许差异规定:绞装丝在 30g 以内,筒装丝在 50g 以内。

2. 称计干重

将称过湿重的试样,以份为单位,松散地放置在烘篮内,以(140±2)℃的温度烘至恒重,得出干重。

相邻两次称重的间隔时间和恒重判定按 GB/T 9995 规定执行。

3. 称计回潮率

按式(13-1)计算,计算结果取小数点后 2 位。

$$W = \frac{m - m_0}{m_0} \times 100\% \tag{13-1}$$

式中:W 为回潮率(%);m 为试样的湿重(g);m_0 为试样的干重(g)。

将同批各份试样的总湿重和总干重代入式(13-1),计算结果作为该批丝的实测平均回潮率。

同批各份试样之间的回潮率极差超过 2.8% 或该批丝的实测平均回潮率超过 13.0% 或低于 8.0% 时,应退回委托方重新整理平衡。

4. 计算公量

按式(13-2)计算,计算结果取小数点后 2 位。

$$m_K = m_J \times \frac{100 + W_K}{100 + W} \tag{13-2}$$

式中:m_K 为公量(kg);m_J 为净重(kg);W_K 为公定回潮率,取 11%;W 为实测平均回潮率(%)。

第三节　外观检验

一、检验目的

生丝的外观检验是在一定技术条件下,通过感官鉴定的方法,用肉眼观察和手感,对全批生丝的颜色、光泽、光滑柔软程度等性状、整理成形状况、疵点丝有无及其程度与数量等进行检验,评定生丝的外观质量。

生丝的外观质量,不仅关系到外观的整齐美感,更主要的是与织造工效、原料消耗、生丝成本、产品使用价值等有密切关系。如夹花丝、污染丝,织成绸缎后,在织物表面将会留下污迹,精练和染色后也难以消除,影响织物的品质。因此,该项指标在贸易上也是一项重要指标。外观检验是生丝品质检验的第一道关口,和其他品质检验项目之间具有相互补充作用。

二、检验设备

1.检验台:表面光滑无反光。

2.标准灯光:内装荧光管的平面组合灯罩或集光灯罩。光线以一定的距离柔和均匀地照射于丝把(丝筒)的端面上,端面的照度为 450～500lx。

三、检验方法

核对受验丝批的厂代号、规格、包件号,并进行编号,逐批检验。

把全部丝逐包拆除,包丝纸的一端或全部排列在检验台(车)上,绞尾向上,光源装在集光灯罩内,光线以一定的距离柔和地照射在丝把上,照度为 500lx 左右,逐把观察,评定整批生丝整理状况和性状。

1.绞装丝

将全批受验丝逐把拆除,包丝纸的一端或者全部,排列在检验台上,以感官检定全批丝的外观质量;同时抽取品质试样,并逐绞检查试样表面、中层、内层有无各种外观疵点,对全批丝做出外观质量评定。

2.筒装丝

将全批受验丝逐筒拆除包丝纸或纱套,放在检验台上,以感官检定全批丝的外观质量;随机抽取 32 只,大头向上,用手将筒子倾斜 30°～40°转动一周,检查筒子的端面和侧面;同时抽取品质试样,逐筒检查试样的上、下端面和侧面,对全批丝做出外观质量评定。

3.疵点丝剔除

发现外观疵点的丝绞、丝把或丝筒,必须剔除。在一把中疵点丝有 4 绞以上时,则整把剔除。

4.拆把检验

需拆把检验时,拆 10 把,解开一道纱绳检查。

5.外观疵点分类

根据疵点对织物产生的危害程度,分为主要疵点和一般疵点两类。绞装丝、筒装丝的疵点分类和批注标准,见表 13-1 和表 13-2。

6.批注规定

(1)主要疵点附着物(黑点)项目中的散布性黑点按两绞作一绞计算,若一绞中普遍存在,则作一绞计算;

(2)夹花和颜色不整齐,如两项均为批注起点,可批注一项;

(3)宽紧丝、缩丝、留绪、编丝或绞把不良等疵点普遍存在于整批丝中,应分别加以批注,作一般疵点评定;

(4)油污、虫伤丝不再检验,退回委托方整理;

(5)器械检验发现外观疵点,应予确认,并按外观疵点批注规定执行。

表 13-1 绞装丝的疵点分类及批注规定

疵点名称		疵点说明	批注数量		
			整批/把	拆把/绞	样丝/绞
主要疵点	霉丝	生丝光泽变异,能嗅到霉味或发现灰色或微绿色的霉点	10 以上		
	丝把硬化	绞把发并,手感糙硬呈僵直状	10 以上		
	罦角硬胶	罦角部位有胶着硬块,手指直捏后不能松散		6	2
	黏条	丝条黏固,手指捻揉后,左右横展部分丝条不能拉散者		6	2
	附着物(黑点)	杂物附着于丝条、块状(粒状)黑点,长度在 1mm 及以上;散布性黑点,丝条上有断续相连分散而细小的黑点		12	6
	污染丝	丝条被异物污染		16	8
	纤度混杂	同一批丝内混有不同规格的丝绞			1
	水渍	生丝遭受水湿,有渍印,光泽呆滞	10 以上		
一般疵点	颜色不整齐	把与把、绞与绞之间颜色程度或颜色种类差异较明显	10 以上		
	夹花	同一丝绞内颜色程度或颜色种类差异较明显		16	8
	白斑	丝绞表面呈现光泽呆滞的白色斑,长度在 10mm 及以上者,程度或颜色种类差异较明显	10 以上		
	绞重不匀	丝绞大小重量相差在 20% 以上者。即: $$\frac{大绞重量-小绞重量}{大绞重量}\times100\%>20\%$$			4
	双丝	丝绞中部分丝条卷取两根及以上,长度在 3m 以上者			1
	重片丝	两片丝及以上重叠一绞者			1
	切丝	丝绞存在一根及以上的断丝		16	
	飞入毛丝	卷入丝绞内的废丝			8
	凌乱丝	丝片层次不清,络交紊乱,切断检验难以卷取者			6

注:达不到一般疵点者,为轻微疵点。

表 13-2　筒装丝的疵点分类及批注规定

疵点名称		疵点说明	整批批注数量/筒		
			小菠萝形	大菠萝形	圆柱形
主要疵点	霉丝	生丝光泽变异,能嗅到霉味,发现灰色或微绿色的霉点	10 以上		
	丝条绞着	丝筒发并,手感糙硬,光泽差	20 以上		
	附着物（黑点）	杂物附着于丝条、块状（粒状）黑点,长度在 1mm 及以上;散布性黑点,丝条上有断续相连分散而细小的黑点	20 以上		
	污染丝	丝条被异物污染	15 以上		
	纤度混杂	同一批丝内混有不同规格的丝筒	1		
	水渍	生丝遭受水湿,有渍印,光泽呆滞	10 以上		
	成形不良	丝筒两端不平整,高低差 3mm 者或两端塌边或有松紧丝层	20 以上		
一般疵点	颜色不整齐	丝筒与丝筒之间颜色程度或颜色种类差异较明显	10 以上		
	色圈(夹花)	同一丝筒内颜色程度或颜色种类差异较明显	20 以上		
	丝筒不匀	丝筒重量相差在 15% 以上者。即:$\dfrac{大筒重量-小筒重量}{大筒重量}\times 100\% > 15\%$	20 以上		
	双丝	丝筒中部分丝条卷取两根及以上,长度在 3m 以上者	1		
	切丝	丝筒中存在一根及以上的断丝	20 以上		
	飞入毛丝	卷入丝筒内的废丝	8 以上		
	跳丝	丝筒下端丝条跳出。其弦长:大、小菠萝形的为 30mm,圆柱形的为 15mm			

注:达不到一般疵点者,为轻微疵点。

7. 外观评等方法

外观评等分为良、普通、稍劣和级外品。

(1)良:整理成形良好,光泽手感略有差异,有 1 项轻微疵点者。

(2)普通:整理成形尚好,光泽手感有差异,有 1 项以上轻微疵点者。

(3)稍劣:主要疵点 1～2 项或一般疵点 1～3 项或主要疵点 1 项和一般疵点 1～2 项。

(4)级外品:超过稍劣范围或颜色极不整齐者。

8. 外观性状

外观性状包括颜色、光泽和手感。

(1)颜色:种类分白色、乳色、微绿色三种,颜色程度以淡、中、深表示。

(2)光泽:程度以明、中、暗表示。

(3)手感:程度以软、中、硬表示。

四、检验记录

综合整批生丝的颜色、光泽、手感的整齐度和整理方法、性状、疵点丝情况等,按照外观评等方法,确定等级,分别记录。

第四节　器械检验

器械检验中,样品丝来源于外观检验所抽取的样丝。切断、纤度、断裂强度、断裂伸长率和抱合力检验样丝应放在 20±2℃、相对湿度为 60%～70% 的条件下平衡 12h 以上,并在此恒温恒湿室内进行检验。

一、切断检验

(一)检验目的

切断检验又称再缫检验,是指生丝在络丝过程中,按不同生丝规格规定的速度和时间(120min 或 60min),将规定样丝的丝条卷绕到切断机的丝锭上,测定一定长度的生丝在一定张力作用下发生的切断次数。其检验的目的主要是检验络丝过程中的切断次数,了解断头情况,为确定生丝等级和用户选料提供数据;同时也为其他各项器械检验准备试验材料,卷取的丝锭可供纤度、匀度、强伸力(断裂强度、断裂伸长率)和抱合力等检验用。

生丝是丝织物的原料,在织造前均须把生丝卷绕到丝锭或丝筶上,如切断成绩不好,在丝织准备过程中必然产生切断,降低生产效率、增多屑丝,影响产品质量,增加成本。丝织厂对切断成绩十分重视,特别是当前丝织机械自动化、高速化、宽幅化后,切断成绩就显得更为重要。

切断检验适用于绞装丝,筒装丝不检验切断。

(二)检验设备

1.切断机:具有表 13-4 规定的卷取速度。

2.丝络:每只重约 500g。丝络直径 400～550mm,丝络宽 100mm,表面光滑、伸缩灵活。

3.丝锭:每只重约 100g。丝锭两端直径 50mm,中段直径 44mm,丝锭长度 76mm,表面光滑、转动平稳。

表 13-4　切断检验的时间和卷取速度规定

名义纤度〔den(dtex)〕	卷取速度(m/min)	预备时间(min)	正式检验时间(min)
12(13.3)及以下	110	5	120
13～18(14.4～20.2)	140	5	120
19～33(21.1～36.7)	165	5	120
34～69(37.8～76.7)	165	5	60

（三）检验方法

1.样丝准备：每批 25 绞试样，10 绞自面层卷取，10 绞自底层卷取，3 绞自面层的 1/4 处卷取，2 绞自底层的 1/4 处卷取。凡是在丝绞的 1/4 处卷取的丝片不计切断次数。

2.丝锭数量：切断检验时，每绞丝卷取 4 只丝锭，共卷取 100 只丝锭。

3.样丝安放：将受验丝绞平顺地绷于丝络，按丝绞成形的宽度摆正丝片，调节丝络，使其松紧适度地与丝片周长适应。绷丝过程中发现丝绞中罱角硬胶、黏条，可用手指轻轻揉捏，以松散丝条。

4.检验记录：卷取时间分为预备时间和正式检验时间。预备时间不计切断次数；正式检验时间内根据切断原因，分别记录切断次数。当正式检验时间开始，如尚有丝绞卷取情况不正常，则适当延长预备时间。

5.切断数限：同一丝片由于同一缺点，连续产生切断达 5 次时，经处理后继续检验，如再产生切断的原因仍为同一缺点，则不做切断次数记录，如为不同缺点则继续记录切断次数，该丝片的最高切断次数为 8 次。

6.检验完毕：将试样余丝打绞，挂上标记，进仓库备查。

二、纤度检验

纤度是表示丝条粗细程度的指标，生丝纤度是丝织企业选用原料的首要条件，与丝织工艺和织物质量密切相关。纤度检验包括平均纤度、纤度偏差、纤度最大偏差和公量平均纤度等四项内容，现将各项内容简述如下。

（一）检验目的

1.平均纤度检验
了解整批生丝的平均粗细程度，作为计算纤度偏差和纤度最大偏差的依据。
2.纤度偏差检验
纤度偏差检验是检验全批各绞纤度小丝偏离平均纤度的离散程度。纤度偏差小，表明生丝纤度分布集中，丝条粗细均匀，若生丝纤度偏差大，丝条粗细不匀，在络丝、整经、织造等过程中，切断多，影响生产效率，也影响织物质量。因此，纤度偏差检验是生丝分级中主要检验项目之一。影响生丝纤度偏差大小的主要原因有蚕品种、饲养和上蔟环境等，使茧丝纤度产生粒内和粒间的变化。在制丝生产过程中，也受到制丝设备、工艺设计及工人操作技术等因素的影响。

3.纤度最大偏差检验
纤度最大偏差检验是检验最粗或最细 2% 的纤度丝的纤度偏离平均纤度的最大差异程度，也称为总差。

4.公量平均纤度检验
纤度丝在公量状态时的平均纤度称为公量平均纤度。生丝具有较强的吸湿性。因此，根据不能将在自然状态下所测得的纤度值作为纤度的规定，必须采取公量时的平均纤度为准，即在公量回潮率时测得的平均纤度。此项指标虽不涉及生丝的品质，但与丝织工艺设计以及织物质量有密切关系。同时，公量平均纤度出格，则被作为次品处理。

(二)检验设备

(1)纤度机:机框周长为 1.125m,速度为 300r/min 左右,并附有回转计数器,自动停止装置。见图 13-1。

(2)纤度仪:分度值≤0.5den。

(3)天平:分度值≤0.01g。

(4)带有天平的烘箱:天平分度值≤0.01g。

(三)检验方法

(1)绞装丝取切断检验卷取的一半丝锭 50 只(每绞样丝 2 只丝锭,用纤度机卷取纤度丝,每只丝锭卷取 4 绞,每绞 100 回,共计 200 绞。

图 13-1 纤度机

(席德衡,赵庆长,1982)

(2)筒装丝取品质检验的 20 筒,其中 8 筒面层、6 筒中层(约在 250g 处)、6 筒内层(约在 120g 处),每筒卷取 10 绞,每绞 100 回,共计 200 绞。

(3)如遇丝锭无法卷取时,可在已取样的丝锭中补缺,每只丝锭限补纤度丝 2 绞。

(4)将卷取的纤度丝以 50 绞为一组,逐绞在纤度仪上称计,求得"纤度总和",然后分组在天平上称得"纤度总量",把每组"纤度总和"与"纤度总量"进行核对,其允许差异规定见表 13-5,超过规定时,应逐绞复称至每组允差以内为止。

表 13-5 纤度丝的读数精度及允差规定

名义纤度〔den(dtex)〕	纤度读数精度(den)	每组允许差异〔den(dtex)〕
33(36.7)及以下	0.5	3.5(3.89)
34~49(37.7~54.4)	0.5	7(7.78)
50~69(55.6~76.7)	1.0	14(15.6)

(5)将检验完毕的纤度丝松散、均匀地装入烘篮内,烘至恒重得出干重。

(6)平均纤度:按式(13-3)计算。

$$\overline{d}=\frac{\sum\limits_{i=1}^{N}d_i}{N} \tag{13-3}$$

式中:$\overline{d}$ 为平均纤度,单位为旦尼尔(den)或分特(dtex);

d_i 为各绞纤度丝的纤度,单位为旦尼尔(den)或分特(dtex);

N 为纤度丝总绞数。

(7)纤度偏差:按式(13-4)计算。

$$\sigma=\sqrt{\frac{\sum\limits_{i=1}^{N}(d_i-\overline{d})^2}{N}} \tag{13-4}$$

式中:σ 为纤度偏差,单位为旦尼尔(den)或分特(dtex);

$\overline{d}$ 为平均纤度,单位为旦尼尔(den)或分特(dtex);

d_i 为各绞纤度丝的纤度,单位为旦尼尔(den)或分特(dtex);

N 为纤度丝总绞数。

(8)纤度最大偏差:全批纤度丝中最细或最粗纤度,以总绞数的2%,分别求其纤度平均值,再与平均纤度比较,取其大的差数值即为该丝批的"纤度最大偏差"。

(9)公量平均纤度:按式(13-5)计算。

$$d_K = \frac{m_0 \times 1.11 \times L}{N \times T \times 1.125} \qquad (13\text{-}5)$$

式中:d_K 为公量平均纤度,单位为旦尼尔(den)或分特(dtex)。

m_0 为样丝的干重(g)。

N 为纤度丝总绞数。

T 为每绞纤度丝的回数。

L 的纤度单位为旦尼尔(den)时,取值为9000;纤度单位为分特(dtex)时,取值为10000。

(10)公量平均纤度超出该批生丝规格的纤度上限或下限时,应在检测报告中注明"纤度规格不符"。

(11)公量平均纤度与平均纤度的允差规定见表13-6,超过规定时,应重新检验。

表 13-6　公量平均纤度与平均纤度的允差规定

名义纤度〔den(dtex)〕	允许差异〔den(dtex)〕
18(20.0)及以下	0.5(0.56)
19~33(21.1~36.7)	0.7(0.78)
34~69(37.8~76.7)	1.0(1.11)

(12)平均纤度、纤度偏差、纤度最大偏差和公量平均纤度的计算结果,取小数点后2位。

三、均匀检验

(一)检验目的

均匀检验也称匀度检验或丝条斑检验,是用一定长度的丝条,根据不同的纤度,按规定的排列距离和线数,连续并列卷绕到黑板上,在暗室中特定照度(20lx)的灯光下,用目力观察评定生丝的粗细变化及丝条的透明度、圆整度等组织形态发生差异的程度。均匀检验与纤度偏差检验一样,都是检验生丝的粗细均匀程度,但检验的角度不同。纤度偏差是以450m定长生丝的重量来测定纤度变化的程度,但在这个范围内,生丝粗细的变化就无法了解。而均匀检验是检验丝条400~500m范围内有无粗细变化,如只要发生4~6m 3den(3.33dtex)左右的粗细变化时,就可在黑板上显示出丝条斑。因此,均匀检验比纤度偏差检验更为严格,但是如果受验生丝全部偏粗或偏细,均匀检验也是无法检验其差异的。因此,在生丝检验中规定既要检验纤度偏差,又要检验均匀度,以达到相互补充的目的,使对生丝纤度变化的检验更为精确。

影响均匀成绩的因素很多,缫丝时多添或失添6m以上,或者配茧不当,造成在接绪点处生丝粗细发生突变,而影响生丝均匀成绩。均匀变化除与缫丝技术和缫丝机械有密切关系外,还受到茧的解舒影响,解舒差的原料茧,缫出的生丝均匀成绩较差。同时,生丝的均匀变化与茧丝纤度的粗细也有关,纤度细,落绪时丝条变化程度浅,有利于均匀成绩的提高。但如纤度过细,定粒数增多,再加添绪点增多,均匀变化条数就会增加,影响生丝的均匀成绩;反之,茧丝纤度粗,落绪时生丝变化程度较深,不利于均匀成绩的提高,但另一方面,定粒数少、添绪点也少,有利于均匀成绩提高。此外,茧丝纤度开差小,对提高生丝均匀度有利。因此,茧丝纤度以稍粗、粗细均匀的原料茧为好。

(二)检验原理

以一定长度的丝条连续排列于无光的黑板上,由于丝条有各种规格以及同种规格丝条本身的粗细变化,产生覆盖面积的差异。丝条粗,直径大,覆盖在黑板上的面积大;丝条细,直径小,覆盖的面积小;丝条的组织形态、扁圆程度的差异也影响其在黑板上所占的面积。检验的要求是利用丝条覆盖在黑板上的面积变化,在特定的灯光检验室内,通过丝条的透光反射作用,以目力观察,清晰辨别丝条的粗细变化程度及其组织形态的差异。

不同规格的生丝纤度,若按相同排列线数卷取在相同面积的黑板上,则粗纤度生丝被覆的板面面积大于细纤度的,在同样的照度下,丝条粗细反映在板面上,丝条规格粗的呈白色,丝条规格细的呈暗灰色。而标准照片的基准只有一种,就无法与标准照片作比较。因此,不同目标纤度的生丝采取不同的排列线数,使丝条覆盖在黑板上的面积与板面的百分比基本一致,使得各种规格生丝的基准浓度基本一致。每片丝 127mm 宽的 1/5 即每 25.4mm 内卷绕的生丝线数按纤度规格而不同,粗纤度排列的线数要少,细纤度排列的线数多。目的是统一被覆在单位面积上的生丝密度(称为被覆度),使在黑板上呈现的色调基本一致,有利于正确检验均匀成绩。匀度检验就是利用丝条被覆度原理,在基准浓度基本相同的条件下检验丝条的粗细变化。表 13-7 规定了不同纤度规格生丝的黑板丝条排列线数。

因此,每片丝 127mm 宽的 1/5 即 25.4mm 间丝条被覆黑板面积的百分比,称为被覆度。丝条被覆度的计算方法如下:

$$丝条被覆度(\%)=\frac{丝条直径(mm)\times25.4mm\ 间排列线数}{25.4(mm)}\times100 \tag{13-6}$$

注:丝条直径可由下式求得

$$D=K\sqrt{s} \tag{13-7}$$

式中:D 为丝条直径(μm);K 为系数(den 取 12.3,dtex 取 11.6);s 为生丝纤度。

(三)检验设备

1.黑板机:卷绕速度为 100r/min 左右,能调节排列线数。见图 13-2。

2.黑板:长 1359mm,宽 463mm,厚 37mm(包括边框,表面黑色无光)。

3.标准物质:均匀度标准样照。

4.检验室:设有灯光装置的暗室应与外界光线隔绝,其四壁、黑板架应涂黑色无光漆,色泽均匀一致。黑板架左右两侧设置屏风、直立回光灯罩各一排,内装日光荧光管 1～3 支或天蓝色内面磨砂灯泡

图 13-2　黑板机
(席德勒,赵庆长,1982)

6 只,光线由屏风反射使黑板接受均匀柔和的光线,光源照到黑板横轴中心线的平均照度为20lx,上下、左右允差±2lx。

（四）检验方法

1. 检验准备

（1）用黑板机卷取黑板丝片，正常情况下卷绕张力约 10g。

（2）绞装丝取切断检验卷取的另 50 只丝锭，每只丝锭卷取 2 片；筒装丝取品质检验用试样 20 筒，其中 8 筒面层、6 筒中层（约在 250g 处）、6 筒内层（约在 120g 处），每筒卷取 5 片。每批丝共卷取 100 片，每块黑板 10 片，每片宽 127mm，计 10 块黑板。

（3）不同规格生丝在黑板上的排列线数规定见表 13-7。

表 13-7　黑板丝条排列线数规定

名义纤度〔den(dtex)〕	每 25.4mm 的线数（线）
9(10.0)及以下	133
10～12(11.1～13.3)	114
13～16(14.4～17.8)	100
17～26(18.9～28.9)	80
27～36(30.0～40.0)	66
37～48(41.1～53.3)	57
49～69(54.4～76.7)	50

（4）如遇丝锭无法卷取时，可在已取样的丝锭中补缺，每只丝锭限补 1 片。

（5）黑板卷绕过程中，出现 10 只及以上的丝锭不能正常卷取，则判定为"丝条脆弱"，并终止均匀、清洁和洁净检验。

均匀标准照片上丝条均匀变化程度与纤度变化的关系如表 13-8 所示。

表 13-8　均匀变化程度与纤度变化的关系

均匀变化照片	纤度变化〔den(dtex)〕	均匀变化照片	纤度变化〔den(dtex)〕
V_0 变化	2(2.2)	V_2 变化	8(8.9)左右
V_1 变化	4(4.4)左右	V_3 变化	12(13.3)左右

资料来源：浙江农业大学，1989。

2. 检验规定

将卷取的黑板放置在黑板架上，黑板垂直于地面，检验员位于距离黑板 2.1m 处，将丝片逐一与均匀标准样照对照，分别记录均匀变化条数。

均匀一度变化：丝条均匀变化程度超过标准样照 V_0，不超过 V_1 者。

均匀二度变化：丝条均匀变化程度超过标准样照 V_1，不超过 V_2 者。

均匀三度变化：丝条均匀变化程度超过标准样照 V_2 者。

3. 评定方法

（1）确定基准浓度，以整块黑板大多数丝片的浓度为基准浓度。

（2）无基准浓度的丝片，可选择接近基准部分作该片基准，如变化程度相等时，可按其幅度宽的作为该片基准，上述基准与整块基准对照，程度超过 V_1 样照，该基准按其变化程度作 1 条记录，其变化部分应与整块基准比较评定。

（3）丝片匀粗匀细，在超过 V_1 样照时，按其变化程度作 1 条记录。

(4)丝片逐渐变化,按其最大变化程度作 1 条记录。

(5)每条变化宽度超过 20mm 以上者作 2 条记录。

四、清洁与洁净检验

生丝的疵点或颣节分为主要疵点(特大糙疵,或特大颣)、次要糙疵(大颣)和普通糙疵(中颣)。在一定照度(400lx)设备和技术条件下,检查丝片上的特大颣、大颣、中颣的种类及其数量称为清洁检验。检查丝片上的小颣个数及分布称为洁净检验。

(一)检验目的

生丝的清洁不良,一方面,不仅在织造过程中络丝、捻丝、机织等工序中增加断头,降低工效,增加屑丝消耗;而且使织物表面由于织造产生突起;发毛、发皱等缺点,减退真丝织物应有的平滑和光泽感,还使染色不易均匀,呈现色斑,损害织物的外观;另一方面,会降低生丝的强度和伸长度,影响织物的坚牢度。高速、宽幅、薄型织造工业,对生丝清洁要求更高。因此,清洁检验是生丝的主要检验项目之一。生丝清洁不良的原因主要与煮茧、缫丝和复摇等工艺操作不当、设备不完善、集绪器不标准等有密切关系。

洁净俗称净度,是生丝质量检验的主要项目之一,对自动缫生丝质量的影响较大。生丝的洁净直接影响生丝的抱合。生丝的洁净成绩差,抱合差,在织造过程中,较难经受高速织机的不断往复摩擦,易发毛甚至切断,织物易产生斑点和染色不匀。生丝洁净不良主要受蚕品种影响,与上蔟、烘茧、煮茧等也有一定关系。

(二)检验设备

1.标准照片:清洁标准样照、洁净标准样照。

2.检验室:与均匀检验中的横式回光灯相同,即在黑板架上部安装横式回光灯罩一排,内装荧光管 2～4 支或天蓝色内面磨砂灯泡 6 只,光源均匀柔和地照到黑板的平均照度为400lx,黑板上、下端与横轴中心线的照度允差为±150lx,黑板左、右两端的照度基本一致。

(三)清洁检验方法

1.疵点分类标准

清洁疵点是丝片丝条上的大型和较大型的糙疵,分为主要疵点(特大糙疵,或特大颣)、次要糙疵(大颣)和普通糙疵(中颣)三类,见表 13-9。

2.评定方法

(1)利用均匀检验后的黑板进行清洁检验。

(2)检验员位于距离黑板 0.5m 处,逐块检验黑板两面,对照清洁标准样照,和表 13-9 清洁疵点分类标准,分辨清洁疵点的类型,分别记录其数量。

(3)对黑板跨边的疵点,按疵点分类,作 1 个计。

(4)废丝或黏附糙未达到标准照片限度时,作小糙 1 个计。

3.计算成绩

主要疵点每个扣 1 分,次要疵点每个扣 0.4 分,普通疵点每个扣 0.1 分。以 100 分减去各类清洁疵点扣分的总和,即为该批丝的清洁成绩,以分表示,取小数点后1位。

表 13-9 清洁疵点分类规定

疵点名称		疵点说明	长度(mm)
主要疵点(特大糙疵)		长度或直径超过次要疵点的最低限度10倍以上者	
次要疵点 (大额)	废丝	附于丝条上的松散丝团	
	大糙	丝条部分膨大或长度稍短而特别膨大者	7以上
	黏附糙	茧丝转折,黏附丝条部分变粗呈锥形者	
	大长结	结端长或长度稍短而结法拙劣者	10以上
	重螺旋	有一根或数根茧丝松弛缠绕于丝条周围,形成膨大螺旋形,其直径超过丝条本身一倍以上者	100左右
普通疵点 (中额)	小糙	丝条部分膨大或2mm以下而特别膨大者	2~7
	长结	结端稍长	4~10
	螺旋	有一根或数根茧丝松弛缠绕于丝条周围形成螺旋形,其直径未超过丝条本身一倍者	100左右
	环	环形的圈子	20以上
	裂丝	丝条分裂	20以上

(四)洁净检验方法

1.洁净疵点分类

洁净的疵点即小额,见表13-10。

表 13-10 洁净疵点的种类

疵点名称	形态特征	长度
雪糙	丝条上附着细小疵点	2mm以下
小圈	又称环额,一根茧丝过长屈曲而构成微细的小圈	20mm以下
发毛	丝条上一部分丝竖起成羽毛状	20mm以下
短结	又称小结额,结端长	3mm以下
轻螺旋	丝条上呈轻微的螺旋形	—
小粒	又称小糠额,丝条上附着的小粒,形如糠秕	—
其他	不属清洁范围的各种小型糙疵(如小型废丝)	—

2.评定方法

(1)利用清洁检验后的黑板进行洁净检验。

(2)选择黑板任一面,垂直地面向内倾斜约5°,检验员位于距离黑板0.5m处。

(3)根据洁净疵点的形状大小、数量多少、分布情况对照洁净标准样照,逐片评分。

(4)洁净疵点扣分规定见表13-11。

表 13-11　洁净疵点扣分规定

分数	糙疵数量(个)	糙疵类型	说明	分布
100	12	一类型 (100 分样照)	(1)夹杂有第三类型糙疵以一个折三个计。 a)轻螺旋长度以 20mm 以上为起点; b)环裂长度以 10mm 以上为起点; c)雪糙长度为 2mm 以下者; d)结端长度为 2mm 以下者。 (2)夹杂有第二类型糙疵时,个数超过半数扣 5 分,不到半数不另扣分	(1)糙疵集中在 1/2 丝片扣 5 分。 (2)糙疵集中在 1/4 丝片扣 10 分。 (3)小糠分布在 1/2 丝片扣 10 分。 (4)小糠分布在 1/4 丝片扣 5 分。 (5)小糠不足 1/4 丝片者,不作扣分规定,但评分时可适当结合
95	20			
90	35			
85	50	二类型 (80 分样照)	(1)形状基本上如第一类型糙疵时加 5 分。 (2)夹杂有第三类型糙疵时,个数超过半数扣 5 分,不到半数时不另扣分	
80	70			
75	100			
70	130			
60	210			
50	310	三类型 (50 分样照)	(1)形状如第一类型时加 10 分。 (2)形状如第二类型时加 5 分	
30	450			
10	640			

3.计算成绩

(1)洁净评分范围:最高为 100 分,最低为 10 分。

(2)在 50 分以上者,每 5 分为 1 个评分单位;50 分以下者,每 10 分为 1 个评分单位。

(3)计算其平均值,即为该批丝的洁净成绩,以分表示,取小数点后 2 位。

(4)检验结束后,按照下式计算洁净成绩:

$$平均洁净(分) = \frac{各片丝洁净分数之和}{受验丝片总数} \tag{13-8}$$

五、断裂强度与断裂伸长率检验

(一)检验目的

以一定数量的生丝,在标准状况下,沿纤维轴方向拉伸至断裂时,所能承受的最大外力,称为断裂强度。单位以 N、kg 或 cN、gf 表示的称为绝对断裂强度,生丝检验中,常以纤度丝每旦尼尔的最大负荷来表示;其单位为 gf/den 或 cN/dtex,称为相对断裂强度,一般称为断裂强度。伸长度是生丝被拉伸至断裂时的变形伸长与原长之百分比,也称为断裂伸长率。

断裂强度和断裂伸长率也称为强伸力,是生丝的一项重要的机械性能,与织物的坚牢度有着密切的关系。生丝断裂强度和断裂伸长率不良,在络丝、捻丝织造加工中都会产生不良影响。断裂强度差,断裂多,除多耗丝量外,也影响丝织品的坚牢度。断裂伸长率不良,影响织物的性能。

生丝的断裂强度和断裂伸长率优劣除受原料茧茧丝的品质、煮茧、缫丝操作等因素影响外,也受到外界环境温湿度的影响。

（二）检验设备

1.等速伸长试验仪（复丝强度仪，图 13-3）：隔距长度为 100mm，动夹持器移动的恒定速度为 150mm/min。强度读数精度≤0.01kg(0.1N)，伸长率读数精度≤0.1%。

2.天平：分度值≤0.01g。

3.纤度机：生丝纤度检验专用设备。

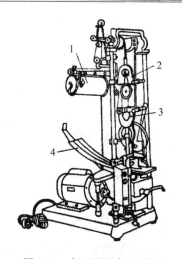

图 13-3　复丝强度仪示意图

1.记录器　2.上夹丝器

3.下夹丝器　4.弧形刻度板

（三）检验方法

1.检验样丝：绞装丝取切断卷取的丝锭 10 只；筒装丝取 10 筒，其中 4 筒面层、3 筒中层（约在 250g 处）、3 筒内层（约在 120g 处）。每锭（筒）制取一绞试样，共卷取10 绞。

2.卷取回数：不同规格的生丝按表 13-12 规定的卷取回数。

表 13-12　断裂强度和断裂伸长率检验试样的规定

名义纤度〔den(dtex)〕	每绞试样（回）
24(26.7)及以下	400
25～50(27.8～55.6)	200
51～69(56.7～76.7)	100

3.样丝称重：用天平称计出平衡后的试样总重量并记录，逐绞进行拉伸试验。将试样丝均分、平直、理顺，放入上、下夹持器，夹持松紧适当，防止试样拉伸时在钳口滑移和断裂。

4.记录：记录最大强度及最大强度时的伸长率作为试样的断裂强度及断裂伸长率。

（四）计算成绩

1.断裂强度：按式(13-9)计算，取小数点后 2 位。

$$P_0 = \frac{\sum\limits_{i=1}^{N} P_i}{m} \times E_f \tag{13-9}$$

式中：P_0 为断裂强度，单位为克力每旦尼尔(gf/den)或厘牛每分特(cN/dtex)；

P_i 为各绞试样断裂强度，单位为千克力(kgf)或牛顿(N)；

m 为试样总重量(g)；

E_f 为计算系数（根据表 13-13 取值）。

表 13-13　不同单位断裂强度计算系数 E_f 取值表

强度单位	强度单位	
	牛顿(N)	千克力(kgf)
cN/dtex	0.01125	0.1103
gf/den	0.01275	0.125

注：1gf/den＝0.8826cN/dtex。

2.断裂伸长率:按式(13-10)计算平均断裂伸长率,取小数点后1位。

$$\delta = \frac{\sum\limits_{i=1}^{N}\delta_i}{N} \tag{13-10}$$

式中:δ 为平均断裂伸长率(%);

   δ_i 为各绞样丝断裂伸长率(%);

   N 为试样总绞数。

六、抱合力检验

(一)检验目的

抱合力检验是检验组成生丝的茧丝之间相互并合胶着的牢固程度。生丝抱合力良好与否,与织造加工、织物的质量和使用性能都有着密切的关系。如生丝抱合不良,丝条组织不紧密,在织造过程中易发生断裂,增加成本。另外,织物发毛不耐使用,染色后常会出现染斑和颜色不鲜艳,影响织物质量。高速织机织造宽幅薄型织物或用于单经纬织造,不经过并丝、上浆工艺,对抱合要求更高,否则难以达到工艺要求。

生丝抱合良好与否,主要决定于原料茧性能、煮茧丝胶溶失率、丝鞘长度及捻数,以及丝条通道的光洁度等因素。抱合检验是生丝检验的补助检验项目之一。

(二)检验设备

抱合机主要由传动装置、张力装置、摩擦器、样丝挂绕装置和计数器等组成,如图13-4所示。摩擦装置的上盖重量为300g,张力悬重由数个重锤和链条构成,摩擦往复运动速度为120~140次/min,往复动程为90mm。检验原理是利用摩擦器摩擦生丝,使生丝中的茧丝相互分离,目测和计数判断抱合力的优劣。

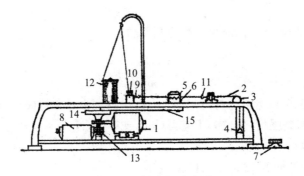

图13-4 抱合机示意图

1.电动机 2.吊链 3.滑轮 4.重锤 5.上摩擦片 6.下摩擦片 7.调速装置 8.计数器
9.固定排钩 10.固定钮 11.活动排钩 12.丝锭 13.蜗轮蜗杆 14.偏心盘 15.连杆

（三）检验方法

1.抱合检验适用于 33den 及以下规格的生丝。

2.绞装丝取切断检验卷取的丝锭 20 只，筒装丝取 20 筒，其中 8 筒面层、6 筒中层（约在 250g 处）、6 筒内层（约在 120g 处）。每只丝锭（筒）检验抱合 1 次。

3.将丝条连续往复置于抱合机框架两边的 10 个挂钩之间，在恒定和均匀的张力下，使丝条的不同部位同时受到摩擦，摩擦速度约为 130 次/min。

4.一般在摩擦到 45 次左右时，作第一次观察，以后摩擦一定次数应停机仔细观察丝条分裂程度，直到半数以上丝条中出现 6mm 及以上的丝条开裂时，记录摩擦次数。

5.以 20 只丝锭（筒）的平均值取整数作为该批丝的抱合次数。

6.挂丝时发现丝条上有明显糙节、发毛开裂或检验中途丝条发生切断，应废弃该样，在原丝锭（筒）上重新取样检验。

7.抱合力计算公式（13-11）如下：

$$平均抱合力（次）= \frac{受验生丝抱合力总和（次）}{受验生丝的条数} \qquad (13\text{-}11)$$

七、茸毛检验

（一）检验目的

此项检验，对于高质量的名牌丝或客户提出要求时才进行，是指定检验项目。

（二）检验设备

1.自动卷取机：能按表 13-14 规定调节丝条排列线数。

2.金属罩：长 770mm，宽 225mm，厚 25mm。

3.罩架：长 782mm，宽 228mm，高 280mm，可放置金属罩 5 只。

4.煮练池、染色池、洗涤池：内长 820mm，内宽 265mm，内深 410mm，具有加温装置。

5.清水池：内长 1060mm，内宽 460mm，内深 520mm。

6.整理架：可搁金属罩。

7.检验室：长 1820mm，宽 1620mm，高 2250mm，与外界光线隔绝，其四壁及内部物件均漆成无光黑灰色，色泽均匀一致。设有弧形灯罩，内装 60W 天蓝色内面磨砂灯泡 4 只，照度为 180lx 左右。

8.标准物质：茸毛标准样照一套 8 张，分别为 95、90、85、80、75、70、65、60 分，表示各自分数的最低限度。

（三）检验方法

1.制备样丝

取切断检验卷取的 20 只丝锭，每只丝锭卷取 1 个丝片，共卷取 20 个丝片。每罩卷取 5 个丝片，每丝片幅宽 127mm。丝片每 25.4mm 排列线数规定见表 13-14。

表 13-14　茸毛检验卷取线数规定

名义纤度[den(dtex)]	每 25.4mm 排列线数(线)	每片丝长度(m)
12(13.3)及以下	35	87.5
13～16(14.4～17.7)	30	75.0
17～26(18.8～28.8)	25	62.5
27～48(29.9～53.2)	20	50.0
49～69(54.3～76.7)	15	37.5

2.脱胶

(1)脱胶条件

脱胶剂　　　　　　中性工业肥皂

300g 皂液浓度　　0.5%

温度　　　　　　　(95±2)℃

溶液用量　　　　　60L

时间　　　　　　　60min

(2)脱胶方法

用 300g 中性工业皂片或相当定量的皂液,注入盛有 60L 清水的精练池中,加温并搅拌,使皂片充分溶解。当液温升至 97℃时,将摇好的丝䌌连同䌌架浸入煮练池内脱胶,60min 后取出,放入有 40℃温水的洗涤池中洗涤,最后再到清水池洗净皂液残留物。

3.染色

(1)染色条件

染料　　　　　　　甲基蓝(盐基性染料)

染料浓度　　　　　0.04%(一次用染料 24g)

温度　　　　　　　40～70℃

溶液用量　　　　　60L

染色时间　　　　　20min

(2)染色方法

用 24g 染料,注入盛有 60L 清水的染色池中,加温并搅拌,使染料充分溶解,当液温升至 40℃以上时,将已脱胶的丝䌌连同䌌架移入染色池内进行染色。保持染液温度 40～70℃,染 20min,然后将染色后的丝䌌连同䌌架放入冷水池中进行清洗。

4.干燥

在室温下或在温度 50℃以下进行加热干燥。

5.整理

用光滑的细玻璃棒或竹针在䌌架上逐片进行整理,使丝条分离,恢复原有的排列状态。

6.检验

(1)将受验的丝䌌连䌌架移置在茸毛检验室内,将丝䌌逐只挂在灯罩前面托架上,开启灯光,逐片检验评分。

(2)检验员视线位置在距离丝䌌正前方约 0.5m 处,取丝䌌两面的任何一面,在灯光反射下逐片进行观察。根据各片丝条上所存在的不吸色的白色疵点和白色茸毛的数量多少、形状大小及分布情况,对照标准样照逐片评分,分别记录在工作单上。

(3)评分范围:无茸毛者为 100 分,最低为 10 分;从 100 分至 60 分每 5 分为 1 个评分单位,从 60 分至 10 分每 10 分为 1 个评分单位。

7.计算成绩

(1)以受验各丝片所记录的分数相加之和,除以总片数,即为该批丝的平均分数。按式(13-12)计算:

$$茸毛平均分数(分) = \frac{各丝片(20\ 片)分数之和(分)}{总丝片数(20\ 片)} \tag{13-12}$$

(2)在受验总丝片中取 1/4 片数(5 片)的最低分数相加,除以所取的低分片数,所得的分数即为该批丝的低分平均分数。按式(13-13)计算:

$$茸毛低分平均分数(分) = \frac{总丝片(20\ 片)中\ 5\ 片最低分数之和(分)}{低分片数(5\ 片)} \tag{13-13}$$

(3)以平均分数与低分平均分数相加,两者的平均值即为该批丝茸毛的评级分数。按式(13-14)计算:

$$茸毛评级分数(分) = \frac{平均分数(分) + 低分平均分数(分)}{2} \tag{13-14}$$

(4)茸毛分数计算均取小数点后 2 位。

(5)茸毛的分级规定,见表 13-15。

表 13-15　茸毛分级规定

评级分数	级别	评级分数	级别
95 及以上	全好	65～74.99	普通
85～94.99	优	50～64.99	劣
75～84.99	良	10～49.99	最劣

八、单根生丝断裂强度和断裂伸长率检验

(一)检验目的

根据用户需要,使用等速伸长试验仪(CRE),测定单根生丝断裂强度和断裂伸长率。对于了解生丝微细结构及加工性能等有一定意义。

(二)检验设备

等速伸长试验仪(CRE),应符合 GB/T 3916—1997 中 5.1 规定。

(三)检验方法

1.抽样方法与数量

绞装生丝取切断检验卷取的丝锭 40 只;筒装生丝取 20 筒,其中 8 筒面层、6 筒中层(约250g 处)、6 筒内层(约120g 处)。每个丝绽试验 5 次,每个丝筒试验 10 次,分别试验 200 次。

2.检验条件

按 GB/T 6529—2008 规定的标准大气和容差范围,在温度(20.0±2.0)℃、相对湿度(65.0±4.0)%下进行试验,样品应在上述条件下吸湿平衡 12h 以上方可进行。

3.试验程序

(1)隔距长度为 500mm,拉伸速度为 5m/min。

(2)按常规方法从卷装上退绕单根生丝。

(3)在夹持试样前,检查钳口准确地对正和平行,以保证施加的力不产生角度偏移。

(4)试样嵌入夹持器时施加的预张力为 1/18gf/den 或(0.05±0.01)cN/dtex。

(5)自动或手动夹紧试样。在试验过程中检查钳口之间的试样滑移不能超过 2mm,如果多次出现滑移现象应更换夹持器或钳口衬垫。舍弃出现滑移时的试验数据,并且舍弃纱线断裂点有钳口或闭合器 5mm 以内的试验数据。

(6)自动或人工记录断裂强度和断裂伸长率值。

4.计算成绩

断裂强度以 gf(cN)表示,断裂伸长率以观察的试样伸长与名义隔距长度的百分数表示,纤度以 den(dtex)表示。

(1)平均断裂强度按式(13-15)计算。

$$平均断裂强度[gf(cN)]=\frac{各次断裂强度总和[gf(cN)]}{试验总次数} \tag{13-15}$$

计算结果精确至小数点后 3 位。

(2)断裂强度按式(13-16)计算。

$$断裂强度[gf/den(cN/dtex)]=\frac{平均断裂强度[gf(cN)]}{平均纤度[den(dtex)]} \tag{13-16}$$

计算结果精确至小数点后 2 位。

(3)平均断裂伸长率按式(13-17)计算。

$$平均断裂伸长率(\%)=\frac{各次断裂伸长总和(mm)}{试验次数×名义隔距长度(500mm)}×100 \tag{13-17}$$

计算结果精确至小数点后 2 位。

(4)断裂强度变异系数按式(13-18)计算。

$$断裂强度变异系数 C(\%)=\frac{\sqrt{\dfrac{\sum\{各次断裂强度[gf(cN)]-平均断裂强度[gf(cN)]\}^2}{试验总次数}}}{平均断裂强度[gf(cN)]}×100 \tag{13-18}$$

计算结果精确至小数点后 1 位。

(5)断裂伸长率变异系数按式(13-19)计算。

$$断裂伸长率变异系数 C(\%)=\frac{\sqrt{\dfrac{\sum(各次断裂伸长率-平均断裂伸长率)^2}{试验总次数}}}{平均断裂伸长率}×100 \tag{13-19}$$

计算结果精确至小数点后 1 位。

九、含胶率检验

(一)检验目的

通过煮练,除去生丝表面丝胶,以检定生丝的含胶率,称为含胶率检验,也称为除胶检验,或者也称为练减检验。由于生丝的外围包有质地较硬的丝胶,为显示天然蛋白质纤维独具一格的光泽和手感,一般丝织物都要进行精练工艺除去丝胶,未经精练的丝织物,称为生坯织物,一般作筛、绘绢等特殊用途。生丝含胶量的多少,对织物原料的重量成本和品质也有一定影响,因此,生丝的含胶率是一项重要的指标。但生丝贸易中还未将生丝含胶率列入法定检验项目,仅按合同要求,根据用户需要,进行检验。

（二）检验设备

1.天平:分度值≤0.01g。

2.带有天平的烘箱。天平:分度值≤0.01g。

3.容器:容量≥10L。

4.加热装置。

5.定时器。

6.温度计:分度值成1℃。

7.pH 计。

8.试剂:Na_2CO_3,分析纯蒸馏水。

（三）检验方法

1.抽样方法与数量

分别取切断检验的丝锭8只,从每只丝锭上取约5g样丝,分为两份试样,每份试样(20±1)g。

2.将 2 份试样分别标记,烘至干重,称记脱胶前干量。

3.将 2 份已称干量的试样,按表 13-16 的试验条件,放入 Na_2CO_3 溶液中进行脱胶。脱胶时不断用玻璃棒搅拌,使脱胶均匀,脱胶后用 50～60℃蒸馏水充分洗涤。脱胶三次后,洗净,烘干,称出脱胶后干量。

4.生丝含胶量检验试验条件见表 13-16。

表 13-16　生丝含胶量检验试验条件表

项目	第一次	第二次	第三次
Na_2CO_3(g/L)	0.5	0.5	0.5
水	蒸馏水	蒸馏水	蒸馏水
浴比	1:100	1:100	1:100
温度(℃)	98±2	98±2	98±2
时间(min)	30	30	30

5.计算成绩

含胶率按式(13-20)计算。计算结果精确至小数点后 2 位。

$$含胶率(\%)=\frac{脱胶前干量(g)-脱胶后干量(g)}{脱胶前干量(g)}\times100 \qquad (13\text{-}20)$$

将各份试样的脱胶前总干量和脱胶后总干量代入式(13-20),计算结果作为该批丝的实测平均含胶率。

两份试样含胶率相差超过3%时,增抽第三份试样,按上述方法与前两份试样的脱胶前干量和脱胶后干量合并计算出该批丝的实测平均含胶率。

6.验证

取少量已脱胶的样丝,浸入配好的胭脂红苦味酸液中 3～5min,然后取出样丝在清水中冲洗干净后,由于丝素与胭脂红的作用既不灵敏也不牢固,经水洗、酸洗后容易被除去,而保留苦味酸的颜色。如丝色呈现光亮的黄色，表明丝胶已脱尽。若呈红色，苦味酸的颜色被掩盖，说明丝胶未脱尽，须再用皂液煮练后进行测定。

第五节　生丝分级

一、分级目的

　　生丝分级是根据受验生丝主要检验项目、补助检验项目以及外观检验等各项品质检验成绩，按照国家规定的分级标准（见表 13-18）进行综合评定，并用简明的符号 6A、5A、4A、3A、2A、A 和级外品共 7 个等级来表示生丝品质的优劣。外观检验是检验生丝品质的一般情况，如颜色、光泽的统一的程度等，是分级不可缺少的项目之一。

　　生丝分级评定等级代表一批丝全面的外观和内在质量，起到保证品质的作用，这对促进贸易和指导生产是十分重要的。

二、分级方法

　　现行生丝标准适用于纤度规格 69den(76.7dtex) 及以下生丝，对 70den(77.8dtex) 及以上纤度规格的生丝不再进行强制性检验。

　　（一）基本级的评定

　　1.根据纤度偏差、纤度最大偏差、均匀二度变化、清洁及洁净五项主要检验项目中的最低一项成绩确定基本级。

　　2.主要检验项目中任何一项低于 A 级时，确定为级外品。

　　3.在黑板卷绕过程中，出现有 10 只及以上丝锭不能正常卷取者，一律定为级外品，并在检测报告上注明"丝条脆弱"。

　　（二）补助检验的降级规定

　　1.补助检验项目中任何一项低于基本级所属的附级允许范围者，应予降级。

　　2.按各项补助检验成绩的附级低于基本级所属附级的级差数降级。附级相差一级者，则基本级降一级；相差两级者，降两级；以此类推。

　　3.补助检验项目中有两项以上低于基本级者，以最低一项降级。

　　4.切断次数超过表 13-17 规定者，一律降为级外品。

表 13-17　切断次数的降级规定

名义纤度〔den(dtex)〕	切断(次)
12(13.3)及以下	30
13～18(14.4～20.0)	25
19～33(21.1～36.7)	20
34～69(37.8～76.7)	10

（三）外观检验的评等及降级规定

1.外观评等：外观评等分为良、普通、稍劣和级外品。

2.外观的降级规定：

(1)外观检验评为"稍劣"者，按补助检验评定的等级再降一级，如补助检验已定为A级时，则作级外品。

(2)外观检验评为"级外品"者，一律确定为级外品。

（四）其他规定

1.出现洁净80分及以下丝片的丝批，最终定级不得定为6A级。

2.生丝的实测平均公量纤度超出该批生丝规格的纤度上限或下限时，在检测报告上注明"纤度规格不符"。

（五）分级方法举例

生丝分级方法，举例说明如下。

有生丝一批，纤度规格为20～22den(22.2～24.4dtex)，各项检验结果如下：

纤度偏差 den(dtex)1.02(1.13)；

洁净(分)92.00；　　　　　清洁(分)97.0；

均匀二度变化(条)10；　　　强度[gf/den(cN/dtex)]3.80(4.0)；

均匀三度变化(条)2；　　　　伸长度(%)18.7；

纤度最大偏差 den(dtex)3.8(4.22)；切断(次)10；抱合(次)70。

查表 13-18，基本等级定为 3A，又因均匀三度变化在 3A 级要求的附级以下，又降一个等级，则为 2A 级。如外观检验为"普通"，则不升不降；如评为"稍劣"者，则在基本级的基础上再降一级为 A 级。

三、平均等级

平均等级是一个时期生丝的综合质量指标，是根据生丝的等级和件数来计算的。计算时，将各等级的生丝分别由低至高顺次编号，然后乘以该等级的件数，其总和除以总件数，则得到平均编号数，再由平均编号数查得所属等级，即为平均等级。现举例如下：

生丝总件数为 80

生丝等级编号：

等级	6A	5A	4A	3A	2A	A	级外
编号	6	5	4	3	2	1	
件数		8	10	42	20		

计算得：

$$平均编号 = \frac{8 \times 5 + 10 \times 4 + 42 \times 3 + 20 \times 2}{80}$$

$$= \frac{40 + 40 + 126 + 40}{80}$$

$$= 3.075$$

查表编号 3 为 3A,其生丝的平均等级为 $3A^{+75}$

如生丝的等级都在 A 级以上,可直接以 A 的号数代替上述编号数。

四、生丝正品率

生丝正品率通常是指总的批(件)数与商检局批注次品的批(件)数之差,占总的批(件)数的百分率,其计算公式(13-21)如下:

$$正品率(\%) = \frac{总的(批)件数 - 批注次品(批)件数}{总(批)件数} \times 100 \qquad (13-21)$$

表 13-18　生丝品质技术指标规定

主要检验项目	名义纤度	级别					
		6A	5A	4A	3A	2A	A
纤度偏差(den)	12den (13.3dtex)及以下	0.80	0.90	1.00	1.15	1.30	1.50
	13~15den (14.4~16.7dtex)	0.90	1.00	1.10	1.25	1.45	1.70
	16~18den (17.8~20.0dtex)	0.95	1.10	1.20	1.40	1.65	1.95
	19~22den (21.1~24.4dtex)	1.05	1.32	1.35	1.60	1.85	2.15
	23~25den (25.6~27.8dtex)	1.15	1.30	1.45	1.70	2.00	2.35
	26~29den (28.9~32.2dtex)	1.25	1.40	1.55	1.85	2.15	2.50
	30~33den (33.3~36.7dtex)	1.35	1.50	1.65	1.95	2.30	2.70
	34~49den (37.8~54.4dtex)	1.60	1.80	2.00	2.35	2.70	3.05
	50~69den (55.6~76.7dtex)	1.95	2.25	2.55	2.90	3.30	3.75
纤度最大偏差(den)	12den (13.3dtex)及以下	2.50	2.70	3.00	3.40	3.80	4.25
	13~15den (14.4~16.7dtex)	2.60	2.90	3.30	3.80	4.30	4.95
	16~18den (17.8~20.0dtex)	2.75	3.15	3.60	4.20	4.80	5.65
	19~22den (21.1~24.4dtex)	3.05	3.45	3.90	4.70	5.50	6.40
	23~25den (25.6~27.8dtex)	3.35	3.75	4.20	5.00	5.80	6.80
	26~29den (28.9~32.2dtex)	3.65	4.05	4.50	5.35	6.25	7.25
	30~33den (33.3~36.7dtex)	3.95	4.35	4.80	5.65	6.65	7.85
	34~49den (37.8~54.4dtex)	4.60	5.20	5.80	6.75	7.85	9.05
	50~69den (55.6~76.7dtex)	5.70	6.50	7.40	8.40	9.55	10.85

续表

主要检验项目	名义纤度	级别					
		6A	5A	4A	3A	2A	A
均匀二度变化(条)	18den (20.0dtex)及以下	3	6	10	16	24	34
	19~33den (21.1~36.7dtex)	2	3	6	10	16	24
	34~69den (37.8~76.7dtex)	0	2	3	6	10	16
清洁(分)	69den (76.7dtex)及以下	98.0	97.5	96.5	95.0	93.0	90.0
洁净(分)	69den (76.7dtex)及以下	95.00	94.00	92.00	90.00	88.00	86.00

补助检验项目	附级			
	(一)	(二)	(三)	(四)
均匀三度变化/条	0	1	2	4

补助检验项目	附级		
	(一)	(二)	(三)
切断*(次) 12den (13.3dtex)及以下	8	16	24
13~18den (14.4~20.0dtex)	6	12	18
19~33den (21.1~36.7dtex)	4	8	12
34~69den (37.8~76.7dtex)	2	4	6

补助检验项目	附级	
	(一)	(二)
断裂强度 gf/den(cN/dtex)	3.80(3.35)	3.70(3.26)
断裂伸长率(%)	20.0	19.0

补助检验项目	附级		
	(一)	(二)	(三)
抱合/次 33den (36.7dtex)及以下	100	90	80

注:* 筒装丝不考核。

参考文献

[1]黄国瑞.茧丝学[M].北京:农业出版社,1994.

[2]陈文兴,傅雅琴.蚕丝加工工程[M].北京:中国纺织出版社,2013.

[3]徐水,胡征宇.茧丝学[M].北京:高等教育出版社,2014.

[4]苏州丝绸工学院,浙江丝绸工学院.制丝学[M].2版.北京:中国纺织出版社,1993.

[5]成都纺织工业学校.制丝工艺学[M].北京:纺织工业出版社,1986.

[6]苏州丝绸工学院,浙江丝绸工学院.制丝化学[M].2版.北京:中国纺织出版杜,1990.

[7]浙江农业大学.丝茧学[C].杭州:浙江农业大学,1989.

[8]浙江农业大学.丝茧学[M].北京:农业出版社,1961.

[9]西南农业大学.丝茧学[M].北京:农业出版社,1986.

[10]浙江农业大学.蚕体解剖生理学[M].北京:农业出版社,1991.

[11]吴宏仁,吴立峰.纺织纤维的结构和性能[M].北京:纺织工业出版社,1985.

[12]朱红,邬福麟,等.纺织材料学[M].北京:纺织工业出版社,1987.

[13]王天予.实用烘茧法[M].重庆:重庆出版社,1983.

[14]徐作耀.中国丝绸机械[M].北京:中国纺织出版社,1998.

[15]席德衡,赵庆长.制丝[M].北京:纺织工业出版社,1982.

[16]李栋高,蒋蕙钧.丝绸材料学[M].北京:中国纺织出版社,1994.

[17]范顺高,黄昌福.剥选茧及制丝工艺设计[M].北京:纺织工业出版社,1981.

[18]浙江供销学校.蚕茧收烘技术[M].杭州:浙江科学技术出版社,1983.

[19]浙江省丝绸公司.制丝手册(上册)[M].2版.北京:纺织工业出版社,1987.

[20]浙江省丝绸公司.制丝工艺设计办法[M].杭州,1988.

[21]王德城.2013年世界纤维产量和化纤生产动向[J].聚酯工业,2014,27(2):60-61.

[22]冯家新,等.浙江省现行蚕品种比较试验[C].杭州:浙江农业大学,1989.

[23]黄国瑞,等.蔟中环境与茧层微茸发生关系的研究[J].蚕桑通报,1990,12(4):9-13.

[24]朱良均,等.鲜茧生丝的性状特征检验与鲜茧缫丝工艺技术的研究[C].杭州:浙江大学, 2018.

[25]邢秋明,杨华,黎一清,等.GB/T 9111—2015桑蚕干茧试验方法[S].北京:中国标准出版 社,2015.

[26]毕海忠,杨华,邢秋明,等.GB/T 9176—2016桑蚕干茧[S].北京:中国标准出版社,2016.

[27]卞幸儿,周颖,徐进,等.GB/T 1797—2008生丝[S].北京:中国标准出版社,2008.

[28]卞幸儿,周颖,徐进,等.GB/T 1798—2008生丝试验方法[S].北京:中国标准出版社, 2008.

[29]朱良均,李亮,唐顺民,等.SB/T 10407—2007丝素与丝胶[S].北京:中国标准出版社,

2007.

[30]荻原清治.蚕繭学[M].长野:岛田书籍株式会社,1951.

[31]平林潔.絹糸物理学[M].東京:東京農工大学工学部,1980.

[32]北條舒正.続絹糸の構造[M].長野:信州大学繊維学部,1980.

[33]松本介.蚕繭乾燥の理論と実態[M].東京:蚕糸科学研究所,1984.

[34]小松計一.セリシンの溶解性及びに構造特性に関する研究[J].日本蚕糸試験場報告,1975,26(3):135-256.

[35]上田悟.上蔟とその後の管理Ⅰ-Ⅲ[J].蚕糸科学と技術,1976,15(9):62-65,15(10):61-63,15(11):62-64.

[36]朱良均,平林潔,荒井三雄.絹糸腺内セリシンと繭層セリシンの性状の比較[J].日本蚕糸学雑誌,1995,64(3):209-213.

[37]朱良均.セリシンのゲル化と接着性に関する研究[D].東京:東京農工大学,1995.

[38]Liang Jun Zhu, Ju Ming Yao and Kiyoshi Hirabayashi. Relationship between the adhesive property of sericin protein and cocoon reelability[J]. J. Seric. Sci. Jpn. , 1998,67(2):129-133.